中国科学院科学出版基金资助出版

《非线性动力学丛书》编委会

非线性动力学丛书　14

液体大幅晃动动力学

岳宝增　著

科 学 出 版 社

北 京

内 容 简 介

本书详细介绍基于有限元方法的自由液面任意的拉格朗日-欧拉描述(arbitrary Lagrange-Euler, ALE)跟踪技术，采用 Galerkin 方法详细推导了 ALE 分步有限元计算方法的系统控制方程和有限元离散方程. 鉴于液体晃动动力学在航天器动力学领域中的重要应用，本书对于微重力环境下液体大幅晃动问题进行了深入研究，借助现代微分几何理论建立了复杂边界条件下的自由液面追踪问题描述. 具有二维及三维数值仿真算例和理论分析结果，揭示了液体大幅晃动动力学的重要非线性特性，并附有二维大幅晃动计算机仿真程序. 本书是由作者长期从事此领域研究及承担国家自然科学基金项目的科研成果凝练而成的；体系完整、内容丰富. 本书对充液航天器动力学研究具有重要的理论及应用价值.

本书的主要读者对象是高等学校力学、应用数学、航空航天及其他相关专业的高年级大学生与研究生，以及从事液体大幅晃动、流-固耦合系统与流-固-控耦合系统等研究的教师和科学技术工作者.

图书在版编目(CIP)数据

液体大幅晃动动力学/岳宝增著. —北京: 科学出版社, 2011
(非线性动力学丛书；14)
ISBN 978-7-03-032448-1

Ⅰ.①液…　Ⅱ.①岳…　Ⅲ.①液体-非线性振动-动力学　Ⅳ.①O322②V415

中国版本图书馆 CIP 数据核字(2011) 第 199729 号

责任编辑:钱　俊 / 责任校对:陈玉凤
责任印制:徐晓晨 / 封面设计:王　浩

科学出版社出版
北京东黄城根北街 16 号
邮政编码: 100717
http://www.sciencep.com

北京建宏印刷有限公司 印刷
科学出版社发行　各地新华书店经销
*
2011 年 10 月第 一 版　　开本: B5 (720 × 1000)
2019 年 1 月第三次印刷　　印张: 16 3/4
字数: 323 000
定价: 98.00元
(如有印装质量问题, 我社负责调换)

《非线性动力学丛书》序

真实的动力系统几乎都含有各种各样的非线性因素, 诸如机械系统中的间隙、干摩擦, 结构系统中的材料弹塑性、构件大变形, 控制系统中的元器件饱和特性、变结构控制策略等. 实践中, 人们经常试图用线性模型来替代实际的非线性系统, 以求方便地获得其动力学行为的某种逼近. 然而, 被忽略的非线性因素常常会在分析和计算中引起无法接受的误差, 使得线性逼近成为一场徒劳. 特别对于系统的长时间历程动力学问题, 有时即使略去很微弱的非线性因素, 也会在分析和计算中出现本质性的错误.

因此, 人们很早就开始关注非线性系统的动力学问题. 早期研究可追溯到 1673 年 Huygens 对单摆大幅摆动非等时性的观察. 从 19 世纪末起, Poincaré, Lyapunov, Birkhoff, Andronov, Arnold 和 Smale 等数学家和力学家相继对非线性动力系统的理论进行了奠基性研究, Duffing, van der Pol, Lorenz, Ueda 等物理学家和工程师则在实验和数值模拟中获得了许多启示性发现. 他们的杰出贡献相辅相成, 形成了分岔、混沌、分形的理论框架, 使非线性动力学在 20 世纪 70 年代成为一门重要的前沿学科, 并促进了非线性科学的形成和发展.

近 20 年来, 非线性动力学在理论和应用两个方面均取得了很大进展. 这促使越来越多的学者基于非线性动力学观点来思考问题, 采用非线性动力学理论和方法, 对工程科学、生命科学、社会科学等领域中的非线性系统建立数学模型, 预测其长期的动力学行为, 揭示内在的规律性, 提出改善系统品质的控制策略. 一系列成功的实践使人们认识到: 许多过去无法解决的难题源于系统的非线性, 而解决难题的关键在于对问题所呈现的分岔、混沌、分形、孤立子等复杂非线性动力学现象具有正确的认识和理解.

近年来, 非线性动力学理论和方法正从低维向高维乃至无穷维发展. 伴随着计算机代数、数值模拟和图形技术的进步, 非线性动力学所处理的问题规模和难度不断提高. 已逐步接近一些实际系统. 在工程科学界, 以往研究人员对于非线性问题绕道而行的现象正在发生变化. 人们不仅力求深入分析非线性对系统动力学的影响, 使系统和产品的动态设计、加工、运行与控制满足日益提高的运行速度和精度需求, 而且开始探索利用分岔、混沌等非线性现象造福人类.

在这样的背景下, 有必要组织在工程科学、生命科学、社会科学等领域中从事非线性动力学研究的学者撰写一套非线性动力学丛书, 着重介绍近几年来非线性动力学理论和方法在上述领域的一些研究进展, 特别是我国学者的研究成果, 为从事非线性动力学理论及应用研究的人员, 包括硕士研究生和博士研究生等, 提供最新的理论、方法及应用范例. 在科学出版社的大力支持下, 我们组织了这套《非线性动力学丛书》.

本套丛书在选题和内容上有别于郝柏林先生主编的《非线性科学丛书》(上海教育出版社出版), 它更加侧重于对工程科学、生命科学、社会科学等领域中的非线性动力学问题进行建模、理论分析、计算和实验. 与国外的同类丛书相比, 它更具有整体的出版思想, 每分册阐述一个主题, 互不重复. 丛书的选题主要来自我国学者在国家自然科学基金等资助下取得的研究成果, 有些研究成果已被国内外学者广泛引用或应用于工程和社会实践, 还有一些选题取自作者多年的教学成果.

希望作者、读者、丛书编委会和科学出版社共同努力, 使这套丛书取得成功.

胡海岩

2001 年 8 月

前　言

带有自由液面液体大幅晃动问题的研究在数学上涉及求解 Navier-Stokes 方程等的初边值问题. 由于方程是非线性的, 自由液面的位置未知, 并且自由液面边界条件也是复杂的非线性方程, 这个问题的有关研究和求解是相当困难的. 在合乎工程要求、保持实际物理意义的条件下, 采用液体晃动问题的简化模型, 即液体晃动的线性化模型: 液体是理想不可压流体, 而且假定液体的晃动是微幅的, 再加上抑制晃动和管理措施后, 虽然可以得到具有实际意义、在一定的工况下满足工程应用要求的结果, 但由于线性简化, 实际流体运动的非线性效应被忽略了, 而这些非线性效应在一定情况下表现得非常强烈.

要完成长时间及复杂的飞行任务, 现代航天器需要携带更多的发动机液体燃料. 以美国航空航天管理局 (NASA)1997 年发射的 Cassini 航天器为例, 其携带的液体推进剂质量为 3100kg, 占航天器总质量的 60%; 2004 年 Cassini 航天器与土星交会, 目前仍处于良好状态并超期在轨运行. 航天器在变轨、交会、对接及装配过程中, 液体推进剂可能会产生剧烈的晃动; 根据外激励频率及腔体的几何形状不同, 液体自由面可能会产生诸如面外晃动、旋转、非规则拍振、伪周期运动及混沌等复杂的非线性运动, 由此所产生的晃动力及晃动力矩对整体系统动力学具有显著影响. 尽管液体大幅晃动持续的时间可能较短, 但其危害性却远远超过微幅晃动, 可能导致储液结构完全失效 (破坏) 和使航天器姿态失控. 因此工程应用上需要深入研究液体大幅晃动问题.

在美国西南研究院从事晃动动力学及相关研究达 50 年之久的资深专家 H. Norman Abramson 教授指出, 在低重力环境下, 晃动动力学在两种情况下的动力学行为尤为值得关注: 其一是航天器交会对接过程; 其二是航天器姿态控制推进器启动点火过程. 我国著名航天器姿态动力学与控制学者吴宏鑫院士指出: 在液体远地点发动机工作期间, 液体晃动和由燃料消耗引起的动力学特性的变化是航天器姿态控制的重大难题. 实践表明: 即使少量燃料 (1.2kg) 的非线性行为也足以引起灾难性的后果, 这是最终导致美国试验 5 号卫星 ATS-V(453kg) 航天器失踪的主要因素. 最近一次文献公开报道的航天器事故, 是美国航空航天管理局的 "近地号" 太空探测器 (Near Earth Asteroid Rendezvous, NEAR)1998 年在对 433"爱神" (433 Eros) 小卫星探测过程中所发生的, 最终使得此次探测使命向后延迟了 13 个月. 而美国的空间 10 号卫星 Space X 在 2007 年由于其中一个燃料腔中的推进剂晃动导致了发射任务的失败. 星载控制系统传感器传出数据表明以上所发生的一系列事故均是由燃料晃动诱发大于预期的横向加速度所致.

实验对特殊环境的严格要求及昂贵代价, 使得随着计算机技术的快速发展而不断得到改进的计算机仿真技术在航天器设计中的应用越来越受到重视. 与试验比较, 数值模拟技术能较好地弥补实验时间短、外载条件实现困难、初始条件不易保证、测量记录判断困难、实验机会少、经费高等一些不足. 由于在航天等领域中的广阔工程背景, 迄今为止人们对具有自由面流体大幅晃动问题的数值模拟的研究仍在不断进行. 特别是在国外, 早在 20 世纪 60 年代这一课题就引起众多学者的足够重视, 相续发展了 MAC(marker-and-cell) 方法、VOF(volume of fluid) 方法、浮标接力方法 (buoy relay method, BRM)、时空有限元方法、ALE(arbitrary Lagrange-Euler) 有限元方法等. 与差分方法相比较, 有限元方法的最大优点是能比较容易地处理各种复杂的几何形状和统一处理各种典型的边界条件, 特别是它便于综合考虑流体晃动与结构的耦合作用.

随着国民经济及国防建设发展的需要, 我国将研制一系列大型复杂航天器; 我国载人航天器将处在 "三步走" 战略的关键时期, 要完成包括航天器交会对接在内的一系列重要试验飞行任务. 此外, 在航天器深空探测工程中, 也需要对航天器在交会对接机动过程中的刚–液–控耦合动力学进行深入的研究. 因此积极开展以此为背景的液体大幅晃动动力学研究具有重要的应用和理论价值, 自 20 世纪 80 年代, 我国学者已开始了该领域的研究工作, 有关高校和研究单位在理论研究、数值仿真到实际工程应用方面, 已获得了多项研究成果.

本书是作者在长期从事液体大幅晃动动力学及相关领域研究工作的基础上, 参考国内外有关文献, 经过比较系统的总结完成的. 书中详细介绍基于有限元方法的自由液面 ALE 跟踪技术, 采用 Galerkin 方法详细推导了 ALE 分步有限元计算方法的系统控制方程和有限元离散方程. 鉴于液体晃动动力学在航天器动力学领域中的重要应用, 本书对微重力环境下液体大幅晃动问题进行了深入研究, 借助现代微分几何理论建立了复杂边界条件下的自由液面追踪问题描述. 具有丰富的二维及三维数值仿真算例和理论分析结果, 揭示了液体大幅晃动动力学的重要非线性特性. 最后又进一步研究了刚液耦合运动中的液体大幅晃动动力学.

全书由 8 章组成, 分六个部分. 第一部分为流体力学, 液体晃动及有限元方法基本理论和方法介绍 (包括第 1 章、第 2 章和第 5 章内容); 第二部分为液体大幅晃动自由液面运动学 ALE 描述方法介绍 (第 3 章内容); 第三部分为 ALE 分步有限元计算方法 (第 4 章内容); 第四部分为常重力液体大幅晃动数值仿真 (第 6 章内容); 第五部分为微重力液体大幅晃动研究 (第 7 章内容); 第六部分为液体大幅晃动液固耦合动力学研究 (第 8 章内容); 最后为附录, 包括空间微分几何基础理论简介和二维液体大幅晃动计算机数值仿真程序.

本书的结构体系框图如下:

液体大幅晃动动力学 —— {
自由液面描述运动学
ALE 有限元方法
液体大幅晃动数值模拟
} {
基本理论 (第1章、第2章、第5章)
ALE 描述方法 (第3章)
ALE 分步有限元计算方法 (第4章)
常重力液体大幅晃动 (第6章)
微重力液体大幅晃动 (第7章)
耦合问题 (第8章)
}

　　本书的主要读者为高等学校力学、应用数学、航空航天、控制以及相关专业的高年级大学生、研究生、教师和科技工作者.

　　本书承蒙中国科学院科学出版基金资助出版, 本书中的有关科研工作及本书的编辑出版得到国家自然科学基金委员会、高等学校博士学科点专项科研基金委员会、航天部八院、科学出版社以及审稿专家等多方面的支持和帮助, 作者对此表示衷心的感谢. 作者还要感谢清华大学的王照林先生、上海交通大学的刘延柱先生对作者科研工作的精心培养和指导. 感谢清华大学的曾江红博士, 她在学术上对作者从事液体大幅晃动动力学研究给予了无私的帮助和指导. 感谢北京理工大学胡海岩院士、北京航空航天大学陆启韶教授, 他们对本书出版给予推荐并提出了宝贵意见.

　　由于作者水平所限, 书中难免有不妥之处. 敬请读者批评指正.

岳宝增

2009 年 4 月 20 日

目　　录

第 1 章　流体力学中的有限元方法

1.1　概　　述

固体与流体的力学行为在诸多方面是相似的, 譬如在两种介质中都产生应力及位移. 然而, 有一显著区别是: 在静止状态, 流体不能承受任何偏应力, 因此只需考虑压力或平均压缩应力. 众所周知, 固体中存在偏应力并且固体材料可承受一般形式的结构力. 除压力之外, 运动着的流体可产生偏应力, 而这种流体运动正是流体动力学所研究的基本内容. 流体运动所产生的偏应力采用和固体力学中剪切模量相类似的特征量即动力学黏性 (分子黏性) 表示. 正是鉴于此, 当用速度 u 代替位移后 (固体力学中的位移采用同一符号), 流体流动和固体力学中的控制方程从形式上看是类似的. 但是, 差别仍然存在, 即使流体具有常速度 (稳定流), 但是对流加速度效应仍然产生对流项使得流体动力学方程不具自伴性. 所以, 在大多数情形, 除非流体运动速度非常小 (如蠕动流) 以至于可以忽略对流加速度, 处理流体力学的方法将有别于固体力学. 对于固体中具有自伴性的微分方程, 当采用 Galerkin 方法近似求解系统方程时将得到具有能量意义上的最小误差, 从而这样的近似也是最优的. 对于运动着的流体, 质量守恒定律成立, 并且要求对高度可压的流体除外速度矢的散度为零. 在处理不可压弹性体时会遇到和上面所述相类似的问题即不可压性约束条件在推导动力学方程时将产生困难, 这就使得在计算求解时面临计算单元的选择问题.

有限元方法与差分技术的竞争愈演愈烈, 其结果是有限元方法在流体动力学中的进展要远远慢于在结构动力学中的进展. 原因很简单, 在固体力学或结构问题中, 所要处理的连续介质问题常常以桁架、梁、板及壳中的力学问题形式出现, 工程人员常常将结构转化为结构单元而不需要解决连续介质问题. 此外, 当遇到连续介质问题时, 可以引入更易于采用有限元方法进行处理的不同材料模型. 而在流体力学中, 实际中几乎所有的流动问题都是二维或三维问题并且必须采用近似处理方法, 这也是早在 20 世纪 50 年代有限差分方法比有限元方法较早地在实际中得以广泛应用的主要原因. 但是, 有限元方法自身具有许多独特的优越性, 这不仅仅是由于使用有限元方法可以实现完全的无结构和任意的区域剖分, 并且当有限元方法被应用于自伴随问题时总可以得到优于使用有限差分方法所得到的近似结果. 有限元方法的最大优点是能比较容易地处理各种复杂的几何形状和统一处理各种典型的边界条件. 同时它具有丰富的数学结构, 在很多情况下, 它可以达到最佳的精度, 因此,它在流体力学领域越来越得到广泛的应用.

1.2　流体动力学控制方程

1.2.1　流体中的应力

概述中已指出, 流体的重要特性是在其静止时不能承受偏应力即剪应力, 只存在流体静压力. 因此流体力学的重要研究对象是运动中的流体, 基本独立变量取为速度 u 以代替固体力学中的重要基本变量即位移变量, 或者采用指标记法 (将坐标轴记为 $x_i, i = 1, 2, 3$) 可表示为

$$u_i \quad (i=1,2,3), \quad \text{或} \quad \boldsymbol{u} = [u_1, u_2, u_3]^{\mathrm{T}} \tag{1.1}$$

引起应力 σ_{ij} 的应变速率与固体力学中的相应概念类似可定义如下:

$$e_{ij} = \frac{1}{2}\left(\frac{\partial u_i}{\partial x_j} + \frac{\partial u_j}{\partial x_i}\right) \tag{1.2}$$

这里我们采用的是众所周知的应变张量定义, 实际上在利用变分原理进行有限元分析时采用向量形式更为方便. 这里只给出简要结果, 详细推导可参考文献 [1]. 应变速率向量的二维形式可写为如下形式:

$$\boldsymbol{e} = [e_{11}, e_{22}, 2e_{12}]^{\mathrm{T}} = [e_{11}, e_{22}, \gamma_{12}]^{\mathrm{T}} \tag{1.3a}$$

同样有三维形式:

$$\boldsymbol{e} = [e_{11}, e_{22}, e_{33}, 2e_{12}, 2e_{23}, 2e_{31}]^{\mathrm{T}} \tag{1.3b}$$

根据以上向量形式可将应变率向量写成以下形式:

$$\boldsymbol{e} = \boldsymbol{S}\boldsymbol{u} \tag{1.4}$$

其中, $\boldsymbol{S}$ 是熟知的应变率算子; $\boldsymbol{u}$ 是由式 (1.1) 所给出的速度向量.

对于线性 (牛顿) 各向同性流体, 应力应变速率关系中定义了两个常量参数. 第一个常量参数将偏应力张量 τ_{ij} 与偏应变速率相联系:

$$\tau_{ij} = \sigma_{ij} - \frac{1}{3}\delta_{ij}\sigma_{kk} = 2\mu\left(e_{ij} - \frac{1}{3}\delta_{ij}e_{kk}\right) \tag{1.5}$$

在式 (1.5) 中, 括号中的量为偏应变率; δ_{ij} 称为克罗内克符号 δ(Kronecker delta); 重复下标意味着在指标取值范围内的求和, 即

$$\sigma_{kk} = \sigma_{11} + \sigma_{22} + \sigma_{33}, \quad e_{kk} = e_{11} + e_{22} + e_{33} \tag{1.6}$$

而系数 μ 称为动 (剪切) 黏性系数 (动力学黏性系数) 或简称黏性系数, 与线弹性力学中的剪切模量 G 相对应.

第二个常量参数将平均应力与体积应变率相关联, 这给出压力的定义如下:

$$p = -\frac{1}{3}\sigma_{kk} = -ke_{kk} + p_0 \tag{1.7}$$

其中, 常数 k 是体积黏性系数, 其与弹性力学中的体积模量 K 相类似; p_0 是独立于应变速率的初始静压力 (注意到当可压时 p、p_0 总为正值).

从方程 (1.5) 及方程 (1.7) 可以立即得到流体力学本构关系如下:

$$\sigma_{ij} = \tau_{ij} - \delta_{ij}p = 2\mu\left(e_{ij} - \frac{1}{3}\delta_{ij}e_{kk}\right) + k\delta_{ij}e_{kk} - \delta_{ij}p_0 \tag{1.8a}$$

或

$$\sigma_{ij} = 2\mu e_{ij} + \delta_{ij}\left(k - \frac{2}{3}\mu\right)e_{kk} - \delta_{ij}p_0 \tag{1.8b}$$

在某些情况下偶尔使用拉梅表示, 此时可引入拉梅系数:

$$k - \frac{2}{3}\mu \equiv \lambda \tag{1.9}$$

因为体积黏性系数的影响很小, 因此在以下的讨论中假设:

$$ke_{kk} \equiv 0 \tag{1.10}$$

由此得到基本本构关系 (其中省略 p 中的下标):

$$\sigma_{ij} = 2\mu\left(e_{ij} - \frac{1}{3}\delta_{ij}e_{kk}\right) - \delta_{ij}p \equiv \tau_{ij} - \delta_{ij}p \tag{1.11a}$$

式中

$$\tau_{ij} = 2\mu\left(e_{ij} - \frac{1}{3}\delta_{ij}e_{kk}\right) = \mu\left[\left(\frac{\partial u_i}{\partial x_j} + \frac{\partial u_j}{\partial x_i}\right) - \frac{2}{3}\delta_{ij}\frac{\partial u_k}{\partial x_k}\right] \tag{1.11b}$$

上述关系与线弹性理论中各向同性本构关系完全相同. 然而, 在固体力学中, 我们常常考虑各向异性物质, 其中需要两个以上的参数来定义应力应变关系. 在流体力学中, 常常遇到的是各向同性情形. 在某些流动问题中, 系数 μ 依赖于应变速率而使流动呈现出非线性特征, 我们称这种流动为非牛顿流动. 以下考虑建立流体动力学方程所需的基本守恒律, 其中包括质量守恒、动量守恒和能量守恒.

1.2.2 质量守恒: 连续方程

假设 ρ 表示流体的密度, 则根据流出无穷小控制体 (图 1.1) 的流体质量应等于控制体内流体质量的减少可得到

$$\frac{\partial \rho}{\partial t} + \frac{\partial}{\partial x_i}(\rho u_i) = \frac{\partial \rho}{\partial t} + \nabla^{\mathrm{T}}(\rho \boldsymbol{u}) = 0 \tag{1.12}$$

其中, $\nabla^{\mathrm{T}} = [\partial/\partial x_1, \ \partial/\partial x_2, \ \partial/\partial x_3]$ 表示梯度算子.

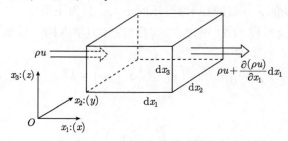

图 1.1   坐标系及无穷小控制体

需要指出的是, 这里及以下各小节所采用的控制体是在空间中固定不动的, 因此所得到的方程是 Euler 形式; 还可以在运动坐标系中推导以上方程, 特别地, 如果运动坐标系跟随流体质点的运动, 则可得到相应方程的 Lagrange 形式.

1.2.3 动量守恒: 动力学平衡方程

在第 j 坐标轴方向上, 根据动量定理, 微元控制体内单位体积流体上的局部动量增长率与通过微元控制体的单位体积流体的动量输出量之和等于微元控制体上单位体积流体的质量力 ρf_j 与表面力 $\left(\text{由与其等效的体力分布函数 } \dfrac{\partial \sigma_{ij}}{\partial x_i} \text{ 表示}\right)$ 之和 (图 1.1) 即

$$\frac{\partial(\rho u_j)}{\partial t} + \frac{\partial[(\rho u_j)u_i]}{\partial x_i} - \frac{\partial \sigma_{ij}}{\partial x_i} - \rho f_j = 0 \tag{1.13}$$

利用方程 (1.11a), 上式可改写如下:

$$\frac{\partial(\rho u_j)}{\partial t} + \frac{\partial[(\rho u_j)u_i]}{\partial x_i} - \frac{\partial \tau_{ij}}{\partial x_i} + \frac{\partial p}{\partial x_j} - \rho f_j = 0 \tag{1.14}$$

在大多数情形中, 体积力仅仅由地球引力场引起即 $\boldsymbol{f} = \boldsymbol{g}$. 由角动量守恒律可推出应力张量的对称特性:

$$\sigma_{ji} = \sigma_{ij}, \quad \text{或} \quad \tau_{ji} = \tau_{ji}$$

因此, 动量守恒可认为蕴含着线动量和角动量守恒.

1.2.4 能量守恒和热力学状态方程

注意到在 1.2.2 节和 1.2.3 节中, 自变量为 u_i(速度分量)、p(压力) 和 ρ(密度), 而偏应力张量可根据方程 (1.11b) 由速度变量来定义因而为因变量. 显然, 变量数多于方程数, 因此系统方程组不可解; 然而, 如果假设密度为常量 (如在不可压情形下) 或者我们可以建立起联系压力和密度之间的单一关系 (如在等温近不可压流动情形下), 系统方程组成为封闭形式并可得到封闭解.

一般情形下, 压力 (p)、密度 (ρ) 和绝对温度 (T) 之间的关系满足以下热力学状态方程:

$$\rho = \rho(p, T) \tag{1.15a}$$

对于理想气体有

$$\rho = \frac{p}{RT} \tag{1.15b}$$

其中, R 是摩尔气体常量.

对于如上所述的一般情形, 需要进一步由能量守恒方程补充系统的控制方程. 虽然所补充的方程有时与质量守恒方程和动量守恒方程并不耦合, 但由于它能够提供与系统有关的补充信息, 因此仍有必要研究此类方程.

推导能量守恒方程之前, 需要进一步定义相关的物理量. 引入单位质量上的内能 e, 其值依赖于气体的状态即压力和温度:

$$e = e(T, p) \tag{1.16}$$

单位质量上的总能量 E 包括内能和单位质量上的动能:

$$E = e + \frac{1}{2} u_i u_i \tag{1.17}$$

此外, 描述流体状态的物理量还包括熵和焓. 熵的定义可参考相关文献 [1] 和 [2]. 在研究流体的可压性时, 常常用到焓的概念; 我们定义焓如下:

$$h = e + \frac{p}{\rho}, \quad \text{或} \quad H = h + \frac{1}{2} u_i u_i = E + \frac{p}{\rho} \tag{1.18}$$

根据以上的状态量可方便地得到能量的守恒关系.

现在我们来研究单元控制体内热量的增加, 传热的方式主要有热传导及辐射两种. 在能量转换中, 还有化学反应 (如燃烧) 和其他物理原因 (凝固、蒸发等). 各向同性材料的热传导通量 q_i 定义为

$$q_i = -k \frac{\partial T}{\partial x_i} \tag{1.19}$$

其中, k 是热传导率.

此外, 考虑到由于内应力所引起的能量耗散亦即单位体积内面力所做的功, 由式 (1.11a) 和式 (1.11b) 可得

$$\frac{\partial(\sigma_{ij}u_j)}{\partial x_i} = \frac{\partial(\tau_{ij}u_j)}{\partial x_i} - \frac{\partial(pu_j)}{\partial x_j} \tag{1.20}$$

根据以上结果, 并假设 q_H 为由于辐射或其他原因在单位时间内传入单位体积的热量, 可得到在无穷小控制体内能量的守恒关系:

$$\frac{\partial(\rho E)}{\partial t} + \frac{\partial}{\partial x_i}(\rho u_i E) - \frac{\partial}{\partial x_i}\left(k\frac{\partial T}{\partial x_i}\right) + \frac{\partial}{\partial x_i}(\rho u_i) - \frac{\partial}{\partial x_i}(\tau_{ij}u_j) - \rho g_i u_i - q_H = 0 \tag{1.21a}$$

或者表示为更简单的形式

$$\frac{\partial(\rho E)}{\partial t} + \frac{\partial}{\partial x_i}(\rho u_i H) - \frac{\partial}{\partial x_i}\left(k\frac{\partial T}{\partial x_i}\right) - \frac{\partial}{\partial x_i}(\tau_{ij}u_j) - \rho g_i u_i - q_H = 0 \tag{1.21b}$$

其中, 倒数第二项是体力所做的功率.

1.2.5　边界条件

对于某一特定的动力学问题, 必须给定边界条件才能得到确定的解. 这里对边界条件简述如下:

(1) 边界上的速度条件可表述如下:

$$u_i = \bar{u}_i, \quad 在边界 \Gamma_u 上 \tag{1.22a}$$

而边界上的面力边界条件可表述如下:

$$t_i = n_j\sigma_{ij} = \bar{t}_i, \quad 在边界 \Gamma_t 上 \tag{1.22b}$$

其中, $\Gamma_u \bigcup \Gamma_t = \Gamma$. 一般地, 面力可分解为在边界上的法向分量和切向分量.

(2) 在必须考虑能量输运的问题中, 边界上的温度边界条件可表示为

$$T = \bar{T}, \quad 在 \Gamma_T 边界上 \tag{1.23a}$$

边界上的热通量边界条件表示为

$$q_n = -n_i k\frac{\partial T}{\partial x_i} = -k\frac{\partial T}{\partial n} = \bar{q}_n, \quad 在边界 \Gamma_q 上 \tag{1.23b}$$

其中, $\Gamma_T \bigcup \Gamma_q = \Gamma$.

(3) 在研究可压缩流体问题中, 边界上的密度边界条件为

$$\rho = \bar{\rho}, \quad 在边界 \Gamma_\rho 上 \tag{1.24}$$

1.2.6 Navier-Stokes 方程和 Euler 方程

前面所推导的控制方程可表示成一般的保守形式方程:

$$\frac{\partial \boldsymbol{\Phi}}{\partial t} + \frac{\partial \boldsymbol{F}_i}{\partial x_i} + \frac{\partial \boldsymbol{G}_i}{\partial x_i} + \boldsymbol{Q} = 0 \tag{1.25}$$

上面向量方程中的具体分量由方程 (1.12)、方程 (1.14) 或方程 (1.21b) 确定.

根据指标记法, 上面方程中的以独立变量为分量所构成的向量为

$$\boldsymbol{\Phi} = \begin{bmatrix} \rho \\ \rho u_1 \\ \rho u_2 \\ \rho u_3 \\ \rho E \end{bmatrix} \tag{1.26a}$$

对流通量表示为

$$\boldsymbol{F}_i = \begin{bmatrix} \rho u_i \\ \rho u_1 u_i + p\delta_{1i} \\ \rho u_2 u_i + p\delta_{2i} \\ \rho u_3 u_i + p\delta_{3i} \\ \rho H u_i \end{bmatrix} \tag{1.26b}$$

同样, 扩散通量可表示为

$$\boldsymbol{G}_i = \begin{bmatrix} 0 \\ -\tau_{1i} \\ -\tau_{2i} \\ -\tau_{3i} \\ -\left(\tau_{ij}u_j - k\dfrac{\partial T}{\partial x_i}\right) \end{bmatrix} \tag{1.26c}$$

源项可表示为

$$\boldsymbol{Q} = \begin{bmatrix} 0 \\ \rho g_1 \\ \rho g_2 \\ \rho g_3 \\ \rho g_i u_i - q_H \end{bmatrix} \tag{1.26d}$$

其中,

$$\tau_{ij} = \mu \left[\left(\frac{\partial u_i}{\partial x_j} + \frac{\partial u_j}{\partial x_i} \right) - \frac{2}{3}\delta_{ij}\frac{\partial u_k}{\partial x_k} \right]$$

方程 (1.25) 称为 Navier-Stokes 方程; 当黏性为零并且不存在热传导的特殊情形下所得到的方程组称为 Euler 方程, 此时有 $\tau_{ij} = 0$ 和 $q_i = 0$.

　　上述方程组是研究流体力学的基础; 通过不同方程相结合而得到种类繁多的其他形式方程组在学术文献中屡见不鲜[3]. 然而, 以上方程描述了一些重要力学量的守恒律, 形式简洁且物理意义明确. 需要指出的是: 对于出现激波间断面的流体动力学问题, 只有从保守型的方程才可能得到正确的、有物理意义的结果. 在许多实际问题中, 流体中的某一种或两种流动特性处于突出主导地位, 例如, 在研究流体域边界上的速度时, 我们常常将黏性视为考虑的最重要因素. 在这种情况下, 我们将分别考虑一下两类流动问题: 一类是接近边界的边界层流动问题; 另一类是边界层以外的无黏性流动问题.

　　此外, 当流动速度发生剧烈的随机变化因而将发生湍流时, 流体运动不存在稳态解; 此时可应用平均法并增加 Reynolds 应力项, Navier-Stokes 方程仍然适用. 从理论角度上分析, 只要计算网格尺寸足够精细以便再现微尺度涡的发生, 那么瞬态流动以及湍流解就能够通过 Navier-Stokes 方程来获得, 但计算十分耗时以至于在高 Reynolds 数情况下几乎不可能完成求解工作. 因此, Reynolds 平均方法在实际的应用中非常重要. 关于无黏性流动 (有时也称理想流体流动), 有以下两点说明. 首先, 此时 Euler 方程呈现出典型的对流形式:

$$\frac{\partial \boldsymbol{\Phi}}{\partial t} + \frac{\partial \boldsymbol{F}_i}{\partial x_i} + \frac{\partial \boldsymbol{G}_i}{\partial x_i} + \boldsymbol{Q} = 0, \quad \boldsymbol{F}_i = \boldsymbol{F}_i(\boldsymbol{\Phi}) \tag{1.27}$$

因此, 我们可以采用特殊的方法对该方程进行求解 (这类方法主要应用于可压缩流体流动问题中). 其次, 对于不可压缩流体 (或近不可压缩流体), 可通过引入势函数将 Euler 方程转换为简单的自伴型使其更易求解. 虽然势函数方法也可应用于可压缩流动问题, 但对于复杂情形此方法无效.

1.2.7　无黏不可压流动

　　当不考虑流体的黏性和压缩性时, ρ 是常值, 方程 (1.12) 变为

$$\frac{\partial u_i}{\partial x_i} = 0 \tag{1.28}$$

而方程 (1.14) 变为

$$\frac{\partial (u_i)}{\partial t} + \frac{\partial (u_j u_i)}{\partial x_j} + \frac{\partial p}{\partial x_i} - \rho g_i = 0 \tag{1.29}$$

　　对于以上所得到的 Euler 方程, 如果直接采用数值方法对其进行求解并不方便. 在实际应用中, 常常通过引入势函数 ϕ 来定义速度:

$$u_1 = -\frac{\partial \phi}{\partial x_1}, \quad u_2 = -\frac{\partial \phi}{\partial x_2}, \quad u_3 = \frac{\partial \phi}{\partial x_3}$$

或

$$u_i = -\frac{\partial \phi}{\partial x_i} \tag{1.30}$$

如果上述的势函数存在, 则将方程 (1.30) 代入方程 (1.28) 就可得到唯一的控制方程:

$$\frac{\partial^2 \phi}{\partial x_i \partial x_i} \equiv \nabla^2 \phi = 0 \tag{1.31}$$

上述方程是经典的 Laplace 方程, 通过适当的边界条件可对其进行求解. 对于内流问题, 在边界上的法向速度满足条件:

$$u_n = -\frac{\partial \phi}{\partial n} = \bar{u}_n \tag{1.32}$$

在加权余量有限元方法中, 边界上的法向速度可通过自然边界条件引入到方程的弱积分形式中.

以上求解过程的前提是势函数 ϕ 存在且需要明确其存在的必要条件, 这可通过进一步考虑动量守恒方程 (1.29) 来实现. 首先注意到, 要求势函数单值就意味着

$$\frac{\partial^2 \phi}{\partial x_j \partial x_i} = \frac{\partial^2 \phi}{\partial x_i \partial x_j} \tag{1.33}$$

定义涡量为每单位面积上的流体微团旋转速率:

$$\omega_{ij} = \frac{1}{2}\left(\frac{\partial u_i}{\partial x_j} - \frac{\partial u_j}{\partial x_i}\right) \tag{1.34}$$

当考虑有势流时上式应为

$$\omega_{ij} = 0 \tag{1.35}$$

此时, 我们称流动为无旋流动. 将势函数带入方程 (1.29) 中的第一项并利用方程 (1.28) 及方程 (1.34), 方程 (1.29) 可改写为如下形式:

$$-\frac{\partial}{\partial x_i}\left(\frac{\partial \phi}{\partial t}\right) + \frac{\partial}{\partial x_i}\left[\frac{1}{2}u_j u_j + \frac{p}{\rho} + P\right] = 0 \tag{1.36}$$

其中, P 是体力的势函数, 有

$$g_i = -\frac{\partial P}{\partial x_i} \tag{1.37}$$

简单情形下, 若在某方向 (暂假设为 x_2 方向) 体力保持常值, 则有

$$P = gx_2 \tag{1.38}$$

方程 (1.36) 可改写为

$$\nabla\left(-\frac{\partial \phi}{\partial t} + H + P\right) = 0 \tag{1.39}$$

其中, $H = u_i u_i / 2 + p/\rho$ 代表内能.

当等热条件满足时, 比能为常量, 从方程 (1.39) 可得到

$$-\frac{\partial \phi}{\partial t} + \frac{1}{2} u_i u_i + \frac{p}{\rho} + P = \text{constant} \tag{1.40}$$

上式在整个流体域中成立并可看作为势函数存在的条件. 稳态流动情况下, 称其为著名的 Bernoulli 方程, 由此可根据方程右端常数来确定整个有势流体域中的压力. 注意到势函数所满足的方程是自伴随的, 从而通过引入势函数可回避因处理对流项所带来的困难. 需要指出的是, 在流体动力学中除了势函数满足 Laplace 方程外, 在二维情形下, 我们还常常引入满足 Laplace 方程的另一类函数即流函数, 其等值线和流线重合. 流函数 ψ 定义如下:

$$u_1 = \frac{\partial \psi}{\partial x_2}, \quad u_2 = -\frac{\partial \psi}{\partial x_1} \tag{1.41}$$

其满足不可压条件 —— 式 (1.28):

$$\frac{\partial u_i}{\partial x_i} = \frac{\partial}{\partial x_1}\left(\frac{\partial \psi}{\partial x_2}\right) + \frac{\partial}{\partial x_2}\left(-\frac{\partial \psi}{\partial x_1}\right) = 0 \tag{1.42}$$

因为对无旋流动存在有势流即 $\omega_{12} = 0$, 则由方程 (1.34) 导出 Laplace 方程:

$$\frac{\partial^2 \psi}{\partial x_i \partial x_i} = \nabla^2 \psi = 0 \tag{1.43}$$

在流体运动的流动显示实现过程中, 我们经常用到流函数; 在实际应用中, 我们可以很容易地通过流场的已知速度分布来计算流函数.

1.2.8 不可压 (或近可压) 流动

在本节前面我们已知道, 控制流体动力学的完备方程组除包括 Navier-Sttokes 方程外, 还包括状态方程 (1.15a):

$$\rho = \rho(p, T)$$

在不可压 (或近可压) 流动问题中, 我们将常常假设:

(1) 流动过程是等温过程.

(2) 密度 ρ 随压力 p 的变化不大, 这样, 在速度和密度的乘积项中我们可以认为后者为常值. 从而, 如果在相关方程中含有二者乘积的导数, 可将密度视为常量.

对单一组分的流体, 如水、空气等, 其密度随压强与温度而改变, 密度的改变量为

$$\mathrm{d}\rho = \frac{\partial \rho}{\partial p}\mathrm{d}p + \frac{\partial \rho}{\partial T}\mathrm{d}T = \rho\gamma_T \mathrm{d}p - \rho\beta\mathrm{d}T$$

其中

$$\gamma_T = \frac{1}{\rho}\left(\frac{\partial \rho}{\partial p}\right)_T$$

称为等温压缩系数;

$$\beta = -\frac{1}{\rho}\left(\frac{\partial \rho}{\partial T}\right)_p$$

称为热膨胀系数.

等温压缩系数表示在一定温度下压强增加一个单位时, 流体密度的相对增加率, 因此它是衡量流体可压缩性的一个物理量. 由于比容 υ 为密度 ρ 的倒数, $\upsilon\rho = 1$, 因此,

$$\gamma_T = -\frac{1}{\upsilon}\left(\frac{\partial \upsilon}{\partial p}\right)_T$$

该式表示, 等温压缩系数表示在一定温度下压强增加一个单位时流体体积的相对缩小率. 等温压缩系数 γ_T 的倒数为体积弹性模量 E:

$$E = \frac{1}{\gamma_T} = \rho\left(\frac{\partial p}{\partial \rho}\right)_T = -\upsilon\left(\frac{\partial p}{\partial \upsilon}\right)_T$$

它表示流体体积的相对变化所需的压强增量, 根据此式, 密度视为不变意味着:

$$\frac{\Delta\rho}{\rho} \approx \gamma_T\Delta p$$

由此我们有

$$\mathrm{d}\rho = \frac{\rho}{E}\mathrm{d}p \tag{1.44a}$$

上式可写为

$$\mathrm{d}\rho = \frac{1}{c^2}\mathrm{d}p \tag{1.44b}$$

或者

$$\frac{\partial\rho}{\partial t} = \frac{1}{c^2}\frac{\partial p}{\partial t} \tag{1.44c}$$

其中, $c = \sqrt{E/\rho}$ 是声波速度.

当不考虑能量输运方程时, 方程 (1.25) 和方程 (1.26a)$\sim$ 方程 (1.26d) 可改写为如下紧凑的形式:

$$\frac{1}{c^2}\frac{\partial p}{\partial t} + \rho\frac{\partial u_i}{\partial x_i} = 0 \tag{1.45a}$$

$$\frac{\partial u_j}{\partial t} + \frac{\partial(u_j u_i)}{\partial x_i} + \frac{1}{\rho}\frac{\partial p}{\partial x_j} - \frac{1}{\rho}\frac{\partial \tau_{ji}}{\partial x_i} - g_j = 0 \tag{1.45b}$$

在三维问题中 $j = 1, 2, 3$, 上面方程组以 u_j 和 p 为变量, 共有 4 个方程组成. 其中

$$\frac{1}{\rho}\tau_{ij} = \nu\left(\frac{\partial u_i}{\partial x_j} + \frac{\partial u_j}{\partial x_i} - \frac{2}{3}\delta_{ij}\frac{\partial u_k}{\partial x_k}\right)$$

而 $\nu = \mu/\rho$ 为运动学黏性系数.

　　上述方程系统与用来处理不可压 (或近可压) 弹性问题的控制方程相似.

1.2.9　运动坐标系中的流体动力学方程

　　对于外边界运动着的流体域, 常常选取流体域边界相对其静止的动坐标系. 流体微元相对于动坐标系的加速度值和其在 Newton 坐标系中的绝对加速度值不相等, 需要对运动方程加以相应的修正. 容易推导出一般运动着的坐标系中流体微元加速度表达式, 而最常见的动坐标系运动形式为平动和匀速转动. 假设某一瞬时动坐标系绕相对于 Newton 坐标系以加速度 $\boldsymbol{f}_0$ 做平动的某点 O 以角速度 $\boldsymbol{\Omega}$ 转动, 则流体微元的绝对加速度为

$$\boldsymbol{f}_0 + \boldsymbol{f}_1$$

其中, $\boldsymbol{f}_1$ 是流体微元相对于 O 点的加速度. 假设 $(\boldsymbol{i}, \boldsymbol{j}, \boldsymbol{k})$ 为动坐标系中相互垂直的单位坐标矢量, 任一矢量 $\boldsymbol{P}$ 可表示为

$$\boldsymbol{P} = P_1 \boldsymbol{i} + P_2 \boldsymbol{j} + P_3 \boldsymbol{k}$$

分量 P_1, P_2, P_3 在运动坐标系中的变化以及由坐标系绕点 O 旋转所引起坐标轴单位矢量的变化将导致 $\boldsymbol{P}$ 随时间 t 而变化, 由此可得到 $\boldsymbol{P}$ 关于观测点 O 的变化率:

$$\sum_i \left(\frac{\mathrm{d}P_i}{\mathrm{d}t} \boldsymbol{i} + P_i \frac{\mathrm{d}\boldsymbol{i}}{\mathrm{d}t} \right) = \sum_i \left(\frac{\mathrm{d}P_i}{\mathrm{d}t} \boldsymbol{i} + P_i \boldsymbol{\Omega} \times \boldsymbol{i} \right) = \left(\frac{\mathrm{d}\boldsymbol{P}}{\mathrm{d}t} \right)_r + \boldsymbol{\Omega} \times \boldsymbol{P}$$

其中, $(\mathrm{d}\boldsymbol{P}/\mathrm{d}t)_r$ 是 $\boldsymbol{P}$ 在旋转坐标系中的变化率. 在上式中, 首先将 $\boldsymbol{P}$ 以流体域中物质微元相对于点 O 的位置矢量 $\boldsymbol{y}$ 代替; 其次将 $\boldsymbol{P}$ 以物质微元相对于随 O 运动 (不包含旋转) 坐标系的速度 $\boldsymbol{v}_1$ 代替得到

$$\boldsymbol{v}_1 = \left(\frac{\mathrm{d}\boldsymbol{y}}{\mathrm{d}t} \right)_r + \boldsymbol{\Omega} \times \boldsymbol{y}$$

及

$$\begin{aligned} \boldsymbol{f}_1 &= \left(\frac{\mathrm{d}\boldsymbol{v}_1}{\mathrm{d}t} \right)_r + \boldsymbol{\Omega} \times \boldsymbol{v}_1 \\ &= \left(\frac{\mathrm{d}^2 \boldsymbol{y}}{\mathrm{d}t^2} \right)_r + 2\boldsymbol{\Omega} \times \left(\frac{\mathrm{d}\boldsymbol{y}}{\mathrm{d}t} \right)_r + \left(\frac{\mathrm{d}\boldsymbol{\Omega}}{\mathrm{d}t} \right)_r \times \boldsymbol{y} + \boldsymbol{\Omega} \times (\boldsymbol{\Omega} \times \boldsymbol{y}) \end{aligned}$$

其中, $(\mathrm{d}^2\boldsymbol{y}/\mathrm{d}t^2)_r = \boldsymbol{f}$ 是流体微元相对于同时做平动和旋转运动坐标系的加速度, 而 $(\mathrm{d}\boldsymbol{y}/\mathrm{d}t)_r = \boldsymbol{v}$ 是流体微元相对于同一坐标系中的速度; 此外相对于绝对坐标系的变化率等同于其相对于旋转坐标系中的变化率. 从而得到流体微元的绝对加速度:

$$\boldsymbol{f} + \boldsymbol{f}_0 + 2\boldsymbol{\Omega} \times \boldsymbol{v} + \frac{\mathrm{d}\boldsymbol{\Omega}}{\mathrm{d}t} \times \boldsymbol{y} + \boldsymbol{\Omega} \times (\boldsymbol{\Omega} \times \boldsymbol{y}) \tag{1.46}$$

在推导动坐标系中流体动力学方程时, 该表达式表示作用在单位质量流体单元上的力; 在动坐标系中以 Euler 描述的速度 $u(x,t)$ 表示:

$$f = \frac{\partial u}{\partial t} + u \cdot \nabla u = \frac{\mathrm{D}u}{\mathrm{D}t}$$

式 (1.46) 中的流体单元位置矢量 y 和速度矢量 v 相应地以 x 和 $u(x,t)$ 替代. 除真实的体力和面力外, 定义所谓的虚拟体力如下:

$$-f_0 - 2\Omega \times u - \frac{\mathrm{d}\Omega}{\mathrm{d}t} \times x - \Omega \times (\Omega \times x)$$

则动坐标系中的流体动力学方程和绝对坐标系中的流体动力学方程在形式上完全一致. $-f_0$ 表示由坐标系平动加速度所引起的虚拟体力; $-2\Omega \times u$ 代表同时与 u 及 Ω 垂直的 Coriolis 力; 而 $-\Omega \times (\Omega \times x)$ 则表示离心力.

1.3　初始条件和边界条件详述

流体动力学方程组是非线性偏微分方程, 需要给定适当的初始条件和边界条件才能得到确定的解. 也就是说, 基本方程组通解中包含的任意函数只有在给定初始条件和边界条件之后才具有唯一确定的解. 这就是为什么我们在建立流体力学基本方程之后还必须着重讨论初始条件和边界条件的道理.

1.3.1　初始条件

所谓初始条件就是初始时刻 $t = t_0$ 时, 流体运动应该满足的初始状态或流场的初始状态. 即 $t = t_0$ 时

$$\begin{cases} u(r, t_0) = u_1(r) \\ p(r, t_0) = p_1(r) \\ \rho(r, t_0) = \rho_1(r) \\ T(r, t_0) = T_1(r) \end{cases} \tag{1.47}$$

其中, u_1, p_1, ρ_1, T_1 都是给定的已知函数. 应该指出, 如果研究流体的定常运动, 则不需要给出初始条件.

1.3.2　边界条件

所谓边界条件指的是流体运动边界上方程组的解应该满足的条件. 它的形式多种多样, 需要具体问题具体分析, 下面只写出常用的几种.

1. 无穷远处

例如, 航空器在高空中飞行, 辽阔的天空可近似地看成是无边无际的, 于是无穷远处是这类问题的边界, 那里的边界条件可写为: 当 $r \to \infty$ 时,

$$\boldsymbol{u} = \boldsymbol{u}_\infty, \quad p = p_\infty, \quad \rho = \rho_\infty, \quad T = T_\infty \tag{1.48}$$

2. 两介质界面处

发生在流体和其他介质之间界面上的边界条件应给予特别重视, 因为这些边界条件在流体动力学问题中起着非常重要的作用并且和一些重要的物理现象密切相关. 两介质的界面可以是气、液、固三相中任取两不同相的界面, 也可以是同一相但不同组分的界面. 当处于热动力学平衡时, 两种互相接触的物质具有相同的温度; 任何引起偏离平衡位置的两种介质之间的温度差, 将产生通过界面的热通量, 其方向是使得两种物质趋于平衡态. 因此, 处于平衡状态时, 和界面相接触的两种介质的温度相同且其温度值和每一种物质内部的温度值相同. 作为一种物理守恒量 (动量) 强度的表征, 界面处的速度情形和温度相类似. 当两种物质相互作用时, 在界面处就存在动量输运. 然而, 对于分子结构来说, 此时的情形就有所不同; 因为, 现实中存在这样的分界面, 界面两侧物质相互作用的效果并不产生使分子组成趋同的倾向. 最明显的例子是液 (体)–固 (体) 界面; 固体分子的结构成晶格状, 虽然在偶尔情形, 一些液体分子处于固体分子的短程力作用场内由此将产生热及动量输运, 但这些液体分子终归回到液体域内而不会产生分子组成上的变化.

1) 表面张力

对于空气中的液滴及水中的气泡呈球状几何体以及其他大量相类似的自然现象, 其物理解释是: 存在一种特殊类型的能, 其大小和处于平衡状态的两界面面积呈比例关系. 根据热动力学理论, 一般而言, 流体的能和功与其体积间存在某种比例关系. 但在涉及流体体积与其表面面积相比较小时, 就必须进一步考虑表面效应并对一般情况下成立的热动力学相应关系加以修正. 研究表明, 当系统处于平衡状态时, 表面积为 A 的界面对系统的 Helmholtz 自由能 (Helmholtz 自由能是一具有能量量纲的系统的重要状态函数), 其表达式为

$$\delta F = -p \delta V - S \delta T \tag{1.49}$$

其中, F、S、V、p、T 分别代表系统中单位流体质量的自由能、单位流体质量的熵、流体体积、流体压力及温度 (详细定义及物理解释可参考文献 [1]). 假设平衡系统中面积为 A 的界面对 Helmoltz 自由能的贡献为 $A\gamma$, 其中的比例常数 γ 是系统状态的函数. 如果系统含有两类均匀流体, 其密度分别是 ρ_1 和 ρ_2, 体积分别是 V_1 和

V_2, 界面面积是 A, 则系统的总自由能为

$$\rho_1 V_1 F_1 + \rho_2 V_2 F_2 + A\gamma \tag{1.50}$$

根据自由能的定义可以得出, 准静态情形下, 由系统中任何可逆的等温变化所引起的对系统所做的功就等于系统所获得的总自由能. 因此, 如果系统状态变化不引起两介质各自的密度以及系统温度的改变, 那么外界对系统所做的功应为 $\gamma\delta A$. 这表明, 外界对系统所做的功仅仅引起界面面积的变化. 在均匀表面张力情况下, 上述理论的物理解释与下述直观模型等价, 即假设两物质间的界面 (表面层) 是由一层薄膜所均匀地张成的. 此外, γ 可看成是界面上每单位面积的自由能即表面张力系数. 表面张力系数的意义如下: 沿界面上任一单位长度弧线的两侧都作用着大小为 γ 的拉力, 作用力的方向垂直该弧线方向并且与界面相切. 表面张力的分子动力学解释显然与分子间的黏附力有关; 在物质的内部, 与介质的分子动力学相关的平均自由能与位置无关, 当距界面的距离小于黏附力作用力程时就必须考虑边界效应 (对于单一分子, 黏附力的作用力程与 10^{-7}cm 同阶). 由于表面效应只在其非常小的范围内起作用, 因此界面的任何微元对式 (1.50) 中和界面效应相对应的自由能修正项的贡献等同. 容易看出, 当所考虑的两种介质中有一种介质是凝相时, γ 取正值. 在有液体与气体共存的区域, 在密度低的气体一方, 表面分子受到指向液体的侧向引力, 而在气体方向上吸引力较小. 因此, 表面层受到张力使得表面层附近的液体分子有向内运动的趋势, 这种趋势使得表面面积达到与所给液体体积相适应的最低程度 —— 相当于表面收缩. 当考虑液体与固体或另一种液体之间的界面时, γ 的符号不能按上述的理论解释 —— 在实际中可能取不同符号. 两种介质间的表面张力通常随着温度的增加而降低.

2) 两静止介质间的平衡边界形状

这里简要考虑液体边界表面张力的效应, 我们主要考虑两种流体间的边界 —— 此时边界可以自由移动. 假定两种流体处于静止和热平衡状态, 这样张力系数 γ 在界面上是一致的, 目的是确定与力学平衡相容的界面几何形状. 事实上除极少数特殊情形, 要彻底解决该问题是比较困难的 (有关确定考虑表面张力效应时平衡静止液面形状的数值仿真内容, 将在第 6 章进一步讨论).

显然在考虑张力情况下, 弯曲界面存在法向应力. 为了考虑在界面上某一点 O 处的张力效应, 把该点处的切平面看作空间直线坐标系 (x, y, z) 中的 (x, y) 平面. 假定界面方程为

$$z - \zeta(x, y) = 0$$

其中, 函数 ζ 及其导数在 O 点处的值为 0, 界面在 O 点临近处的法向量 $\boldsymbol{n}$ 具有分

量:

$$-\frac{\partial \xi}{\partial x}, \quad -\frac{\partial \zeta}{\partial y}, \quad 1$$

其对于小量 $\partial \zeta/\partial x, \partial \zeta/\partial y$ 可精确到一阶的精度. 则界面上包含 O 点的微元上张力的合力为

$$-\gamma \oint \boldsymbol{n} \times \mathrm{d}\boldsymbol{x}$$

其中, $\mathrm{d}\boldsymbol{x}$ 是微元闭边界线上的线单元. 修正到二阶精度, 该合力与 z 轴平行即平行于 O 点的法向量其大小为

$$-\gamma \oint \left(-\frac{\partial \zeta}{\partial x}\mathrm{d}y + \frac{\partial \zeta}{\partial y}\mathrm{d}x \right) = \gamma \left(\frac{\partial^2 \zeta}{\partial x^2} + \frac{\partial^2 \zeta}{\partial y^2} \right)_0 \delta A$$

可以看出, 作用在围绕曲面微元闭边界上的张力在效果上等价于作用在曲面微元上的压力, 其大小为

$$\gamma \left(\frac{1}{R_1} + \frac{1}{R_2} \right)$$

其中, R_1, R_2 分别是过 Oz 轴的两互相正交平面与界面交线的曲率半径, 压力方向指向曲率中心. 由于界面可视为其质量为 0, 因此弯曲界面只有在与张力等效的压力与界面两侧流体中的压力差大小相等、方向相反时才处于平衡状态, 因此在界面上任一点存在间断流体压力 (图 1.2).

$$\Delta p = \gamma \left(\frac{1}{R_1} + \frac{1}{R_2} \right) \tag{1.51}$$

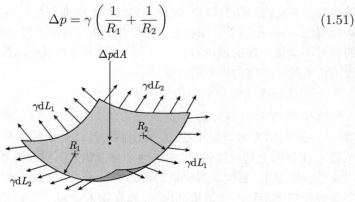

图 1.2   微元上的表面张力示意图

非常明显的界面平衡形状发生在当一定质量的一种流体侵入到另一种流体时的情形, 譬如空气中的雾滴或水中的气泡. 假设水滴及气泡的体积或者界面两侧的介质密度差足够小, 那么就可以忽略重力的影响. 此时, 每一流体中的压力均匀, 并且由式 (1.51) 所确定的压力差在界面上保持常值. 因为在其上保持主曲率和不变的无边界曲面为球面, 因此球面即为界面的平衡几何形状. 以上结论也可作如下解

释: 在平衡状态下, 界面表面面积必须保持与所给液滴或气泡体积相适应的最低程度; 而球面恰恰就是对于所给定的体积具有最小表面面积的几何形状.

进一步考虑, 具有恒定压力的气体与具有均匀密度液体之间的分界面. 假定液体的密度为 ρ, 液体内部由于重力的影响压力随高度 z 变化由静力学公式 $p = p_0 - \rho g z$ 确定. 则得到界面上任意点处的平衡条件为

$$\rho g z - \gamma \left(\frac{1}{R_1} + \frac{1}{R_2} \right) = \text{const.} \tag{1.52}$$

其中, 当曲率中心位于界面气体一侧时 R_1、R_2 取正直. 由方程 (1.52) 精确求解表面形状是比较困难的, 但从该方程可以一目了然地观察出具有线量纲特征的唯一相关参数 $(\gamma/\rho g)^{\frac{1}{2}}$. 对于纯净的水来说, 在常温下该参数值为 0.27cm, 此值表明了表面张力对气–水界面几何形状的影响和重力影响达到可比程度时的线尺度. 方程 (1.52) 所适用的液–气界面是非闭面情形, 其边界通常是三种介质的接触线 —— 犹如桌面上的水银液滴. 三介质间的接触线特性用来作为边界条件, 由方程 (1.52) 通过积分求解表面几何形状. 三介质间的接触线受到不同界面上表面张力的约束, 并且由于接触线没有质量, 在接触线任何可能自由移动方向上的三个表面张力之合力向量必具有零分量 [图 1.3(a)]; 如果相遇在接触线三界面中有其中一个的法向方向已知, 就可以确定另外两个法向方向.

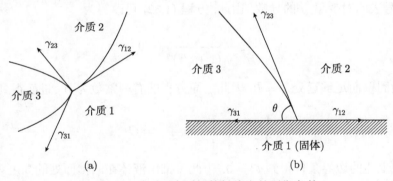

图 1.3 三种不同介质间接触线上的平衡条件

当三介质之一 (譬如说介质 1) 为固体时, 其和另两介质的接触面总为平面 [图 1.3(b)], 接触线仅可能沿和固面平行的方向自由移动. 则得到单一的确定接触角 θ 的标量平衡条件如下:

$$\gamma_{12} = \gamma_{31} + \gamma_{23} \cos \theta$$

如果介质 2 为气体而介质 3 为液体, 当 $\theta < \frac{\pi}{2}$ 时, 称固体被液体所湿润, 显然湿润度随着接触角的减小而增减.

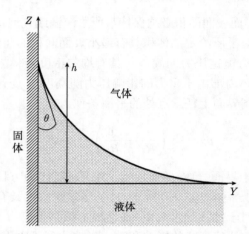

图 1.4   和垂直固壁面相遇的自由液面

液体和垂直固体壁面相遇时所形成的界面几何形状可以方便求出. 考虑二维情形如图 1.4 所示, 假设液气界面由 $z = \zeta(y)$ 确定, 界面的主曲率为

$$\frac{1}{R_1} = 0, \quad \frac{1}{R_2} = \frac{\zeta''}{(1+\zeta'^2)^{\frac{3}{2}}}$$

其中, 撇号表示对变量 y 的导数. 由此, 方程 (1.52) 可改写为

$$\frac{\rho g}{\gamma}\zeta - \frac{\zeta''}{(1+\zeta'^2)^{\frac{3}{2}}} = 0$$

因为在距固壁面足够远处 $\zeta = 0$, 因此上面方程的右端常数为 0. 进而得到首次积分为

$$\frac{1}{2}\frac{\rho g}{\gamma}\zeta^2 + \frac{1}{(1+\zeta'^2)^{\frac{1}{2}}} = C$$

再次代入上述的边界条件得到 $C = 0$. 由此可推出液体在固壁面处的高度为

$$h^2 = 2\frac{\gamma}{\rho g}(1 - \cos\theta) \tag{1.53}$$

其中, 接触角 θ 的大小由介质的性质决定. 利用边界条件 $y = 0, \zeta = h$ 可求出二次积分中的任意常数, 得到最后的积分为

$$\frac{y}{d} = \operatorname{arcosh}\frac{2d}{\zeta} - \operatorname{arcosh}\frac{2d}{h} + \left(4 - \frac{h^2}{d^2}\right)^{\frac{1}{2}} - \left(4 - \frac{\zeta^2}{d^2}\right)^{\frac{1}{2}} \tag{1.54}$$

其中, $d^2 = \gamma/\rho g$.

根据固壁面的倾斜程度及接触角的不同, 自由液面在固壁面处可能升高也可能降低. 这一事实主要基于重要的物理现象及毛细现象 —— 这种现象只有在细试管或缝隙中才显现出来 (图 1.5).

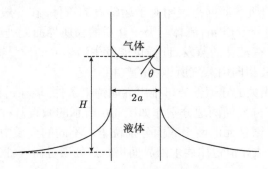

气体

θ

$2a$

H

液体

图 1.5 小尺度试管中液体毛细上升

假设自由液面和固壁面的接触角为 θ, 显然当 $a \ll d$ 时, 沿轴向截面的自由液面主曲率可近似地被认为处处相等并且等于 $a/\cos\theta$—— 自由液面形状和球面的偏离仅仅由重力在自由液面上所引起的相对微小压力变化所致. 这种显著的弯曲表面将引起的界面附近的压力间断. 如果细管是开口的并且垂直插入自由液面液体中, 则细管中将出现和重力相平衡的液柱. 高度为 H 的液柱其平衡条件可近似地表示为

$$\rho g H = \Delta p = \frac{2\gamma \cos \theta}{a}$$

即

$$H = \frac{2d^2 \cos \theta}{a} \tag{1.55}$$

在非湿润液体情形下, 有 $\theta > \pi/2$ 且 $H < 0$, 此时细管中的液体将下凹. 如果细管不是垂直插入液体中, 则式 (1.55) 给出自由液面的垂直位移.

3) 物质边界上的跃迁关系

两介质间界面附近存在着关于界面两侧某种量的平衡关系或守恒关系. 首先, 运动学条件要求对于每种介质来说, 边界保持为物质表面不变; 沿边界上的局部法向速度分量必须连续. 对于存在热及动量输运情形, 当介质处于平衡态时, 温度及速度必须沿界面平衡. 然而, 如果两介质在力学上处于运动状态, 在热力学上处于不平衡状态, 此时, 这种非平衡是否伴随有界面处的温度及速度间断呢? 把温度及速度的空间梯度作为对界面处非平衡态程度的一种度量, 设想在两介质的内部存在温度和速度梯度并且将引起明显的非平衡现象, 伴随着这种非平衡过程的热量及动量输运效应将使温度及速度趋于处处均匀, 而且这种输运效应随着非平衡程度的增加而变得愈加强烈. 根据上述论述很自然地预期在真实流体中的两介质的温度及速度是处处连续的. 从分子运动论的观点来看, 分子的迁移及相互作用将产生某种效应, 使得两介质界面处的局地温度及速度趋于相同, 这就犹如在流体内部由于这种效应的存在将使相邻两点的温度及速度趋于相同并最终在流体内部处处达到近似平衡状态. 现有的所有证据都表明对于运动着的流体, 在一般条件下, 温度及速度 (包括切向及法向分量) 沿着流体与另一介质的物质界面处处连续. 在液–气界面的特殊情形, 由于存在液体的蒸发, 同样可能发生沿边界的质量输运, 其结果是, 沿界面出现由稳定的液相向由蒸气所饱和的气相突变.

　　由与输运现象相关的守恒性质可推出界面约束条件. 现在讨论两介质界面处的热平衡边界条件. 在分界面两边分别作如图 1.6 所示的微直圆柱元, 母线平行于界面法向单位矢量 n, 微柱元的两个底面分别位于两不同的介质中, 其长度远小于另外两个方向的长度. 热守恒定律要求沿界面每一点处通过微圆柱元两底面的热通量相等, 即

$$(k_H \boldsymbol{n} \cdot \nabla T)_{\text{介质 } 1} = (k_H \boldsymbol{n} \cdot \nabla T)_{\text{介质 } 2} \tag{1.56}$$

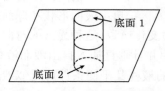

图 1.6　界面处的微圆柱

其中, 位于界面处两侧不同的介质其热传导系数 k_H 可能不同. 因此式 (1.56) 意味着, 在一般情形下沿着界面存在不连续的温度梯度 $\boldsymbol{n} \cdot \nabla T$.

　　以上讨论同样适用于沿着两种流体边界存在动量通量的情形, 此时有必要考虑表面张力的效应并且以应力张量 σ_{ij} 表示出边界条件. 当上面提到的微直圆柱元的长度趋于零时, 作用在微圆柱两底面上的合力必然与由位于微圆柱外面的界面对微圆柱所施加的合拉力相平衡 (图 1.7).

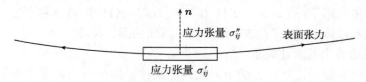

图 1.7　两种介质界面处的应力关系

　　显然, 这种界面中的合拉力与作用在界面上且指向曲率中心的压力相等 (假设表面张力是均匀的). 于是可得边界条件为

$$\sigma_{ij}'' n_j - \sigma_{ij}' n_j = -\gamma \left(\frac{1}{R_1} + \frac{1}{R_2} \right) n_i \tag{1.57}$$

其中, R_1 和 R_2 分别是包含 n 的任意两互相正交平面与界面交线的曲率半径, 当曲率中心位于 n 所指向的界面一侧时, 曲率半径取正值. 当两种流体处于静止状态

时, 应力张量有简洁形式 $-p\delta_{ij}$, 此时式 (1.57) 可简化为简单形式, 即式 (1.51).

对于沿界面表面张力发生变化的更一般情形, 由于界面上的温度及吸附物质的浓度都不均匀, 因而表面张力效应在界面微元上将有沿切向的合力. 不难看出, 此时应在式 (1.57) 右端增加梯度项 $(\nabla\gamma)_i$, 其中 $\nabla\gamma$ 表示 γ 在界面中的梯度. 当两种流体处于静止时, 以上所述的界面上的切向力与应力不能相互平衡.

考虑到本构关系 (1.11a), 可写出式 (1.57) 在法向和切向的分量表达式:

$$\mu_1 e_{ij}^1 t_i n_j = \mu_2 e_{ij}^2 t_i n_j \tag{1.58a}$$

$$p^{(1)} - 2\mu_1\left(e_{ij}^1 n_i n_j - \frac{1}{3}e_{kk}^1\right) = p^{(2)} - 2\mu_2\left(e_{ij}^2 n_i n_j - \frac{1}{3}e_{kk}^2\right) + \gamma\left(\frac{1}{R_1} + \frac{1}{R_2}\right) \tag{1.58b}$$

此处 $t = [t_1, t_2, t_3]^{\mathrm{T}}$ 表示界面切向矢量. 一常见特例是正常条件下气–液界面处的边界条件, 即自由液面处的边界条件. 此时气相 (如空气) 不一定处于静止状态. 只要它的运动不太强于液体的运动, 则由于气体的密度和黏性远小于液体的值, 因此由于惯性力和黏性力引起的压力及应力变化和液体相比可忽略不计. 由此我们可以近似地认为气相在界面处的应力张量为 $-p_0\delta_{ij}$, 其中 p_0 是气相的常压. 于是式 (1.58a) 和式 (1.58b) 变为

$$e_{ij} t_i n_j = 0 \tag{1.59a}$$

$$p - 2\mu_1\left(e_{ij} n_i n_j - \frac{1}{3}e_{kk}\right) = p_0 + \gamma\left(\frac{1}{R_1} + \frac{1}{R_2}\right) \tag{1.59b}$$

1.4 Galerkin 有限元方法

1.4.1 强形式和弱形式

假设读者对有限元方法和有限差分方法已有初步了解. 本节简要介绍加权余量方法和有限元方法. 借助 Laplace 方程或 Poisson 方程, 可较为便利地说明有限元数值求解步骤. 本节考虑一般形式的 Poisson 方程 (准调和方程):

$$-\frac{\partial}{\partial x_i}\left(k\frac{\partial\phi}{\partial x_i}\right) + Q = 0 \tag{1.60}$$

其中, k 和 Q 是指定的函数, 在给定的适当边界条件下可得到上述方程的唯一解. 边界条件分为 Dirichlet 型和 Neumann 型两种.

Dirichlet 型边界条件为

$$\phi = \bar{\phi}, \quad 在\Gamma_\phi上 \tag{1.61a}$$

Neumann 型边界条件为

$$q_n = -k\frac{\partial\phi}{\partial n} = \bar{q}_n, \quad 在\Gamma_q上 \tag{1.61b}$$

其中, 符号带有 "−" 的量表示在边界上被指定的量. 方程 (1.60) 和方程 (1.61b) 构成某一问题的强形式方程.

观察方程 (1.60) 可以发现, 数值求解中要求未知函数满足存在二阶导数的条件, 该条件可进一步加以削弱. 考虑方程 (1.60) 的积分形式方程:

$$\int_{\Omega} v \left[-\frac{\partial}{\partial x_i} \left(k \frac{\partial \phi}{\partial x_i} \right) + Q \right] \mathrm{d}\Omega = 0 \qquad (1.62)$$

其中, v 是任意函数. 方程 (1.60) 和方程 (1.62) 之间的等价关系是显然的: 假设在流体域 Ω 中某一点 x_i 处, 方程 (1.60) 左端的值不为零, 那么我们可将该值乘以某一正值参数定义为任意函数 v, 这样就使得方程 (1.62) 左端同样取值为某一正值; 由此得出方程 (1.62) 不成立的矛盾结论, 这一结果说明方程 (1.60) 在流体域 Ω 中任意点 x_i 处都成立.

将方程 (1.62) 中的二阶导数分部积分可得

$$\int_{\Omega} \frac{\partial v}{\partial x_i} \left(k \frac{\partial \phi}{\partial x_i} \right) \mathrm{d}\Omega + \int_{\Omega} v \mathrm{d}\Omega - \int_{\Gamma} v n_i \left(k \frac{\partial \phi}{\partial x_i} \right) \mathrm{d}\Gamma = 0 \qquad (1.63)$$

将边界分成 Γ_ϕ 和 Γ_q 两部分即 $\Gamma = \Gamma_\phi \cup \Gamma_q$, 将边界条件 (1.61b) 代入方程 (1.63) 得到

$$\int_{\Omega} \frac{\partial v}{\partial x_i} \left(k \frac{\partial \phi}{\partial x_i} \right) \mathrm{d}\Omega + \int_{\Omega} v \mathrm{d}\Omega + \int_{\Gamma} v \bar{q}_n \mathrm{d}\Gamma = 0 \qquad (1.64)$$

上式只有当 v 在 Γ_ϕ 上为零时才成立, 因此在实际的数值求解过程中, 还必须对上式施加边界条件 (1.61a). 方程 (1.64) 称为某一问题的弱形式方程, 这是因为此时方程中只出现求解函数的一阶导数. 弱形式方程是利用有限元方法数值求解流体动力学问题中的最基本方程.

1.4.2　加权余量近似

在加权余量近似过程中, 函数变量 ϕ 可由指定的一些试函数 (基函数) 通过未知参数 $\tilde{\phi}^a$ 的线性叠加求和得到

$$\phi \approx \hat{\phi} = N_1(x_i)\tilde{\phi}^1 + N_2(x_i)\tilde{\phi}^2 + \cdots = \sum_{a=1}^{n} N_a(x_i)\tilde{\phi}^a = N(x_i)\tilde{\phi} \qquad (1.65)$$

其中,

$$\boldsymbol{N} = [N_1, N_2, \cdots, N_n] \qquad (1.66\mathrm{a})$$

$$\tilde{\boldsymbol{\phi}} = \left[\tilde{\phi}^1, \tilde{\phi}^2, \cdots, \tilde{\phi}^n \right]^{\mathrm{T}} \qquad (1.66\mathrm{b})$$

同样可将权函数 v 表示为

$$v \approx \hat{v} = W_1(x_i)\tilde{v}^1 + W_2(x_2)\tilde{v}^2 + \cdots = \sum_{a=1}^{n} W_a(x_i)\tilde{v}^a = \boldsymbol{W}(x_i)\tilde{v} \qquad (1.67)$$

其中, W_a 是检验函数, 而 $\tilde{v}^a$ 为任意的插值系数. 采用以上数值离散方案, 可将方程 (1.64) 转化为代数方程组.

在有限元方法以及其他一些基于计算机求解的数值方法中, 一般将检验函数和试函数定义在局部域中. 在整体域 Ω 的一个分割 Ω_e 中来研究检验函数和试函数将给问题的求解带来极大的便利. 假设整体域的某一剖分记为

$$\Omega \approx \Omega_h = \cup \Omega_e \tag{1.68}$$

在有限元方法中, 将 Ω_e 称为单元. 最简单的一维单元为线段、二维单元为三角形而三维单元为四面体. 在这些单元中基函数为线性多项式形式, 此时未知参数为 ϕ 的结点值. 图 1.8 表示定义在相邻三角形单元上的一组线性函数.

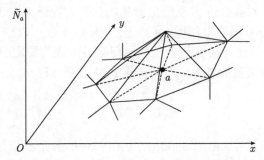

图 1.8 定义在相邻三角形单元上的线性多项式基函数

在加权余量方法中, 把近似函数 $\hat{\phi}$ 代入到控制微分方程中将产生余量 $R(x_i)$, 精确解情况下余量为零. 对于上述的准调谐方程有

$$R = -\frac{\partial}{\partial x_i} \left(k \sum_a \frac{\partial N_a}{\partial x_i} \phi^a \right) + Q \tag{1.69}$$

由此可得到待定参数 $\tilde{\phi}^\alpha$ 所必须满足的条件:

$$\int_\Omega W_b R \mathrm{d}\Omega = 0, \quad b = 1, 2, \cdots, n \tag{1.70}$$

注意到, 上式也同时意味着左端含有任意乘子参数 $\tilde{v}^b$. 如前所述, 通过分部积分可避免高阶导数 (即大于或等于二阶) 从而降低对基函数在单个单元上满足可积条件的限制. 通过对上述加权余量进行分部积分并引入自然边界条件得到

$$\int_\Omega \frac{\partial W_b}{\partial x_i} \left(k \sum_a \frac{\partial N_a}{\partial x_i} \tilde{\phi} \right) \mathrm{d}\Omega + \int_\Omega W_b Q \mathrm{d}\Omega + \int_{\Gamma_q} W_b \bar{q}_n \mathrm{d}\Gamma = 0 \tag{1.71}$$

在 Galerkin 方法中取 $W_b = N_b$, 得到如下形式的总体有限元联立方程系统:

$$\sum_{a=1}^n K_{ba} \tilde{\phi}^a + f_b = 0, \quad b = 1, 2, \cdots, n - r \tag{1.72}$$

其中, r 是离散求解域中与 Dirichlet 边界条件 (1.61a) 相对应的结点数目, 而 K_{ba} 由下式给出的单元贡献 K_{ba}^e 进行 "总装" 得到

$$K_{ba}^e = \int_{\Omega_e} \frac{\partial N_b}{\partial x_i} k \frac{\partial N_a}{\partial x_i} \mathrm{d}\Omega \tag{1.73}$$

同样, f_b 由如下单元上的贡献累加得到

$$f_b^e = \int_{\Omega_e} N_b Q \mathrm{d}\Omega + \int_{\Gamma_{bq}} N_b \bar{q}_n \mathrm{d}\Gamma \tag{1.74}$$

为了施加 Dirichlet 边界条件, 应在总装方程组中将和 r 个边界结点相对应的 $\tilde{\phi}^a$ 用 $\bar{\phi}_a$ 替换. 显然, Galerkin 方法给出对称的代数方程组 (亦即 $K_{ba} = K_{ab}$); 当然这种对称性源于微分方程的自伴性. 实际上, 对称性不仅可以作为检验算子是否具有自伴性的条件, 而且使得能够基于变分原理导出系统的稳定解.

有必要指出: 如果我们考虑完全对流形式的微分方程:

$$u_i \frac{\partial \phi}{\partial x_i} + Q = 0 \tag{1.75}$$

则系统不具备对称性, 而且由 Galerkin 方法所得到的解是不稳定的.

1.4.3　形状函数及单元插值

本节以平面三角形单元为例, 简要介绍有限元形函数及单元插值的基本概念. 典型的三角形单元由图 1.9(a) 所示的三个局部结点 $1, 2, 3$ 和结点间的直线段边界组成, 由此生成如图 1.9(b) 所示的形状函数.

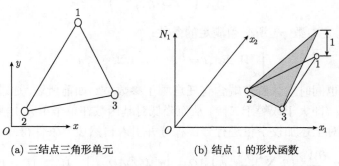

(a) 三结点三角形单元　　　　(b) 结点 1 的形状函数

图 1.9　三角形单元及结点 1 的形状函数

将某一标量函数表示为

$$\phi = \alpha_1 + \alpha_2 x_1 + \alpha_3 x_2 \tag{1.76}$$

表达式的待定系数可通过三个联立方程求得, 将三个结点坐标代入表达式并令其相应的函数值分别等于其在三个节点上的对应值. 例如, 结点上的值可分别表示为

$$\tilde{\phi}^1 = \alpha_1 + \alpha_2 x_1^1 + \alpha_3 x_2^1 \tag{1.77a}$$

$$\tilde{\phi}^2 = \alpha_1 + \alpha_2 x_1^2 + \alpha_3 x_2^2 \tag{1.77b}$$

$$\tilde{\phi}^3 = \alpha_1 + \alpha_2 x^3 + \alpha_3 x_2^3 \tag{1.77c}$$

根据上式容易得到由结点值 $\tilde{\phi}^1$、$\tilde{\phi}^2$ 和 $\tilde{\phi}^3$ 所表示的待定系数 α_1、α_2 和 α_3. 这样, 我们就得到标量函数表示式:

$$\phi = \frac{1}{2\Delta}[(a_1 + b_1 x_1 + c_1 x_2)\,\tilde{\phi}^1 + (a_2 + b_2 x_1 + c_2 x_2)\,\tilde{\phi}^2$$
$$+ (a_3 + b_3 x_1 + c_3 x_2)\,\tilde{\phi}^3] \tag{1.78}$$

其中,

$$a_i = \begin{vmatrix} 1 & x_1^i & x_2^i \\ 0 & x_1^j & x_2^j \\ 0 & x_1^k & x_2^k \end{vmatrix} = x_1^j x_2^k - x_1^k x_2^j \tag{1.79a}$$

$$b_i = \begin{vmatrix} 1 & 1 & x_2^i \\ 1 & 0 & x_2^j \\ 1 & 0 & x_2^k \end{vmatrix} = x_2^j - x_2^k \tag{1.79b}$$

$$c_i = \begin{vmatrix} 1 & x_1^i & 1 \\ 1 & x_1^j & 0 \\ 1 & x_1^k & 0 \end{vmatrix} = x_1^k - x_1^j \tag{1.79c}$$

下标 i、j、k 为单元结点号, 按 1、2、3 的顺序循环取值; x_a^i 表示结点 i 的 a 方向坐标. 而

$$2\Delta = \begin{vmatrix} 1 & x_1^1 & x_2^1 \\ 1 & x_1^2 & x_2^2 \\ 1 & x_1^3 & x_2^3 \end{vmatrix} = 2 \quad (\text{结点为 123 的三角形面积}) \tag{1.80}$$

由方程 (1.78) 可以看出形状函数可表示为

$$N_i = (a_i + b_i x_1 + c_i x_2)/(2\Delta), \quad i = 1, 2, 3 \tag{1.81}$$

写成矩阵形式为

$$\phi = \frac{1}{2\Delta}[1, x, y]\begin{bmatrix} a_1 & a_2 & a_3 \\ b_1 & b_2 & b_3 \\ c_1 & c_2 & c_3 \end{bmatrix}\begin{bmatrix} \tilde{\phi}_1 \\ \tilde{\phi}_2 \\ \tilde{\phi}_3 \end{bmatrix} \tag{1.82}$$

因为通过这种形状函数所定义的未知结点上的物理量沿着三角形单元的每一条边线性地变化, 所以方程 (1.78) 所定义的插值保证了相邻单元间的连续性. 此外, 公共结点取值相同保证了被求未知函数值沿着单元分界面可被唯一确定. 然而, 在一般情况, 函数导数将在单元之间不连续.

　　Galerkin 方法的有限元离散方程由式 (1.72)∼ 式 (1.74) 给出, 通过在某一代表单元或子区域中计算 K_{ba} 和 f_b 中的元素就可按标准的程式化方法建立起系统离散方程.

　　考虑图 1.10(a) 中阴影部分的结点和单元, 在与其相关的各个单元上计算和结点 1 相对应的方程时, 我们只需针对图 1.10(b) 中所示的两类单元类型计算 K_{ba}. 对于第一类单元 [图 1.10(b) 中的左单元] 根据方程 (1.79) 和方程 (1.80), 由方程 (1.81) 可计算出形状函数:

$$N_1 = 1 - \frac{x_2}{h}, \quad N_2 = \frac{x_1}{h}, \quad N_3 = \frac{x_2 - x_1}{h}$$

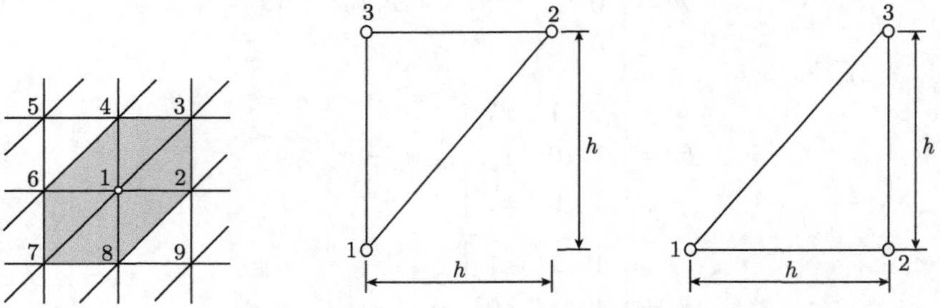

(a) 结点 1 的相关联方程　　　　　　　　(b) 网格中的 1 型和 2 型单元

图 1.10　Poisson 方程的线性三角形单元

由此, 可计算出其导数为

$$\frac{\partial \boldsymbol{N}}{\partial x_1} = \begin{bmatrix} \dfrac{\partial N_1}{\partial x_1} \\ \dfrac{\partial N_2}{\partial x_1} \\ \dfrac{\partial N_3}{\partial x_1} \end{bmatrix} = \begin{bmatrix} 0 \\ \dfrac{1}{h} \\ -\dfrac{1}{h} \end{bmatrix}, \quad \frac{\partial \boldsymbol{N}}{\partial x_2} = \begin{bmatrix} \dfrac{\partial N_1}{\partial x_2} \\ \dfrac{\partial N_2}{\partial x_2} \\ \dfrac{\partial N_3}{\partial x_2} \end{bmatrix} = \begin{bmatrix} -\dfrac{1}{h} \\ 0 \\ \dfrac{1}{h} \end{bmatrix}$$

同样, 第二类单元 [图 1.10(b) 的右单元] 的形状函数可表示为

$$N_1 = 1 - \frac{x_1}{h}, \quad N_2 = \frac{x_1 - x_2}{h}, \quad N_3 = \frac{x_2}{h}$$

其导数为

$$\frac{\partial \boldsymbol{N}}{\partial x_1} = \begin{bmatrix} \dfrac{\partial N_1}{\partial x_1} \\[2mm] \dfrac{\partial N_2}{\partial x_1} \\[2mm] \dfrac{\partial N_3}{\partial x_1} \end{bmatrix} = \begin{bmatrix} -\dfrac{1}{h} \\[2mm] \dfrac{1}{h} \\[2mm] 0 \end{bmatrix}, \quad \frac{\partial \boldsymbol{N}}{\partial x_2} = \begin{bmatrix} \dfrac{\partial N_1}{\partial x_2} \\[2mm] \dfrac{\partial N_2}{\partial x_2} \\[2mm] \dfrac{\partial N_3}{\partial x_2} \end{bmatrix} = \begin{bmatrix} 0 \\[2mm] -\dfrac{1}{h} \\[2mm] \dfrac{1}{h} \end{bmatrix}$$

为了计算矩阵 K_{ba}^e 及 f_{ba}^e, 可根据一些典型类型积分公式进行计算. 假设 a, b 和 c 表示三角形单元的结点, 三角形面积积分为

$$A = \int \mathrm{d}x_1 \mathrm{d}x_2 = \frac{1}{2} \begin{vmatrix} 1 & x_{1a} & x_{2a} \\ 1 & x_{1b} & x_{2b} \\ 1 & x_{1c} & x_{2c} \end{vmatrix}$$

其中, A 是三角形面积. 对于线性三角形单元, 形状函数积分可由下式给出:

$$\int_\Omega N_a^d N_b^e N_c^f \mathrm{d}\Omega = \frac{d!e!f!2A}{(d+e+f+2)!}$$

在边界上有

$$\int_\Gamma N_a^d N_b^e \mathrm{d}\Gamma = \frac{d!e!l}{(d+e+1)!}$$

其中, 假设 $\overline{ab}$ 是边界单元边; l 是单元边界边的长度. 利用上述结果, 对于第一类单元和第二类单元分别有

$$\boldsymbol{K}^e \tilde{\phi}^e = \frac{1}{2} k \begin{bmatrix} 1 & 0 & -1 \\ 0 & 1 & -1 \\ -1 & -1 & 2 \end{bmatrix} \begin{bmatrix} \tilde{\phi}^{1e} \\ \tilde{\phi}^{2e} \\ \tilde{\phi}^{3e} \end{bmatrix}$$

和

$$\boldsymbol{K}^e \tilde{\phi}^e = \frac{1}{2} k \begin{bmatrix} 1 & -1 & 0 \\ -1 & 2 & -1 \\ 0 & -1 & 1 \end{bmatrix} \begin{bmatrix} \tilde{\phi}^{1e} \\ \tilde{\phi}^{2e} \\ \tilde{\phi}^{3e} \end{bmatrix}$$

对于两类单元, 假定 Q 为常量可计算出单元上的力向量:

$$\boldsymbol{f}^e = \frac{1}{6} Q h^2 \begin{bmatrix} 1 \\ 1 \\ 1 \end{bmatrix}$$

对图 1.10(a) 中的与结点 1 相邻单元组进行组装 (关于组装单元阵的方法可参考相
关文献 [4]), 可得到和结点 1 相对应具有非零系数的有限元离散方程:

$$k \begin{bmatrix} 4 & -1 & -1 & -1 & -1 \end{bmatrix} \begin{bmatrix} \tilde{\phi}^1 \\ \tilde{\phi}^2 \\ \tilde{\phi}^4 \\ \tilde{\phi}^6 \\ \tilde{\phi}^8 \end{bmatrix} + Qh^2 = 0 \tag{1.83}$$

对微分方程 (1.60) 直接进行中心差分格式离散可得到近似数值方程:

$$\frac{k}{h^2} \begin{bmatrix} 4 & -1 & -1 & -1 & -1 \end{bmatrix} \begin{bmatrix} \tilde{\phi}^1 \\ \tilde{\phi}^2 \\ \tilde{\phi}^4 \\ \tilde{\phi}^6 \\ \tilde{\phi}^8 \end{bmatrix} + Q = 0 \tag{1.84}$$

对于所有结点进行组装, 可以发现当采用这里所示的规则单元并且全部边界条件得
以满足 (即 $\phi = \bar{\phi}$) 时, 由有限元方法得到的离散方程与差分方法完全一样. 然而,
实践表明, 对于自然边界条件或者出现非规则单元时, 由两种方法所得到的离散方
程有明显区别, 一般来说, 有限元方法将给出更好的近似解.

以上以三角形单元为例, 简要介绍了有限元离散的主要步骤. 如果整个定义域
是一矩形, 则采用矩形单元要比三角形单元更为有利. 一个矩形网格域, 只要在每
个矩形的一条对角线增加一条边就变成三角形单元的网格. 这样一来, 单元总数将
增加一倍, 但加密了的三角形网格体系并没有提供更精确的结果. 这是因为一个矩
形单元的结点比一个三角形单元要多, 这就增加了单元中所有结点的自由度或插值
常数, 所以在两种单元面积相等的前提下, 矩形单元能更精确地表示一个变量在单
元内的变化[5].

1.4.4　等参数单元

在两维有限元问题中, 如果采用曲线边组成的单元, 显然可以更准确地表示求
解区域的复杂边界. 通常的曲线单元有曲线三角形和曲线四边形 (包括任意直边四
边形). "等参数" 是因为用以描述单元几何形态的 "同一" 参数函数也可以用以插
值单元内一个变量的空间变化. 最先研究等参数单元的是 Zienkiewicz[6], 本节以四
边形线性单元为例, 简要介绍等参数单元的基本概念.

一般地说, 可以采取两种方法来构造曲线单元中的插值函数: 一种是直接方法,
即采用和前面三角形单元已进行过的类似方法, 将插值多项式按照给定的插值条件

求出各个系数就可确定多项式. 这种方法比较麻烦, 在单元分析时, 要对曲线单元区域进行积分. 另一种方法是间接方法, 设法通过坐标变换将 (x,y) 平面上的曲线三角形单元或曲线四边形单元变换到直角边为单位长度的直角三角形单元或边长为 2 的正方形单元, 这种单元称为基本单元. 而基本单元的插值函数已有现成结果, 这样只需将基本单元的插值函数通过变换, 变回到 (x,y) 平面上就可以了. 之所以将 (x,y) 平面上的这些曲线单元称为等参数单元, 是因为将 (x,y) 平面上的曲线单元变换到基本单元的关系中, 变换函数 (亦称为等参函数) 和基本单元中的基函数完全是同等的.

考虑如图 1.11 那样任意形状的四边形单元, 等参数坐标的原点位于单元的形心, 其值 ξ_i 变化于 0 至 ± 1 之间. 对于图 1.11 中的二维线性单元, Descartes 坐标系 x_i 和 ξ_i 的关系是 (在以下推导中为了表述方便, x、y 分别用 x_1、x_2 表示; ξ、η 分别用 ξ_1、η_2 表示)

$$x_i = a_i + a_{ij}\xi_j + a_{ijk}\xi_i\xi_j \tag{1.85}$$

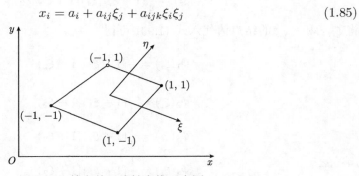

图 1.11　等参单元线性变换示意图

其中, $i, j, k = 1, 2$; 当 $j = k$ 时, $a_{ijk} = 0$. 变量 u_i 的线性变化也可以写成

$$u_i = a_i + a_{ij}\xi_j + a_{ijk}\xi_j\xi_k \tag{1.86}$$

在式 (1.85) 中代入结点值可得

$$x_{(N)i} = a_i + a_{ij}\xi_{(N)j} + a_{ijk}\xi_{(N)j}\xi_{(N)k} \tag{1.87a}$$

其中, 下标 (N) 表示结点的编号不能相加. 将式 (1.87a) 写成矩阵形式

$$\boldsymbol{x}_i = \boldsymbol{C}\boldsymbol{a}_i \tag{1.87b}$$

其中系数矩阵 $\boldsymbol{C}$ 为

$$\boldsymbol{C} = \begin{bmatrix} 1 & -1 & -1 & 1 \\ 1 & 1 & -1 & -1 \\ 1 & 1 & 1 & 1 \\ 1 & 1 & 1 & -1 \end{bmatrix}$$

因此

$$\boldsymbol{a}_i = \boldsymbol{C}^{-1}\boldsymbol{x}_i \tag{1.88}$$

而

$$\boldsymbol{C}^{-1} = \frac{1}{4}\begin{bmatrix} 1 & 1 & 1 & 1 \\ -1 & 1 & 1 & -1 \\ -1 & -1 & 1 & 1 \\ 1 & -1 & 1 & -1 \end{bmatrix}$$

将式 (1.88) 代入式 (1.85) 得

$$x_i = \varPhi_N(\xi_i)x_{(Ni)} \tag{1.89}$$

$\varPhi_N(\xi_i)$ 称为等参函数, 其形式为

$$\varPhi_N(\xi_i) = \frac{1}{4}(1 + \xi_{N1}\xi_1)(1 + \xi_{N2}\xi_2) \tag{1.90}$$

将 ξ_{N1} 和 ξ_{N2} 的结点值代入式 (1.90) 可得

$$\varPhi_1(\xi_i) = \frac{1}{4}(1 - \xi_1)(1 - \xi_2)$$

$$\varPhi_2(\xi_i) = \frac{1}{4}(1 + \xi_1)(1 - \xi_2)$$

$$\varPhi_3(\xi_i) = \frac{1}{4}(1 + \xi_1)(1 + \xi_2)$$

$$\varPhi_4(\xi_i) = \frac{1}{4}(1 - \xi_1)(1 + \xi_2)$$

　　在实际计算过程中, 我们希望得到变量对 Descartes 坐标的导数或积分. 而在等参坐标系中所表示的变量是无因次的, 因此需要解决两个坐标系之间的转换. 现考查如下积分:

$$\iint \frac{\partial}{\partial x}f(\xi,\eta)\mathrm{d}x\mathrm{d}y$$

其中, $\xi = \xi_1, \eta = \xi_2, x = x_1$, 而 $y = x_2$. 根据链式法则有

$$\frac{\partial f}{\partial \xi} = \frac{\partial f}{\partial x}\frac{\partial x}{\partial \xi} + \frac{\partial f}{\partial y}\frac{\partial y}{\partial \xi}$$

$$\frac{\partial f}{\partial \eta} = \frac{\partial f}{\partial x}\frac{\partial x}{\partial \eta} + \frac{\partial f}{\partial y}\frac{\partial y}{\partial \eta}$$

或写成矩阵形式:

$$\begin{bmatrix} \dfrac{\partial f}{\partial \xi} \\[2mm] \dfrac{\partial f}{\partial \eta} \end{bmatrix} = \begin{bmatrix} \dfrac{\partial x}{\partial \xi} & \dfrac{\partial y}{\partial \xi} \\[2mm] \dfrac{\partial x}{\partial \eta} & \dfrac{\partial y}{\partial \eta} \end{bmatrix}\begin{bmatrix} \dfrac{\partial f}{\partial x} \\[2mm] \dfrac{\partial f}{\partial y} \end{bmatrix}$$

于是,

$$\left[\begin{array}{c} \dfrac{\partial f}{\partial x} \\ \dfrac{\partial f}{\partial y} \end{array}\right] = \boldsymbol{J}^{-1} \left[\begin{array}{c} \dfrac{\partial f}{\partial \xi} \\ \dfrac{\partial f}{\partial \eta} \end{array}\right]$$

其中, $\boldsymbol{J}$ 为 Jacobi 矩阵:

$$\boldsymbol{J} = \left[\begin{array}{cc} \dfrac{\partial x}{\partial \xi} & \dfrac{\partial y}{\partial \xi} \\ \dfrac{\partial x}{\partial \eta} & \dfrac{\partial y}{\partial \eta} \end{array}\right]$$

在这里, 导数 $\partial f / \partial x$ 或 $\partial f / \partial y$ 由 Jacobi 逆矩阵和导数 $\partial f / \partial \xi$ 与 $\partial f / \partial \eta$ 所确定. Descartes 坐标系的全域积分可改换成相应于等参数坐标域的积分:

$$\iint \mathrm{d}x \mathrm{d}y = \int_{-1}^{1} \int_{-1}^{1} |\boldsymbol{J}| \mathrm{d}\xi \mathrm{d}\eta$$

以上关系可简单说明如下: 我们考查如图 1.12 所示的两个坐标系的关系; Descartes 坐标系和任意非正交 (可能是曲线) 等参数坐标系的方向分别用单位向量 $\boldsymbol{i}_1$、$\boldsymbol{i}_2$ 和单位切向量 $\boldsymbol{g}_1$、$\boldsymbol{g}_2$ 表示, 它们之间的关系为

$$\boldsymbol{g}_1 = \frac{\partial x}{\partial \xi} \boldsymbol{i}_1 + \frac{\partial y}{\partial \xi} \boldsymbol{i}_2$$

$$\boldsymbol{g}_2 = \frac{\partial x}{\partial \eta} \boldsymbol{i}_1 + \frac{\partial y}{\partial \eta} \boldsymbol{i}_2$$

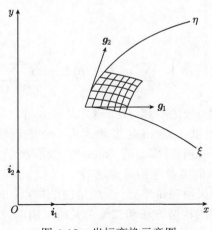

图 1.12 坐标变换示意图

微分面积是

$$\mathrm{d}x\boldsymbol{i}_1 \times \mathrm{d}y\boldsymbol{i}_2 = \mathrm{d}x\mathrm{d}y\boldsymbol{i}_3 = \boldsymbol{g}_1\mathrm{d}\xi \times \boldsymbol{g}_2\mathrm{d}\eta = \begin{vmatrix} \boldsymbol{i}_1 & \boldsymbol{i}_2 & \boldsymbol{i}_3 \\ \dfrac{\partial x}{\partial \xi} & \dfrac{\partial y}{\partial \xi} & 0 \\ \dfrac{\partial x}{\partial \eta} & \dfrac{\partial y}{\partial \eta} & 0 \end{vmatrix} \mathrm{d}\xi\mathrm{d}\eta$$

即

$$\mathrm{d}x\mathrm{d}y\boldsymbol{i}_3 = |\boldsymbol{J}|\,\mathrm{d}\xi\mathrm{d}\eta\boldsymbol{i}_3$$

而

$$|\boldsymbol{J}| = \begin{vmatrix} \dfrac{\partial x}{\partial \xi} & \dfrac{\partial y}{\partial \xi} \\ \dfrac{\partial x}{\partial \eta} & \dfrac{\partial y}{\partial \eta} \end{vmatrix}$$

由此得到关系式:

$$\mathrm{d}x\mathrm{d}y = |\boldsymbol{J}|\,\mathrm{d}\xi\mathrm{d}\eta$$

及

$$\iint \frac{\partial f}{\partial x}\mathrm{d}x\mathrm{d}y = \int_{-1}^{1}\int_{-1}^{1}\left(\bar{J}_{11}\frac{\partial f}{\partial \xi} + \bar{J}_{12}\frac{\partial f}{\partial \eta}\right)|\boldsymbol{J}|\,\mathrm{d}\xi\mathrm{d}\eta$$

其中, $\bar{J}_{11}$ 和 $\bar{J}_{12}$ 是 Jacobi 逆矩阵中的第一行分量, 上式积分可以利用 Gauss 积分法进行[6]. 在一维情况下有

$$\int_{-1}^{1} f(\xi)\mathrm{d}\xi = \sum_{k=1}^{n} w_k f(\xi_i)$$

推广到二维情况有

$$\int_{-1}^{1}\int_{-1}^{1} f(\xi,\eta)\mathrm{d}\xi\mathrm{d}\eta = \int_{-1}^{1}\sum_{k=1}^{n} w_k f(\xi_k,\eta)\mathrm{d}\eta = \sum_{j=1}^{n}\sum_{k=1}^{n} w_j w_k f(\xi_j,\eta_k)$$

其中, w_j 和 w_k 是权系数; $f(\xi_k)$ 和 $f(\xi_j,\eta_k)$ 表示 n 个 Gauss 点上函数 $f(\xi)$ 和 $f(\xi,\eta)$ 的值. 上述公式是以 Lagrange 多项式为基础的近似数值积分公式. 为满足精度要求, 数值积分公式中所需要的 Gauss 点数取决于被积多项式的阶数; 而 Gauss 点的权系数和坐标值可参考相关文献 [7].

对于三维问题, 就要采用三维单元, 一般是四个顶点的四面体单元及长方体单元. 它们相应的插值函数的构造方法和二维单元所采用的方法是一致的, 只需将两维单元中所采用的概念与方法直接推广, 就可获得三维单元中的插值函数, 相关内容可参考文献 [7], 这里不再赘述.

1.4.5 不可压黏性流动有限元分析

对于不可压黏性流动问题暂不考虑流场中的温度变化, 本节以二维问题为例给出有限元基本离散方程. 流体力学基本方程如下:

连续方程

$$\frac{\partial v_i}{\partial x_i} = 0 \tag{1.91a}$$

运动方程

$$\frac{\partial v_i}{\partial t} + v_j \frac{\partial v_i}{\partial x_j} = f_i - \frac{1}{\rho} \frac{\partial p}{\partial x_i} + \nu \frac{\partial^2 v_i}{\partial x_j \partial x_j} \tag{1.91b}$$

建立 Galerkin 积分表达式:

$$\iint\limits_{\Omega} \frac{\partial v_k}{\partial x_k} \delta p \mathrm{d}\Omega = 0 \tag{1.92a}$$

$$\iint\limits_{\Omega} \left[\rho \left(\frac{\partial v_\alpha}{\partial t} + v_k \frac{\partial v_\alpha}{\partial x_k} - f_\alpha \right) + \frac{\partial p}{\partial x_\alpha} - \mu \frac{\partial^2 v_\alpha}{\partial x_j \partial x_j} \right] \delta v_i \mathrm{d}\Omega = 0, \quad \alpha = 1, 2 \tag{1.92b}$$

如前所述, 流体动力学问题的边界条件比较复杂, 这里为方便起见, 暂考虑方程的解满足如下形式的典型边界条件:

若流场边界为 $\Gamma = \Gamma_1 \bigcup \Gamma_2 (\Gamma_1 \bigcap \Gamma_2 = \varnothing)$.

本质边界条件 (在 Γ_1 上):

$$v_\alpha = \bar{v}_\alpha \tag{1.93a}$$

自然边界条件 (在 Γ_2 上):

$$p_{ij} n_j = \bar{p}_{ni} \tag{1.93b}$$

其中, $\bar{v}_\alpha (\alpha = 1, 2)$ 是 Γ_1 上给定的已知速度分量; n_j 是 Γ_2 上的外法线单位矢量分量; $\bar{p}_{ni}$ 是 Γ_2 上给定的已知应力分量. 对式 (1.92a) 进行分部积分得

$$\iint\limits_{\Omega} \frac{\partial v_k}{\partial x_k} \delta p \mathrm{d}\Omega = \iint\limits_{\Omega} \left[\frac{\partial (v_k \delta p)}{\partial x_k} - v_k \frac{\partial (\delta p)}{\partial x_k} \right] \mathrm{d}\Omega = \oint_{\Gamma} n_k v_k \delta p \mathrm{d}\Gamma - \iint\limits_{\Omega} v_k \frac{\partial (\delta p)}{\partial x_k} \mathrm{d}\Omega$$

$$= \oint_{\Gamma} v_n \delta p \mathrm{d}\Gamma - \iint\limits_{\Omega} v_k \frac{\partial (\delta p)}{\partial x_k} \mathrm{d}\Omega$$

利用边界条件 (1.93) 可对方程 (1.92b) 中的应力积分项进行分部积分得

$$\iint\limits_{\Omega} \left[\frac{\partial p}{\partial x_\alpha} - \mu \frac{\partial^2 v_\alpha}{\partial x_j \partial x_j} \right] \delta v_i \mathrm{d}\Omega$$

$$= \iint\limits_{\Omega} \left[\frac{\partial}{\partial x_\alpha} (p \delta v_i) - p \frac{\partial (\delta v_i)}{\partial x_\alpha} \right] \mathrm{d}\Omega$$

$$-\iint\limits_{\Omega} \mu \left[\frac{\partial}{\partial x_j}\left(\frac{\partial v_\alpha}{\partial x_j} + \frac{\partial v_j}{\partial x_\alpha} \right)\delta v_i - \left(\frac{\partial v_\alpha}{\partial x_j} + \frac{\partial v_j}{\partial x_\alpha} \right)\frac{\partial(\delta v_i)}{\partial x_j} \right]\delta v_i \mathrm{d}\Omega$$

$$= \oint\limits_{\Gamma} n_j \left[p\delta_{\alpha j} - \mu\left(\frac{\partial v_\alpha}{\partial x_j} + \frac{\partial v_j}{\partial x_\alpha} \right) \right]\delta v_i \mathrm{d}\Gamma$$

$$+ \iint\limits_{\Omega} \left[-p\frac{\partial(\delta v_i)}{\partial x_\alpha} + \mu\left(\frac{\partial v_\alpha}{\partial x_j} + \frac{\partial v_j}{\partial x_\alpha} \right)\frac{\partial(\delta v_i)}{\partial x_j} \right]\mathrm{d}\Omega$$

$$= -\oint\limits_{\Gamma_2} \bar{p}_{n\alpha}\delta v_i \mathrm{d}\Gamma + \iint\limits_{\Omega} \left[-p + \mu\left(\frac{\partial v_\alpha}{\partial x_j} + \frac{\partial v_j}{\partial x_\alpha} \right) \right]\frac{\partial(\delta v_i)}{\partial x_j}\mathrm{d}\Omega$$

由此可得到基本方程的 Galerkin 积分表达式:

$$\iint\limits_{\Omega} v_k \frac{\partial(\delta p)}{\partial x_k}\mathrm{d}\Omega = \oint\limits_{\Gamma} v_n \delta p \mathrm{d}\Gamma \tag{1.94a}$$

$$\iint\limits_{\Omega} \left\{ \rho\left(\frac{\partial v_\alpha}{\partial t} + v_k\frac{\partial v_\alpha}{\partial x_k} \right)\delta v_i + \left[-p\delta_{\alpha j} + \mu\left(\frac{\partial v_\alpha}{\partial x_j} + \frac{\partial v_j}{\partial x_\alpha} \right) \right]\frac{\partial(\delta v_i)}{\partial x_j} \right\}\mathrm{d}\Omega$$

$$= \int_{\Gamma_2} \bar{p}_{n\alpha}\delta v_i \mathrm{d}\Gamma + \iint\limits_{\Omega} \rho f_\alpha \delta v_i \mathrm{d}\Omega \tag{1.94b}$$

在得到有限元积分方程的基础上可进一步进行单元分析. 假设速度 $v_\alpha(\alpha = 1, 2)$ 和压力 p 在单元 e 中的插值函数为

$$v_\alpha = v_{\alpha i}(t)\Phi_i, \quad p = p_k(t)\Psi_k \tag{1.95}$$

其中, $\Phi_i = \Phi_i(x_1, \ x_2)$ 是选定的速度插值函数, $i = 1, 2, \cdots, I_v$, I_v 是单元中速度结点总数; $\Psi_k = \Psi_k(x_1, x_2)$ 是选定的压力插值函数, $k = 1, 2, \cdots, I_p$, I_p 是单元中压力结点总数; $v_{\alpha i}(t), p_k(t)$ 分别是 t 时刻在结点 i, k 上的速度和压力值.

插值函数 Φ_i, Ψ_k 的类型对于求解的精度有密切关系. 一般对速度采用比压力所采用的阶数更高的插值可获得较好的结果, 这是因为从本构关系可以看出: 要得到应力就要把速度应变的倍数与压力相加. 将插值函数所表示的近似解代入方程 (1.94) 就可得到有限元单元离散方程:

$$F_{k\beta j}^{(e)} v_{\beta j} = G_k^{(e)}, \quad k = 1, 2, \cdots, I_p; \beta = 1, 2; j = 1, 2, \cdots, I_v$$

$$A_{ij}^{(e)} \dot{v}_{\alpha j} + B_{ij\beta l}^{(e)} v_{\alpha j} v_{\beta j} + C_{\alpha i k}^{(e)} p_k + D_{\alpha i\beta l}^{(e)} v_{\beta l} = E_{\alpha i}^{(e)},$$

$$\alpha, \beta = 1, 2; i, j, l = 1, 2, \cdots, I_v; k = 1, 2, \cdots, I_p$$

其中,

$$A_{ij}^{(e)} = \iint\limits_{\Omega^{(e)}} \rho \, \Phi_i \Phi_j \mathrm{d}\Omega, \quad B_{ij\beta l}^{(e)} = \iint\limits_{\Omega^{(e)}} \rho \, \Phi_i \frac{\partial \Phi_j}{\partial x_\beta} \Phi_l \mathrm{d}\Omega, \quad C_{\alpha ik}^{(e)} = \iint\limits_{\Omega^{(e)}} -\frac{\partial \Phi_i}{\partial x_\alpha} \Psi_k \mathrm{d}\Omega$$

$$D_{\alpha i\beta l}^{(e)} = \iint\limits_{\Omega^{(e)}} \mu \frac{\partial \Phi_i}{\partial x_j} \left(\frac{\partial \Phi_l}{\partial x_j} \delta_{\alpha\beta} + \frac{\partial \Phi_l}{\partial x_\alpha} \delta_{j\beta} \right) \mathrm{d}\Omega$$

$$E_{\alpha i}^{(e)} = \iint\limits_{\Omega^{(e)}} \rho f_\alpha \Phi_i \mathrm{d}\Omega + \int_{\Gamma_2^{(e)}} \bar{p}_{n\alpha} \Phi_i \mathrm{d}\Gamma$$

$$F_{k\beta j}^{(e)} = \iint\limits_{\Omega^{(e)}} \frac{\partial \Psi_k}{\partial x_\beta} \Phi_j \mathrm{d}\Omega, \quad G_k^{(e)} = \int_{\Gamma^{(e)}} v_n \Psi_k \mathrm{d}\Gamma$$

以上各系数矩阵中的指标 $\alpha, \beta = 1, 2; i, j, l = 1, 2, \cdots, I_v; k = 1, 2, \cdots, I_p.$ 按照单元结点号和总体结点号之间的对应关系可进行单元总装 (总体合成) 从而得到总体有限元方程 (单元总装的具体方法及单元系数矩阵中积分元素的计算可参考本书 1.4 节及其他参考书籍[4,7])

$$F_{r\beta s} v_{\beta s} = G_r \tag{1.96a}$$

$$A_{nm} \dot{v}_{\alpha m} + B_{nm\beta s} v_{\beta s} v_{\alpha m} + C_{\alpha nt} p_t + D_{\alpha n\beta s} v_{\beta s} = E_{\alpha n} \tag{1.96b}$$

上述方程中有限元总体系数矩阵可由单元系数矩阵总体合成而得到, 采用单元 Boole 矩阵可表示如下:

$$A_{nm} = \sum_{e=1}^{E} A_{ij}^{(e)} \Delta_{in}^{(e)} \Delta_{jm}^{(e)} \qquad \text{(质量矩阵)}$$

$$B_{nm\beta s} = \sum_{e=1}^{E} B_{ij\beta l}^{(e)} \Delta_{in}^{(e)} \Delta_{jm}^{(e)} \Delta_{ls}^{(e)} \qquad \text{(对流矩阵)}$$

$$C_{\alpha nt} = \sum_{e=1}^{E} C_{\alpha ik}^{(e)} \Delta_{in}^{(e)} \Delta_{kt}^{(e)} \qquad \text{(压力矩阵)}$$

$$D_{\alpha n\beta s} = \sum_{e=1}^{E} D_{\alpha i\beta l}^{(e)} \Delta_{in}^{(e)} \Delta_{ls}^{(e)} \qquad \text{(耗散矩阵)}$$

$$E_{\alpha n} = \sum_{e=1}^{E} E_{\alpha i}^{(e)} \Delta_{in}^{(e)} \qquad \text{(外力矩阵)}$$

$$F_{r\beta s} = \sum_{e=1}^{E} F_{k\beta j}^{(e)} \Delta_{kr}^{(e)} \Delta_{js}^{(e)} \qquad \text{(连续矩阵)}$$

$$G_r = \sum_{e=1}^{E} G_k^{(e)} \Delta_{kr}^{(e)} \qquad \text{(边界速度向量)}$$

以上表达式中 $\alpha, \beta = 1, 2; n, m, s = 1, 2, \cdots, N_v; r, t = 1, 2, \cdots, N_p$. N_v, N_p 分别是区域中速度结点和压力结点的总数, E 是单元个数. 总体有限元方程由线性代数方程 (1.96a) 与非线性常微分方程 (1.96b) 联合组成, 未知变量为 $v_{\alpha n}(t), p(r)(\alpha = 1, 2;$ $n = 1, 2, \cdots, N_v; r = 1, 2, \cdots, N_p)$; 变量总数为 $2 \times N_v + N_p$ 个, 与方程个数相等. 有限元数值离散方程组的求解还应满足本质边界条件 (1.93a) 以及初始条件 ($t = 0$ 时刻流场域的速度与压力值). 关于有限元数值离散非线性方程组的求解问题可参考相关文献 [4]. 对三维问题可类似推导, 详细内容可参考以后各章节相关内容, 这里不再详述.

1.5　对流问题的流线迎风有限元方法

有限元是解决许多工程问题的有效工具, 在控制方程已知、但复杂的几何边界条件使得获得解析解非常困难甚至不可能情况下, 常常借助有限元方法. 有限元方法利用空间离散和加权余量公式得到系统的矩阵方程, 而矩阵方程的解给出了初始边值问题的近似解. 最常用的加权余量格式为 Galerkin 方法, 其中权函数和插值函数采用同一函数类. 当应用于大多数结构或热传导问题时, Galerkin 方法所产生的刚度矩阵是对称的, 所得到的解和真解具有非常好的逼近. 但是, 当应用于流动问题或对流热传导问题时, 由 Galerkin 方法所得到的刚度矩阵是非对称的, 因而相对于真解不具有好的逼近性质, 实际计算中会出现解的伪震荡现象, 而这种伪震荡现象在对流占优的流动问题中表现尤为突出.

一般认为产生这种数值振荡主要有两个原因[8]: 其一是存在非线性的对流项, 由于经典的 Galerkin 有限元法采用相似的试函数和权函数, 所以就会把对流项处理成对称的形式. 这样就解除了相邻结点间原有的耦合关系, 引起数值求解劣质的散射特性, 从而使求解中局部振荡不断扩散、增大, 最终使求解失败. 产生数值振荡的另一个原因是速度插值函数和压力插值函数选择不恰当. 20 世纪 70 年代初, Taylor 和 Hood[9] 采用等阶的速度和压力插值函数求解 Navier-Stokes 时发现: 精确的速度解往往伴随着振荡的压力解. 如果速度和压力采用混合 (不等阶) 插值, 如速度插值函数比压力高一阶, 速度和压力有可能同时得到没有寄生振荡的数值解. 后来, Sani 等[10] 发现采用等阶插值一般会产生奇异矩阵, 这是产生非物理振荡的原因. 为了克服上述缺陷, 速度和压力插值函数必须满足一定的协调条件, 即所谓 LBB(Ladyzhenskaya-Babuska-Brezzi) 限制条件 —— 必须选取比压力插值函数更高阶次的速度插值函数[11,12]. 但这样又会限制速度和压力插值函数的选择范围, 并且使编程和数据控制更加复杂, 所以采用等阶插值而消除压力伪振荡一直是人们追求的目标. 为了消除这种失真震荡, 可以通过以下两个途径加以解决.

(1) 加密网格. 为了消除失真震荡, 通过网格细化消除对流在单元级上的效应,然而, 加密网格将会大大增加计算机的内存储量及计算量, 这往往是不经济的.

(2) 采用迎风有限元方法. 迎风有限元方法的基本思想是在加权余量法中采用考虑来流上游效应的不对称权函数.

在有限元框架中, 可以采用不同的方式来产生具有迎风效应的对流项. 早期的迎风格式是通过将权函数取为试函数的某种修正形式使计算格式具有人工耗散能力. 在 20 世纪 70 年代初期, 这种直接的差分迎风格式由于精度差并不受欢迎. 在 1975 年的 MAFELAP 会议上, Zienkiwicz 等[13] 在讨论了经典的 Galerkin 有限元的振荡问题的基础上提出了一种一次有限元稳定格式. 1976 年, Christie 等[14] 在研究一维问题时, 通过在标准线性试函数中增加一种二次修正形式引入了迎风有限元概念即在计算中单元中上游结点的插值函数比下游插值函数采用更大的权重. 1977 年, Heinrich 等[15] 将迎风方法用于二维问题的求解, 他们选取的权函数是标准试函数与一个高阶函数的组合, 目的是加大迎风节点的权重. 由于以上方法对方程中的所有项都采用修正的加权函数, 因此被称为一致的 Petrov-Galerkin 加权余量方法. 早期的迎风格式的主要问题是侧风耗散 (crosswind diffusion), 并且引入了过多的人工黏性, 也很难推广到高维情形.

20 世纪 80 年代初, Brooks 和 Hughes[16] 提出了流线迎风 Petrov-Galerkin 方法 (streamline upwind/Petrov-Galerkin), 简称为 SUPG. SUPG 方法本质上不同于传统的迎风有限元方法, 也不同于经典的 Galerkin 有限元方法. 它是一种具有相容性 (具有最佳逼近精度) 和附加稳定性特点的稳定化有限元方法. 最初是针对一维对流扩散方程和 Navier-Stobes 方程组提出的, 目的是消除数值解的非物理振荡. 这种方法的基本思想是: 在标准的 Galerkin 加权函数上添加了仅作用在流体流动方向上的流线迎风扰动项. 因此人工黏性只在流线方向上发挥作用, 这样就克服了传统的迎风有限元方法的侧风耗散, 并且避免了过多的数值黏性, 提高了计算精度; 1984 年 Hughes 和 Tezduyar[17] 又将其推广到二维可压缩 Euler 方程组的求解, 其具体的理论分析是由 Johnson 等[18,19] 最先给出的, 并更名为流线耗散法 (streamline diffusion, SD 方法). 由于 SD 方法不是单调格式或保持单调格式, 故有时会不可避免地产生一些微小振荡. 为此, Hughes[20] 为求解定常问题提出激波捕捉技术, 以增加格式在间断或激波附近的数值耗散. Hansbo[21] 还将特征线技术与 SD 法相结合用来求解非定常的线性的对流扩散标量方程, 在求解光滑的速度场时具有决定性的优势. 80 年代后期, Devloo 等[22]、Hansbo 和 Johnson[23] 等将自适应网格加密技术应用到 SUPG 方法. 90 年代以来, SUPG 被广泛应用于流体分析和流固耦合问题[24~28].

1986 年 Hughes 等[12] 用 Petrov-Galerkin 法研究 Stokes 流体时采用了等阶的插值函数, 并对压力试函数添加了梯度项作为小扰动而得到了稳定的解. 1989 年, Hughes 等[29] 在此基础上提出了 Galerkin(Galerkin/Least-square) 最小二乘法. 其基本思想是: 在每个单元上把控制方程的最小二乘项之和加到经典的 Galerkin 方程上. Hughes 给出了详细的总体误差分析, 并和经典的 Galerkin 方法以及 SUPG 法作了比较, 结果说明 GLS 法在求解双曲问题或者间断线性单元时和 SUPG 法是一致的, 但概念更简单且理论更具有一般性. 后来, Droux 和 Hughes[30] 在研究 Stokes 流动时提出了 GLS 法的边界积分修改形式, 得到了比常规的 GLS 法更好的精度. 后来, Franca 和 Frey[31] 提出了双参数的 GLS 法并进行了广泛的研究, 还提出了速度和压力插值函数可以任意组合的双参数 GLS 法.

以下简述考虑强对流效应时, Navier-Stokes 方程所描述的不可压流体流动问题的流线迎风 Petrov-Galerkin 有限元方法; 若插值函数用 N_i 表示, 则采用如下形式的非连续加权函数:

$$W_i = N_i + W_i^* \tag{1.97}$$

其中, W_i^* 表示非连续的流线迎风扰动项且假定其在单元内部连续, 最常见的形式定义为

$$W_i^* = \frac{k\tilde{u}_j N_{i,j}}{\|\boldsymbol{u}\|}$$

其中, $\tilde{u}_i = u_i/\|\boldsymbol{u}\|$, $\boldsymbol{u}$ 为单元中心处的流体合速度; 而人工扩散系数 k 定义为

$$k = (\tilde{\xi} u_\xi h_\xi + \tilde{\eta} u_\eta h_\eta)/\sqrt{15}$$

其中,

$$\tilde{\xi} = (\cot\alpha_\xi) - \frac{1}{\alpha_\xi}, \quad \tilde{\eta} = (\cot\alpha_\xi) - \frac{1}{\alpha_\eta}$$

$$\alpha_\xi = \frac{\rho u_\xi h_\xi}{(2\mu)}, \quad \alpha_\eta = \frac{\rho u_\eta h_\eta}{(2\mu)}$$

$$u_\xi = \boldsymbol{e}_\xi \cdot \boldsymbol{u}, \quad u_\eta = \boldsymbol{e}_\eta \cdot \boldsymbol{u}$$

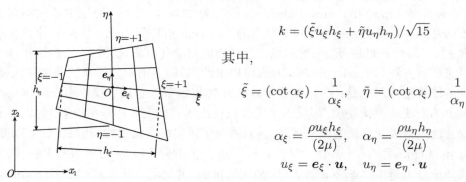

图 1.13   四结点四边形单元示意图

上式中单位矢量 $\boldsymbol{e}_\xi$ 和 $\boldsymbol{e}_\eta$ 及单元特征长度 h_ξ 和 h_η 定义如图 1.13 所示. 关于高维迎风 Petrov-Galerkin 有限元方法的详细内容可参考文献 [16].

1.6   注   记

流线迎风 Petrov-Galerkin 有限元方法与 Galerkin 有限元方法及传统的迎风有限元方法相比具有其明显特点: 在标准的 Galerkin 加权函数中添加了仅作用在流体流动方向上的流线迎风扰动项, 因此人工黏性项只在流线方向上发挥作用, 这样就克服了传统迎风有限元法的侧风效应并且避免了过度的数值黏性, 提高了该方法

的数值精度. 流线迎风 Petrov-Galerkin 有限元方法易于实现并且不需要采用高阶及特殊的加权函数. 数值结果表明: 采用多步迭代格式对有限元离散方程进行求解可获得令人满意的精度. 需要进一步改进的方面是计算效率问题, 在求解 Navier-Stokes 流体动力学问题中流线迎风 Petrov-Galerkin 有限元方法与传统有限元方法相比效率优势明显, 但和最佳有限差分方法相比仍需在编程优化及算法实现方面进一步改进提高.

第 2 章   分步有限元方法计算格式

一般来说, 利用有限元方法求解非稳态 Navier-Stokes 方程时, 速度插值函数的阶数应比压力插值函数的阶数高一阶即混合插值法 (也即必须满足第 1 章所介绍的所谓 LBB 限制条件). 但是, 如果采用混合插值, 则计算公式本身及计算机程序和数据的输入都相当复杂. 与此相比, 在分步格式中速度和压力的插值函数可以采用同阶线性插值从而使得计算格式简单易行[32,33]. 分步格式是一种半隐式格式. 这种方法将求解非稳态 Navier-Stokes 方程转化为对压力 p 和速度 v 分别独立求解, 即速度由显式格式求解而压力通过已求出的速度由隐式格式求解. 对压力和速度采用同价的多项式插值函数. Hayashi 等[32] 采用 Lagrange 描述方法将分步格式用于有限元方法来求解带自由液面的流动问题并详细推导了各种不同分步格式的有限元离散方程. 在实际应用中, 常采用速度修正的方法实现分步格式. 这种想法最早由 Chorin[34] 用于差分方法, Donea 等[35] 将此方法应用到 Euler 描述的 Navier-Stokes 方程的有限元求解过程中. 本章给出前述相关文献报道的 Lagrange 描述有限元分步格式及有限元离散方程和相关边界条件.

2.1   基 本 方 程

方便起见, 只针对二维情形的非稳态不可压 Navier-Stokes 黏性流动问题推导相关公式. 其中流体域 V 由分段光滑的边界 S 所包围. 首先在图 2.1 中所示的笛卡儿坐标系 x_i 即 Euler 坐标系建立系统的控制方程. 速度和压力定义为空间坐标 x_i 的函数:

$$u_i = u_i(x_i, t) \tag{2.1}$$

$$p = p(x_i, t) \tag{2.2}$$

运动方程表示为

$$\frac{\mathrm{D}u_i}{\mathrm{D}t} + \frac{1}{\rho}p_{,i} - \nu(u_{i,j} + u_{j,i})_{,j} = f_i, \quad \text{在 } V \text{ 中} \tag{2.3}$$

其中, ρ, ν 和 f_i 分别是流体密度、运动学黏性系数及体力项. 下标 ",i" 代表对坐标 x_i 求微分. 连续方程表示为

$$u_{i,i} = 0, \quad \text{在 } V \text{ 中} \tag{2.4}$$

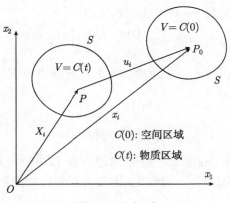

图 2.1　坐标系

边界 S 可分为如图 2.2 所示的两种类型：一类是在其上给定速度的边界 S_1; 另一类是在其上给定表面力的边界 S_2. 求解基本方程所需的边界条件表示为

$$u_i = \hat{u}_i, \quad \text{在 } S_1 \text{ 上} \tag{2.5}$$

$$\left(-\frac{1}{\rho}p\delta_{ij} + \nu(u_{i,j} + u_{j,i}) \right) \cdot n_j = \hat{t}_i, \quad \text{在 } S_2 \text{ 上} \tag{2.6}$$

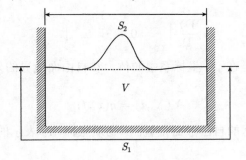

图 2.2　边界条件示意图

其中, 带有符号 "∧" 的量是在边界上给定的函数; n_j 是在坐标系 x_i 中边界外法向的方向余弦; δ_{ij} 是 Kronecker 张量. 自由面条件表示为

$$\left.\frac{\mathrm{D}\eta}{\mathrm{D}t}\right|_{x_i} = 0, \quad \text{在 } S_f \text{ 上} \tag{2.7}$$

其中, η 是自由面的位置, 而 S_f 代表自由面. 作为初始条件, 速度和压力在整个流体域给定:

$$u_i = u_i^0(x_i) \tag{2.8}$$

$$p = p^0(x_i) \tag{2.9}$$

其中, u_i^0 和 p^0 是初始时刻 $t=0$ 的速度和压力.

上述方程 (2.3) 中左端的第一项 $\dfrac{Du_i}{Dt} = \dfrac{\partial u_i}{\partial t}\Big|_{x_i} + \dfrac{\partial(u_i u_j)}{\partial x_j}$ 表示物质导数. 引入物质坐标 X_i, 关于空间坐标 x_i 的速度和压力可变换为如下形式:

$$U_i(X_i,t) = u_i(x_i,t) \tag{2.10}$$

$$P(X_i,t) = p(x_i,t) \tag{2.11}$$

物质坐标 X_i 也常称为 Lagrange 坐标. 通过方程 (2.10) 和方程 (2.11), 可将方程 (2.3)~ 方程 (2.7) 重新改写为下列形式. 运动方程和连续方程为

$$\dfrac{DU_i}{Dt}\Big|_{X_i} + \dfrac{1}{\rho}P_{,i} - \nu(U_{i,j}+U_{j,i})_{,j} = F_i, \quad \text{在 } V \text{ 中} \tag{2.12}$$

$$U_{i,i} = 0, \quad \text{在 } V \text{ 中} \tag{2.13}$$

在 S_1, S_2 上的边界条件为

$$U_i = \hat{U}_i, \quad \text{在 } S_1 \text{ 上} \tag{2.14}$$

$$-\dfrac{1}{\rho}P\delta_{ij} + \nu(U_{i,j}+U_{j,i}) \cdot N_j = \hat{T}_i, \quad \text{在 } S_2 \text{ 上} \tag{2.15}$$

自有液面边界条件为

$$\dfrac{DY}{Dt}\Big|_{X_i} = 0, \quad \text{在 } S_f \text{ 上} \tag{2.16}$$

其中, F_i 和 N_j 分别是在 X_i 坐标系中的体力和自由面边界的外法向方向余弦. 自由液面位置为

$$Y(X_i,t) = \eta(x_i,t) \tag{2.17}$$

其中, Y 是由 X_i 表示的自由液面位置. 由物质坐标 X_i 表示的初始时刻的速度和压力即初始条件为

$$U_i = U_i^0(X_i) \tag{2.18}$$

$$P = P^0(X_i) \tag{2.19}$$

其中, U_i^0 和 P^0 代表初始时刻 $t=0$ 的速度和压力.

2.2　数值离散近似公式

下面将时间历程 T 进行数值离散, 其中的时间增量用 Δt 表示, 每个时间离散点用 n 表示. 在第 n 步离散时间点的速度和压力值定义为

$$U_i^n = U_i(X_i^n, t^n) \tag{2.20}$$

$$P^n = P(X_i^n, t^n) \tag{2.21}$$

其中, X_i^n 是第 n 时间步的 Lagrange 坐标. 在第 $n+1$ 步离散时间点的速度和压力值定义为

$$U_i^{n+1} = U_i(X_i^{n+1}, t^{n+1}) \tag{2.22}$$

$$P^{n+1} = P(X_i^{n+1}, t^{n+1}) \tag{2.23}$$

其中, Lagrange 坐标 X_i^{n+1} 表示为

$$X_i^{n+1} \equiv x_i^{n+1} \cong x_i^n + \frac{\Delta t}{2}(U_i^n + U_i^{n+1}) \tag{2.24}$$

由方程 (2.16) 可以得到自由液面位置为

$$Y(X_i^{n+1}, t^{n+1}) = Y(X_i^{n+1}, t^n) \tag{2.25}$$

此方程意味着自由液面位置函数作为 Lagrange 坐标 X_i 的函数不随时间的变化而变化, 也就是说, 自由液面上的流体质点永远保持在自由液面上. 在实际数值仿真中, 并不需要考虑方程 (2.25). 在 Lagrange 描述中, 根据方程 (2.20) 和方程 (2.22), 物质差分可近似表示为如下形式:

$$\left.\frac{\mathrm{D}U_i}{\mathrm{D}t}\right|_{X_i} \cong \frac{U_i^{n+1} - U_i^n}{\Delta t} \tag{2.26}$$

将方程 (2.26) 代入方程 (2.12), 运动方程就可离散为

$$\left.\frac{U_i^{n+1} - U_i^n}{\Delta t}\right| = -\frac{1}{\rho}P_{,n}^{n+1} - \nu(U_{i,j}^n + U_{j,i}^n)_{,j} + F_i^n \tag{2.27}$$

连续方程离散为

$$U_{i,i}^{n+1} = 0 \tag{2.28}$$

方程 (2.14) 和方程 (2.15) 相对应的边界条件为

$$U_i^{n+1} = \hat{U}_i, \quad \text{在 } S_1 \text{ 上} \tag{2.29}$$

$$-\frac{1}{\rho}P\delta_{ij} + \nu(U_{i,j}^{n+1} + U_{j,i}^{n+1}) \cdot N_j = \hat{T}_i, \quad \text{在 } S_2 \text{ 上} \tag{2.30}$$

数值仿真的目标是由已知的变量值 U_i^n 和 P^n 通过边界条件 (2.29) 和 (2.30) 求解未知变量 U_i^{n+1} 和 P^{n+1}.

物质函数的空间离散采用有限元方法进行, 速度和压力的插值函数表示为

$$U_i = \Phi_\alpha U_{\alpha i} \tag{2.31}$$

$$P = \Phi_\alpha P_\alpha \tag{2.32}$$

其中, Φ_α 是插值函数; $U_{\alpha i}$ 和 P_α 分别表示在某单元第 α 个节点处的速度和压力值, 对应的权函数可表示如下形式:

$$U_i^* = \Phi_\alpha U_{\alpha i}^* \tag{2.33}$$

$$P^* = \Phi_\alpha P_\alpha^* \tag{2.34}$$

引入修正速度势函数及相应的权函数其插值形式如下:

$$\phi = \Phi_\alpha \phi_\alpha \tag{2.35}$$

$$\phi^* = \Phi_\alpha \phi_\alpha^* \tag{2.36}$$

在传统的有限元数值计算中, 对速度和压力常常采用混合插值. 而在分步格式中, 速度和压力则分别采用方程 (2.31)~ 方程 (2.36) 所示的同阶插值函数, 这是由于此时速度和压力可以采用相互独立的方程进行求解.

2.3　速度势函数修正分步格式

2.3.1　基本概念

根据方程 (2.27), 引入中间速度定义如下:

$$\frac{\tilde{U}_i^{n+1} - U_i^n}{\Delta t} = -\frac{1}{\rho} P_{,n}^n - \nu(U_{i,j}^n + U_{j,i}^n)_{,j} + F_i^n \tag{2.37}$$

其中, 中间速度 $\tilde{U}_i^{n+1}$ 并不一定满足连续方程. 因此可通过对中间速度 $\tilde{U}_i^{n+1}$ 加以修正使其满足连续方程来获得速度 U_i^{n+1}. 通过对方程 (2.27) 和方程 (2.37) 的两边同时取旋度可得到如下关系式:

$$\mathrm{rot} U_i^{n+1} = \mathrm{rot} \tilde{U}_i^{n+1} \tag{2.38}$$

即

$$U_i^{n+1} = \tilde{U}_i^{n+1} + \phi_{,i} \tag{2.39}$$

其中, ϕ 是一标量函数并称为速度修正势, 对方程 (2.39) 两端同时取散度得

$$U_{i,i}^{n+1} = \tilde{U}_{i,i}^{n+1} + \phi_{,ii} \tag{2.40}$$

将连续方程 (2.28) 代入方程 (2.40), 得到关于速度修正势 ϕ 的方程

$$\phi_{,ii} = -\tilde{U}_{i,i}^{n+1} \tag{2.41}$$

将方程 (2.27) 和方程 (2.37) 代入方程 (2.39) 就得到关于压力的方程

$$P_{,i}^{n+1} = P_{,i}^n - \frac{\rho}{\Delta t}\phi_{,i} \tag{2.42}$$

对该方程两端积分并定义积分常数为 0 就得到关于压力如下形式的方程

$$P^{n+1} = P^n - \frac{\rho}{\Delta t}\phi \tag{2.43}$$

速度势修正格式的基本方程可总结如下:

(1) 计算中间速度 $\tilde{U}_i^{n+1}$

$$\tilde{U}_i^{n+1} = U_i^n - \Delta t\left(\frac{1}{\rho}P_{,i}^n - \nu(U_{i,j}^n + U_{j,i}^n)_{,j} - F_i^n\right) \tag{2.44}$$

(2) 计算速度修正势 ϕ

$$\phi_{,ii} = -\tilde{U}_{i,i}^{n+1} \tag{2.45}$$

(3) 计算速度 U_i^{n+1}

$$U_i^{n+1} = \tilde{U}_i^{n+1} + \phi_{,i} \tag{2.46}$$

(4) 计算压力 P^{n+1}

$$P_{,i}^{n+1} = P_{,i}^n - \frac{\rho}{\Delta t}\phi_{,i} \tag{2.47}$$

(5) 将 U_i^n, P^n 分别替代 U_i^{n+1}, P^{n+1} 并进入下一时间步.

2.3.2 变分方程

为了得到有限元方程, 我们首先需要推导系统方程的变分形式. 方程 (2.44) 两端同乘加权函数 U_i^* 并在流体域 V 上分步积分得到

$$\int_V (U_i^*\tilde{U}_i^{n+1})\mathrm{d}V = \int_V (U_i^*U_i^n)\mathrm{d}V + \Delta t\left(\frac{1}{\rho}\int_V (U_{i,i}^*P^n)\mathrm{d}V\right.$$
$$\left. -\nu\int_V U_{i,j}^*(U_{i,j}^n + U_{j,i}^n)\mathrm{d}V + \int_V (U_i^*F_i^n)\mathrm{d}V + \Sigma_i^n\right) \tag{2.48}$$

$$\Sigma_i^n = \int_S U_i^*\left(-\frac{1}{\rho}P_{,n}^n\cdot\delta_{ij} + \nu(U_{i,j}^n + U_{j,i}^n)\right)\cdot N_j\mathrm{d}S \tag{2.49}$$

方程 (2.45) 两端同乘加权函数 ϕ^* 并在流体域 V 上分步积分得到

$$\int_V (\phi_{,i}^*\phi_{,i})\mathrm{d}V = \int_V (\phi^*\tilde{U}_i^{n+1})\mathrm{d}V + \int_S (\phi^*\phi_{,i})\cdot N_i\mathrm{d}S \tag{2.50}$$

方程 (2.46) 两端同乘加权函数 U_i^* 并在流体域 V 上分步积分得到

$$\int_V (U_i^*U_i^{n+1})\mathrm{d}V = \int_V (U_i^*\tilde{U}_i^{n+1})\mathrm{d}V + \int_V U_i^*\phi_{,i}\mathrm{d}V \tag{2.51}$$

方程 (2.47) 两端同乘加权函数 P^* 并在流体域 V 上分步积分得到

$$\int_V (P^* P^{n+1}) \mathrm{d}V = \int_V (P^* P^n) \mathrm{d}V - \frac{\rho}{\Delta t} \int_V (P^* \phi) \mathrm{d}V \tag{2.52}$$

以方程 (2.48)∼ 方程 (2.52) 为基础可进一步推导有限元离散方程, 其中变分方程中已包含了不同形式的自然边界条件.

2.3.3   边界条件

如图 2.2 所示的边界条件可具体描述如下:

(1)

$$\tilde{U}_i^{n+1} = \hat{U}_i, \quad \text{在 } S_1 \text{ 上} \tag{2.53}$$

$$\left(-\frac{1}{\rho} P \delta_{ij} + \nu(U_{i,j}^n + U_{j,i}^n) \right) \cdot N_j = \hat{t}_i = 0, \quad \text{在 } S_2 \text{ 上} \tag{2.54}$$

(2)

$$\phi_{,i} \cdot N_i = \hat{r}_i, \quad \text{在 } S_1 \text{ 上} \tag{2.55}$$

$$\phi = \hat{\phi}, \quad \text{在 } S_2 \text{ 上} \tag{2.56}$$

(3)

$$U_i^{n+1} = \hat{U}_i, \quad \text{在 } S_1 \text{ 上} \tag{2.57}$$

条件 (1) 是和方程 (2.44) 相对应的边界条件. 方程 (2.53) 意味着在边界上中间速度和速度取值相同. 方程 (2.54) 表明在自由面边界上面力为 0, 该方程可以认为是方程 (2.49) 中的自然边界条件. 条件 (2) 和方程 (2.45) 相对应, (2.55) 所示的边界条件可以作为自然边界条件施加到方程 (2.50) 中去. 一般假定 $\hat{r}$ 为 0, 这就意味着沿法向的压力梯度不随时间变化. 方程 (2.56) 给出计算压力的参考初值, 因此一般可设 $\hat{\phi}$ 为 0. 条件 (3) 给出第 $(n+1)$ 时间步上的速度边界条件.

2.3.4   有限元离散方程

从方程 (2.48) 及方程 (2.50)∼ 方程 (2.52) 并利用插值函数方程 (2.31)、方程 (2.32) 和方程 (2.35) 以及权函数方程 (2.33)、方程 (2.34) 和方程 (2.36) 可以推导出系统的有限元离散方程如下:

$$\bar{M}_{\alpha\beta}^{n+1} \tilde{U}_{\beta i}^{n+1} = \bar{M}_{\alpha\beta}^{n+1} U_{\beta i}^n + \Delta t \left(\frac{1}{\rho} H_{\alpha i\beta}^n P_\beta^n - \nu S_{\alpha i\beta j}^n U_{\beta j}^n + N_\alpha^n F_{\alpha i}^n + \widehat{\Sigma}_{\alpha i}^n \right) \tag{2.58}$$

$$A_{\alpha i\beta i}^{n+1} \phi_\beta = H_{\alpha\beta i}^{n+1} \tilde{U}_{\beta i}^{n+1} + \hat{\Omega}_{\alpha i}^{n+1} \tag{2.59}$$

$$\bar{M}_{\alpha\beta}^{n+1} U_{\beta i}^{n+1} = \bar{M}_{\alpha\beta}^{n+1} \tilde{U}_{\beta i}^{n+1} + H_{\alpha\beta i}^{n+1} \phi_\beta \tag{2.60}$$

$$\bar{M}_{\alpha\beta}^{n+1} P_\beta^{n+1} = \bar{M}_{\alpha\beta}^{n+1} P_\beta^n - \frac{\rho}{\Delta t} \bar{M}_{\alpha\beta}^{n+1} \phi_\beta \tag{2.61}$$

其中,

$$M_{\alpha\beta} = \int_V (\Phi_\alpha \Phi) \mathrm{d}V$$

$$N_\alpha = \int_V (\Phi_\alpha) \mathrm{d}V$$

$$S_{\alpha i\beta j} = \int_V (\Phi_{\alpha,k} \Phi_{\beta,k}) \mathrm{d}V \cdot \delta_{ij} + \int_V (\Phi_{\alpha,j} \Phi_{\beta,i}) \mathrm{d}V$$

$$A_{\alpha i\beta j} = \int_V (\Phi_{\alpha,i} \Phi_{\beta,i}) \mathrm{d}V$$

$$H_{\alpha\beta i} = \int_V (\Phi_\alpha \Phi_{\beta,i}) \mathrm{d}V$$

$$H_{\alpha i\beta} = H_{\alpha i}^{\mathrm{T}}$$

$$\widehat{\Omega}_{\alpha i} = \int_S (\Phi_\alpha \hat{r}_i) \mathrm{d}S$$

$$\widehat{\Sigma}_{\alpha i} = \int_S (\Phi_\alpha \hat{t}_i) \mathrm{d}S$$

其中, $\bar{M}_{\alpha\beta}$ 是从一致质量矩阵 $M_{\alpha\beta}$ 得到的集总质量矩阵. 上指标 n 表示在第 n 时间步上的变量值. 矩阵的上指标 n 表明系数矩阵应在该指标所指定的时间步上进行计算. 在采用 Lagrange 有限元方法时, 因为流体域随时间而变化, 因此在每一时间步上单元网格形状都要发生变化, 进而应对所有的系数矩阵重新完成计算. 第 $n+1$ 时间步上的空间坐标未知, 应采用迭代方法进行计算.

2.3.5 计算步骤

当采用速度势函数修正格式时, 求解自由液面问题的 Lagrange 有限元方法实施步骤可总结如下.

(1) 令 $m=0$ 并且指定 $U_i^{n+1(0)}$ 为 U_i^n.

(2) 结点坐标 $X_i^{n+1(m)}$ 可计算如下:

$$X_i^{n+1(m)} = X_i^n + \frac{\Delta t}{2}(U_i^{n+1(m)} + U_i^n) \tag{2.62}$$

(3) 中间速度 $\tilde{U}_i^{n+1}$ 由下式计算:

$$\bar{M}_{\alpha\beta}^{n+1}\tilde{U}_{\beta i}^{n+1} = \bar{M}_{\alpha\beta}^{n+1}U_{\beta i}^n + \Delta t \left(\frac{1}{\rho}H_{\alpha i\beta}^n P_\beta^n - \nu S_{\alpha i\beta j}^n U_{\beta j}^n + N_\alpha^n F_{\alpha i}^n + \widehat{\Sigma}_{\alpha i}^n \right) \tag{2.63}$$

(4) 计算速度修正势 ϕ 如下:

$$A_{\alpha i\beta i}^{n+1}\phi_\beta = H_{\alpha\beta i}^{n+1}\tilde{U}_{\beta i}^{n+1} + \hat{\Omega}_{\alpha i}^{n+1} \tag{2.64}$$

(5) 计算速度 $U_i^{n+1(m+1)}$ 如下：

$$\bar{M}_{\alpha\beta}^{n+1}U_{\beta i}^{n+1(m+1)} = \bar{M}_{\alpha\beta}^{n+1}\tilde{U}_{\beta i}^{n+1} + H_{\alpha\beta i}^{n+1}\phi_\beta \tag{2.65}$$

(6) 计算压力 $P^{n+1(m+1)}$ 如下：

$$\bar{M}_{\alpha\beta}^{n+1}P_\beta^{n+1(m+1)} = \bar{M}_{\alpha\beta}^n P_\beta^n - \frac{\rho}{\Delta t}\bar{M}_{\alpha\beta}^{n+1}\phi_\beta \tag{2.66}$$

(7) 如果 $\left|U_i^{n+1(m+1)} - U_i^{n+1(m)}\right| < \varepsilon$ 不满足，那么令 $m = m+1$，进入步骤 (2).

(8) 将 $U_i^{n+1(m+1)}$，$P^{n+1(m+1)}$ 分别用 U_i^n，P^n 代替，进入下一轮迭代循环.
每一时间步上的迭代次数用 (m) 表示.

2.4   速度修正分步格式

2.4.1   基本方程

首先分裂速度项：

$$U_i^{n+1} = \tilde{U}_i^{n+1} + \Delta U_i \tag{2.67}$$

其中中间速度 $\tilde{U}_i^{n+1}$ 定义如下：

$$\tilde{U}_i^{n+1} = U_i^n + \Delta t\left[\nu(U_{i,j}^n + U_{j,i}^n)_{,j} + F_i^n\right] \tag{2.68}$$

这里，中间速度并无明显的物理意义，而修正速度 ΔU_i 可由压力项确定如下：

$$\Delta U_i = U_i^{n+1} - \tilde{U}_i^{n+1} = -\frac{\Delta t}{\rho}P_{,i}^{n+1} \tag{2.69}$$

由上式，可将方程 (1.67) 改写为

$$U_i^{n+1} = \tilde{U}_i^{n+1} - \frac{\Delta t}{\rho}P_{,i}^{n+1} \tag{2.70}$$

对上式两端取散度并代入连续方程 (1.28) 得到压力 Poisson 方程：

$$P_{,ii}^{n+1} = \frac{\rho}{\Delta t}\tilde{U}_{i,i}^{n+1} \tag{2.71}$$

中间速度修正格式的基本方程可总结如下.

(1) 计算中间速度 $\tilde{U}_i^{n+1}$.

$$\tilde{U}_i^{n+1} = U_i^n - \Delta t\left(\nu(U_{i,j}^n + U_{j,i}^n)_{,j} + F_i^n\right) \tag{2.72}$$

(2) 计算压力 P^{n+1}:

$$P_{,ii}^{n+1} = \frac{\rho}{\Delta t}\tilde{U}_{i,i}^{n+1} \tag{2.73}$$

(3) 计算速度 U_i^{n+1}:

$$U_i^{n+1} = \tilde{U}_i^{n+1} - \frac{\Delta t}{\rho}P_{,i}^{n+1} \tag{2.74}$$

(4) 将 U_i^n 替代 U_i^{n+1} 进入下一时间步.

2.4.2 变分方程

为了得到有限元方程, 我们首先需要推导系统方程的变分形式. 方程 (2.72) 两端同乘加权函数 U_i^* 并在流体域 V 上分步积分得到

$$\int_V (U_i^*\tilde{U}_i^{n+1})\mathrm{d}V = \int_V U_i^*U_i^n\mathrm{d}V$$
$$- \Delta t\left(\nu\int_V U_{i,j}^*(U_{i,j}^n + U_{j,i}^n)\mathrm{d}V - \int_V (U_i^*F_i^n)\mathrm{d}V - \Sigma_i^n\right) \tag{2.75}$$

$$\Sigma_i^n = \int_S U_i^*[\nu(U_{i,j}^n + U_{j,i}^n)] \cdot N_j\mathrm{d}S \tag{2.76}$$

方程 (1.73) 两端同乘加权函数 P^* 并在流体域 V 上分步积分得到

$$\int_V (P_{,i}^*P_{,i}^{n+1})\mathrm{d}V = -\frac{\rho}{\Delta t}\int_V (P^*\tilde{U}_{i,i}^{n+1})\mathrm{d}V + \int_S (P^*P_{,i}^{n+1}) \cdot N_i\mathrm{d}S \tag{2.77}$$

方程 (1.74) 两端同乘加权函数 U_i^* 并在流体域 V 上分步积分得到

$$\int_V (U_i^*U_i^{n+1})\mathrm{d}V = \int_V (U_i^*\tilde{U}_i^{n+1})\mathrm{d}V - \frac{\Delta t}{\rho}\int_V U_i^*P_{,i}^{n+1}\mathrm{d}V \tag{2.78}$$

以方程 (2.75)~ 方程 (2.78) 为基础可进一步推导有限元离散方程, 其中变分方程中已包含了不同形式的自然边界条件.

2.4.3 边界条件

如图 2.2 所示的边界条件可具体描述如下:

(1)

$$[\nu(U_{i,j}^n + U_{j,i}^n)] \cdot N_j = \hat{t}_i = 0, \quad 在 S_2 上 \tag{2.79}$$

(2)

$$P_{,i}^{n+1} \cdot N_i = \hat{r}_i, \quad 在 S_1 上 \tag{2.80}$$

$$P^{n+1} = \hat{P}, \quad 在 S_2 上 \tag{2.81}$$

(3)

$$U_i^{n+1} = \hat{U}_i, \qquad 在 \ S_1 \ 上 \tag{2.82}$$

条件 (1) 是和方程 (2.72) 相对应的自然边界条件. 需要注意的是, 因为中间速度不是真正物理意义上的速度, 所以在计算过程中不需要对中间速度施加任何边界条件. 如果对方程 (2.72) 施加某一指定的中间速度边界条件, 将出现数值发散的计算结果. 由于方程 (2.72) 是由显式形式给出的, 因此可直接求出中间速度而不需要其任何边界条件. 条件 (2) 和条件 (3) 是分别和方程 (2.72) 及方程 (2.74) 相对应的本质边界条件.

2.4.4   有限元离散方程

从方程 (2.75)、方程 (2.77) 和方程 (2.85) 并利用插值函数方程 (2.31) 和方程 (2.32) 以及权函数方程 (2.33) 和方程 (2.34) 可以推导出系统的有限元离散方程如下:

$$\bar{M}_{\alpha\beta}^{n+1}\tilde{U}_{\beta i}^{n+1} = \bar{M}_{\alpha\beta}^{n+1}U_{\beta i}^n - \Delta t\left(\nu S_{\alpha i \beta j}^n U_{\beta j}^n - N_\alpha^n F_{\alpha i}^n - \widehat{\Sigma}_{\alpha i}^n\right) \tag{2.83}$$

$$A_{\alpha i \beta i}^{n+1}P_\beta^{n+1} = -\frac{\rho}{\Delta t}H_{\alpha\beta i}^{n+1}\tilde{U}_{\beta i}^{n+1} + \hat{\Omega}_{\alpha i}^{n+1} \tag{2.84}$$

$$\bar{M}_{\alpha\beta}^{n+1}U_{\beta i}^{n+1} = \bar{M}_{\alpha\beta}^{n+1}\tilde{U}_{\beta i}^{n+1} - \frac{\Delta t}{\rho}H_{\alpha\beta i}^{n+1}P_\beta^{n+1} \tag{2.85}$$

其中,

$$M_{\alpha\beta} = \int_V (\Phi_\alpha \Phi_\beta)\mathrm{d}V$$

$$N_\alpha = \int_V (\Phi_\alpha)\mathrm{d}V$$

$$S_{\alpha i \beta j} = \int_V (\Phi_{\alpha,k}\Phi_{\beta,k})\mathrm{d}V \cdot \delta_{ij} + \int_V (\Phi_{\alpha,j}\Phi_{\beta,i})\mathrm{d}V$$

$$A_{\alpha i \beta j} = \int_V (\Phi_{\alpha,i}\Phi_{\beta,i})\mathrm{d}V$$

$$H_{\alpha\beta i} = \int_V (\Phi_\alpha \Phi_{\beta,i})\mathrm{d}V$$

$$\widehat{\Omega}_{\alpha i} = \int_S (\Phi_\alpha \hat{r}_i)\mathrm{d}S$$

$$\widehat{\Sigma}_{\alpha i} = \int_S (\Phi_\alpha \hat{t}_i)\mathrm{d}S$$

其中, $\bar{M}_{\alpha\beta}$ 是从一致质量矩阵 $M_{\alpha\beta}$ 得到的集总质量矩阵.

2.4.5 计算步骤

当采用中间速度修正格式时, 求解自由液面问题的 Lagrange 有限元方法实施步骤可总结如下.

(1) 令 $m = 0$ 并且指定 $U_i^{n+1(0)}$ 为 U_i^n.

(2) 结点坐标 $X_i^{n+1(m)}$ 可计算如下:

$$X_i^{n+1(m)} = X_i^n + \frac{\Delta t}{2}(U_i^{n+1(m)} + U_i^n) \tag{2.86}$$

(3) 中间速度 $\tilde{U}_i^{n+1}$ 由下式计算:

$$\bar{M}_{\alpha\beta}^{n+1}\tilde{U}_{\beta i}^{n+1} = \bar{M}_{\alpha\beta}^{n+1}U_{\beta i}^n - \Delta t\left(\nu S_{\alpha i\beta j}^n U_{\beta j}^n - N_\alpha^n F_{\alpha i}^n - \widehat{\Sigma}_{\alpha i}^n\right) \tag{2.87}$$

(4) 计算压力 $P^{n+1(m+1)}$ 如下:

$$\bar{M}_{\alpha\beta}^{n+1}P_\beta^{n+1(m+1)} = -\frac{\rho}{\Delta t}H_{\alpha\beta i}^{n+1}\tilde{U}_{\beta i}^{n+1} + \hat{\Omega}_{\alpha i}^{n+1} \tag{2.88}$$

(5) 计算速度 $U_i^{n+1(m+1)}$ 如下:

$$\bar{M}_{\alpha\beta}^{n+1}U_{\beta i}^{n+1(m+1)} = \bar{M}_{\alpha\beta}^{n+1}\tilde{U}_{\beta i}^{n+1} - \frac{\Delta t}{\rho}H_{\alpha\beta i}^{n+1}P_\beta^{n+1(m+1)} \tag{2.89}$$

(6) 如果 $\left|U_i^{n+1(m+1)} - U_i^{n+1(m)}\right| < \varepsilon$ 不满足, 那么令 $m = m+1$, 进入步骤 (2).

(7) 将 $U_i^{n+1(m+1)}$ 用 U_i^n 代替, 进入下一轮迭代循环.

每一时间步上的迭代次数用 (m) 表示.

2.5 直接计算压力分步格式

2.5.1 基本方程

前面两种分步格式通过引入用速度修正势或中间速度来推导压力 Poisson 方程. 与此相对, 在直接计算压力格式中, 由运动方程直接推导压力 Poisson 方程.

对方程 (2.27) 两端直接取散度, 得到如下方程:

$$\frac{\tilde{U}_{i,i}^{n+1} - U_{i,i}^n}{\Delta t} = -\frac{1}{\rho}P_{,ii}^{n+1} - \nu(U_{i,j}^n + U_{j,i}^n)_{,ij} + F_{i,i}^n \tag{2.90}$$

将方程 (2.28) 代入得

$$-\frac{U_{i,i}^n}{\Delta t} = -\frac{1}{\rho}P_{,ii}^{n+1} + \nu(U_{i,j}^n + U_{j,i}^n)_{,ij} + F_{i,i}^n \tag{2.91}$$

由此可得压力 Poisson 方程:

$$P_{,ii}^{n+1} = \frac{\rho}{\Delta t} U_{i,i}^n + \mu (U_{i,j}^n + U_{j,i}^n)_{,ij} + \rho F_{i,i}^n \tag{2.92}$$

利用方程 (2.27), 推导出速度计算公式如下:

$$U_i^{n+1} = U_i^n - \Delta t \left(\frac{1}{\rho} P_{,i}^{n+1} - \nu(U_{i,j}^n + U_{j,i}^n)_{,j} - F_i^n \right) \tag{2.93}$$

直接计算压力格式的基本方程可总结如下.

(1) 计算中间速度 P^{n+1}:

$$P_{,ii}^{n+1} = \frac{\rho}{\Delta t} U_{i,i}^n + \mu (U_{i,j}^n + U_{j,i}^n)_{,ij} + \rho F_{i,i}^n \tag{2.94}$$

(2) 计算速度 U_i^{n+1}:

$$U_i^{n+1} = U_i^n - \Delta t \left(\frac{1}{\rho} P_{,i}^{n+1} - \nu(U_{i,j}^n + U_{j,i}^n)_{,j} - F_i^n \right) \tag{2.95}$$

(3) 将 U_i^n 替代 U_i^{n+1} 并进入下一时间步.

2.5.2   变分方程

为了得到有限元方程, 我们首先需要推导系统方程的变分形式. 方程 (2.94) 两端同乘加权函数 P^* 并在流体域 V 上分步积分得到

$$\int_V (P_{,i}^* P_{,i}^{n+1}) \mathrm{d}V = -\frac{\rho}{\Delta t} \int_V (P^* U_{i,i}^n) \mathrm{d}V + \mu \int_V P_{,i}^* U_{i,j}^n + U_{j,i}^n)_{,j} \mathrm{d}V$$
$$+ \rho \int_V P_{,i}^* F_i^n \mathrm{d}V + \Omega_i^{n+1} \tag{2.96}$$
$$\Omega_i^{n+1} = \int_S (P^* P_{,i}^{n+1}) \cdot N_i \mathrm{d}S - \mu \int_S P^* (U_{i,j}^n + U_{j,i}^n)_{,j} \cdot N_i \mathrm{d}S$$
$$- \rho \int_S (P^* F_i^n) \cdot N_i \mathrm{d}S \tag{2.97}$$

压力梯度 $P_{,i}^{n+1} \cdot N_i$ 可按下述方法计算, 将 Navier-Stokes 方程两端同乘边界外法向余弦:

$$P_{,i}^{n+1} \cdot N_i = - \left(\rho \frac{U_i^{n+1} - U_i^n}{\Delta t} - \mu(U_{i,j}^n + U_{j,i}^n)_{,j} - \rho F_i^n \right) \cdot N_i \tag{2.98}$$

将上式代入方程 (2.97) 得到

$$\Omega_i^{n+1} = - \int_S P^* \left(\rho \frac{U_i^{n+1} - U_i^n}{\Delta t} - \mu(U_{i,j}^n + U_{j,i}^n)_{,j} - \rho F_i^n \right) \cdot N_i \mathrm{d}S$$
$$- \mu \int_S P^* (U_{i,j}^n + U_{j,i}^n)_{,j} \cdot N_i \mathrm{d}S - \rho \int_S (P^* F_i^n) \cdot N_i \mathrm{d}S \tag{2.99}$$

即 (上式只保留第一项)

$$\Omega_i^{n+1} = -\rho \int_S P^* \left(\frac{U_i^{n+1} - U_i^n}{\Delta t} \right) \cdot N_i \mathrm{d}S \tag{2.100}$$

由于采用线性插值函数, 因此方程 (2.98) 右端的第二项被舍弃. 则得到

$$\int_V (P_{,i}^* P_{,i}^{n+1}) \mathrm{d}V = -\frac{\rho}{\Delta t} \int_V (P^* U_{i,i}^n) \mathrm{d}V + \rho \int_V P_{,i}^* F_i^n \mathrm{d}V + \Omega_i^{n+1} \tag{2.101}$$

方程 (2.95) 两端同乘加权函数 U^* 并在流体域 V 上分步积分得到

$$\int_V (U_i^* \tilde{U}_i^{n+1}) \mathrm{d}V = \int_V U_i^* U_i^n \mathrm{d}V + \Delta t \left(\frac{1}{\rho} \int_V U_{i,i}^* P^{n+1} \mathrm{d}V - \nu \int_V U_{i,j}^* (U_{i,j}^n + U_{j,i}^n) \mathrm{d}V \right.$$

$$\left. + \int_V (U_i^* F_i^n) \mathrm{d}V + \Sigma_i^n \right) \tag{2.102}$$

$$\Sigma_i^n = \int_S U_i^* \left(-\frac{1}{\rho} P^{n+1} \cdot \delta_{ij} + \nu(U_{i,j}^n + U_{j,i}^n) \right) \cdot N_j \mathrm{d}S \tag{2.103}$$

2.5.3 边界条件

图 2.2 所示的边界条件可具体描述如下:

(1)

$$\Omega_i^{n+1} = -\rho \int_S P^* \left(\frac{U_i^{n+1} - U_i^n}{\Delta t} \right) \cdot N_i \mathrm{d}S = \hat{r}_i, \quad \text{在 } S_1 \text{ 上} \tag{2.104}$$

$$P^{n+1} = \hat{P}, \quad \text{在 } S_2 \text{ 上} \tag{2.105}$$

(2)

$$U_i^{n+1} = \hat{U}_i \quad \text{在 } S_1 \text{ 上} \tag{2.106}$$

$$\left(-\frac{1}{\rho} P^{n+1} \cdot \delta_{ij} + \nu(U_{i,j}^n + U_{j,i}^n) \right) \cdot N_j = \hat{t}_i = 0, \quad \text{在 } S_2 \text{ 上} \tag{2.107}$$

条件 (1) 是和方程 (2.94) 相对应的压力 Poisson 方程的边界条件. 方程 (2.104) 意味着为了计算 Ω_i^{n+1}, 就必须求得第 $(n+1)$ 时间步上 U_i^{n+1} 的值. 但是在一般情况下, 此时 U_i^{n+1} 为未知量. 然而, 对于图 2.2 所示的几何形状的储腔, 因为 $U_i^{n+1} \cdot N_i$ 的值总为 0, 因此可知此时 Ω_i^{n+1} 的值也为 0. 条件 (2) 是和方程 (2.115) 所对应的边界条件.

2.5.4　有限元离散方程

从方程 (2.101) 和方程 (2.102) 并利用插值函数方程 (2.31) 和方程 (2.32) 以及权函数方程 (2.33) 和方程 (2.34) 可以推导出系统的有限元离散方程如下：

$$A_{\alpha i\beta i}^{n+1}P_\beta^{n+1} = -\frac{\rho}{\Delta t}H_{\alpha\beta i}^{n+1}U_{\beta i}^{n+1} + \rho N_{\alpha i}^n F_{\alpha i}^n + \hat{\Omega}_{\alpha i}^{n+1} \tag{2.108}$$

$$\bar{M}_{\alpha\beta}^{n+1}U_{\beta i}^{n+1} = \bar{M}_{\alpha\beta}^{n+1}U_{\beta i}^n + \Delta t\left(\frac{1}{\rho}H_{\alpha i\beta}^n P_\beta^{n+1} - \nu S_{\alpha i\beta j}^n U_{\beta j}^n + N_\alpha^n F_{\alpha i}^n + \hat{\Sigma}_{\alpha i}^n\right), \tag{2.109}$$

其中，

$$M_{\alpha\beta} = \int_V (\Phi_\alpha \Phi_\beta)\mathrm{d}V$$

$$N_\alpha = \int_V (\Phi_\alpha)\mathrm{d}V$$

$$S_{\alpha i\beta j} = \int_V (\Phi_{\alpha,k}\Phi_{\beta,k})\mathrm{d}V \cdot \delta_{ij} + \int_V (\Phi_{\alpha,j}\Phi_{\beta,i})\mathrm{d}V$$

$$A_{\alpha i\beta j} = \int_V (\Phi_{\alpha,i}\Phi_{\beta,i})\mathrm{d}V$$

$$H_{\alpha\beta i} = \int_V (\Phi_\alpha \Phi_{\beta,i})\mathrm{d}V$$

$$H_{\alpha i\beta} = H_{\alpha\beta i}^{\mathrm{T}}$$

$$\hat{\Omega}_{\alpha i} = \int_S (\Phi_\alpha \hat{r}_i)\mathrm{d}S$$

$$\hat{\Sigma}_{\alpha i} = \int_S (\Phi_\alpha \hat{t}_i)\mathrm{d}S$$

其中，$\bar{M}_{\alpha\beta}$ 是从一致质量矩阵 $M_{\alpha\beta}$ 得到的集总质量矩阵.

2.5.5　计算步骤

当采用直接计算压力格式时，求解自由液面问题的 Lagrange 有限元方法实施步骤可总结如下.

(1) 令 $m=0$ 并且指定 $U_i^{n+1(0)}$ 为 U_i^n.

(2) 结点坐标 $X_i^{n+1(m)}$ 可计算如下：

$$X_i^{n+1(m)} = X_i^n + \frac{\Delta t}{2}(U_i^{n+1(m)} + U_i^n) \tag{2.110}$$

(3) 计算压力 $P^{n+1(m+1)}$ 如下：

$$A_{\alpha i\beta i}^{n+1}P_\beta^{n+1(m+1)} = -\frac{\rho}{\Delta t}H_{\alpha\beta i}^{n+1}U_{\beta i}^{n+1} + \rho N_{\alpha i}^n F_{\alpha i}^n + \hat{\Omega}_{\alpha i}^{n+1} \tag{2.111}$$

(4) 计算速度 $U_i^{n+1(m+1)}$ 如下:

$$\bar{M}_{\alpha\beta}^{n+1} U_{\beta i}^{n+1(m+1)}$$
$$= \bar{M}_{\alpha\beta}^{n+1} U_{\beta i}^{n} + \Delta t \left(\frac{1}{\rho} H_{\alpha i\beta}^{n+1} P_{\beta}^{n+1(m+1)} - \nu S_{\alpha i\beta j}^{n} U_{\beta j}^{n} + N_{\alpha}^{n} F_{\alpha i}^{n} + \widehat{\Sigma}_{\alpha i}^{n} \right) \quad (2.112)$$

(5) 如果 $|U_i^{n+1(m+1)} - U_i^{n+1(m)}| < \varepsilon$ 不满足, 那么令 $m = m+1$, 进入步骤 (2).

(6) 将 $U_i^{n+1(m+1)}$ 用 U_i^n 代替, 进入下一轮迭代循环.

每一时间步上的迭代次数用 (m) 表示.

2.6   速度迭代修正格式

2.6.1   基本方程

从 2.5 节的直接计算压力格式中不难发现, 在计算第 $n+1$ 时间步上 P^{n+1} 的值时就需要计算 Ω_i^{n+1}, 而此时必须求得第 $n+1$ 时间步上 U_i^{n+1} 的值. 但是在一般情况下, 此时 U_i^{n+1} 为未知量. 而速度迭代格式就是在直接计算格式的基础上, 采取迭代的方法求出第 $n+1$ 时间步上 U_i^{n+1} 的值. 基本方程总结如下.

(1) 令 $m = 0$ 并计算压力 $P_i^{n+1(m)}$:

$$P_{,ii}^{n+1(m)} = \frac{\rho}{\Delta t} U_{i,i}^{n} + \mu (U_{i,j}^{n} + U_{j,i}^{n})_{,ij} + \rho F_{i,i}^{n} \quad (2.113)$$

(2) 计算速度 $U_i^{n+1(m)}$:

$$U_i^{n+1(m)} = U_i^{n} - \Delta t \left(\frac{1}{\rho} P_{,i}^{n+1(m)} - \nu (U_{i,j}^{n} + U_{j,i}^{n})_{,j} - F_i^{n} \right) \quad (2.114)$$

(3) 计算压力 $P^{n+1(m+1)}$ 如下:

$$P_{,ii}^{n+1(m+1)} = \frac{\rho}{\Delta t} U_{i,i}^{n} + \mu (U_{i,j}^{n+1(m)} + U_{j,i}^{n+1(m)})_{,ij} + \rho F_{i,i}^{n+1} \quad (2.115)$$

(4) 计算速度 $U_i^{n+1(m+1)}$ 如下:

$$U_i^{n+1(m+1)} = U_i^{n} - \Delta t \left(\frac{1}{\rho} P_{,i}^{n+1(m+1)} - \nu (U_{i,j}^{n+1(m)} + U_{j,i}^{n+1(m)})_{,j} - F_i^{n+1} \right) \quad (2.116)$$

(5) 如果 $|U_i^{n+1(m+1)} - U_i^{n+1(m)}| < \varepsilon$ 不满足, 那么令 $m = m+1$, 进入步骤 (3).

(6) 将 $U_i^{n+1(m+1)}$ 用 U_i^n 代替, 进入下一轮迭代循环.

2.6.2　边界条件

如图 2.2 所示的边界条件可具体描述如下:

(1)

$$\Omega_i^{n+1} = -\rho \int_S P^* \left(\frac{U_i^{n+1} - U_i^n}{\Delta t} \right) \cdot N_i \mathrm{d}S = \hat{r}_i, \quad \text{在 } S_1 \text{ 上} \tag{2.117}$$

$$P^{n+1} = \hat{P}, \quad \text{在 } S_2 \text{ 上} \tag{2.118}$$

(2)

$$U_i^{n+1} = \hat{U}_i, \quad \text{在 } S_1 \text{ 上}; \tag{2.119}$$

$$\left(-\frac{1}{\rho} P^{n+1} \cdot \delta_{ij} + \nu(U_{i,j}^n + U_{j,i}^n) \right) \cdot N_j = \hat{t}_i = 0, \quad \text{在 } S_2 \text{ 上} \tag{2.120}$$

条件 (1) 是对应于压力 Poisson 方程的边界条件. 条件 (2) 是和方程 (2.116) 所对应的边界条件. 其中包括在第 $n+1$ 时间步上的自由液面边界条件, 采用速度迭代格式就可以使得该边界条件得到满足.

2.6.3　计算步骤

当采用速度迭代格式时, 求解自由液面问题的 Lagrange 有限元方法实施步骤可总结如下.

(1) 令 $m=0$ 并且指定 $U_i^{n+1(0)}$ 为 U_i^n.

(2) 结点坐标 $X_i^{n+1(m)}$ 可计算如下:

$$X_i^{n+1(m)} = X_i^n + \frac{\Delta t}{2}(U_i^{n+1(m)} + U_i^n) \tag{2.121}$$

(3) 计算压力 $P^{n+1(m)}$ 如下:

$$A_{\alpha i \beta i}^{n+1} P_\beta^{n+1(m)} = -\frac{\rho}{\Delta t} H_{\alpha \beta i}^{n+1} U_{\beta i}^{n+1} + \rho N_{\alpha i}^n F_{\alpha i}^n \tag{2.122}$$

(4) 计算速度 $U_i^{n+1(m)}$ 如下:

$$\bar{M}_{\alpha\beta}^{n+1} U_{\beta i}^{n+1(m)} = \bar{M}_{\alpha\beta}^{n+1} U_{\beta i}^n + \Delta t \left(\frac{1}{\rho} H_{\alpha i\beta}^{n+1} P_\beta^{n+1(m)} - \nu S_{\alpha i\beta j}^{n+1} U_{\beta j}^n + N_\alpha^n F_{\alpha i}^n + \widehat{\Sigma}_{\alpha i}^n \right) \tag{2.123}$$

(5) 结点坐标 $X_i^{n+1(m+1)}$ 可计算如下:

$$X_i^{n+1(m+1)} = X_i^n + \frac{\Delta t}{2}(U_i^{n+1(m+1)} + U_i^n) \tag{2.124}$$

(6) 计算压力 $P^{n+1(m)}$ 如下:

$$A_{\alpha i\beta i}^{n+1} P_\beta^{n+1(m+1)} = -\frac{\rho}{\Delta t} H_{\alpha\beta i}^{n+1} U_{\beta i}^{n+1} + \rho N_{\alpha i}^{n+1} F_{\alpha i}^{n+1} + \hat{\Omega}_i^{n+1} \tag{2.125}$$

(7) 计算速度 $U_i^{n+1(m+1)}$ 如下:

$$
\begin{aligned}
\bar{M}_{\alpha\beta}^{n+1}U_{\beta i}^{n+1(m+1)} = \bar{M}_{\alpha\beta}^{n}U_{\beta i}^{n} + \Delta t \bigg(& \frac{1}{\rho}H_{\alpha i\beta}^{n+1}P_{\beta}^{n+1(m+1)} \\
& -\nu S_{\alpha i\beta j}^{n+1}U_{\beta j}^{n+1(m)} + N_{\alpha}^{n+1}F_{\alpha i}^{n+1} + \widehat{\Sigma}_{\alpha i}^{n+1} \bigg)
\end{aligned} \tag{2.126}
$$

(8) 如果 $|U_i^{n+1(m+1)} - U_i^{n+1(m)}| < \varepsilon$ 不满足, 那么令 $m = m+1$, 进入步骤 (5).

(9) 将 $U_i^{n+1(m+1)}$ 用 U_i^n 代替, 进入下一轮迭代循环.

每一时间步上的迭代次数用 (m) 表示.

2.7 注 记

如 2.2 节所述, 进行数值求解的任务是从已知第 n 时间步的变量 U^n 和 P^n, 根据满足边界条件 (2.29) 和 (2.30) 的微分方程组 (2.27) 和 (2.28) 求出第 $n+1$ 时间步的未知变量 U^{n+1} 和 P^{n+1}. 在速度势函数修正格式中压力变量由方程 (2.42) 求出; 考虑边界 S_1 上的边界条件, 现将方程 (1.42) 两端点乘边界单位法矢量 N_i 并考虑方程:

$$
\phi_{,i} \cdot N_i = \hat{r} = 0, \quad \text{在 } S_1 \text{ 上} \tag{2.127}
$$

由此得到如下方程:

$$
P_{,i}^{n+1} \cdot N_i = P_{,i}^{n} \cdot N_i, \quad \text{在 } S_1 \text{ 上} \tag{2.128}
$$

这说明该分步格式要求在边界 S_1 上第 $n+1$ 时间步的压力法向梯度 $\partial p/\partial N_i$ 与第 n 时间步的压力法向梯度相等, 可以证明此种情形适应于孤波问题的求解.

数值试验证明速度修正分步格式具有较好的计算稳定性, 但求解压力方程时所需满足的边界条件其物理意义不十分清楚, 需要根据具体加以分析. 此外, 此分步格式中有关自由液面的边界条件 (2.79) 和 (2.81) 与自由液面的规范形式 (2.6) 不完全一致, 具体应用时需进行适当处理.

在直接计算压力分步格式中, 自由液面上的边界条件为

$$
\left(-\frac{1}{\rho}P^{n+1} \cdot \delta_{ij} + \nu(U_{i,j}^n + U_{j,i}^n) \right) \cdot N_j = \hat{t}_i = 0, \quad \text{在 } S_2 \text{ 上} \tag{2.129}
$$

但实际的边界条件应是

$$
\left(-\frac{1}{\rho}P^{n+1} \cdot \delta_{ij} + \nu(U_{i,j}^{n+1} + U_{j,i}^{n+1}) \right) \cdot N_j = \hat{t}_i = 0, \quad \text{在 } S_2 \text{ 上} \tag{2.130}
$$

为了满足边界条件 (2.130) 就必须采用迭代算法, 这也是有必要采用增加迭代项分步格式的主要原因; 因此两种格式并无本质上的区别. 总之, 本章所介绍的四

种分步格式在求解流体动力学问题中已显示出其有效且计算格式简洁的特点并在实际问题中已被广泛采用, 需要注意的是应谨慎处理压力边界条件.

此外, Ramaswamy 和 Kawahara[36] 将分步格式应用到 ALE(arbitrary Lagrange-Euler) 有限元方法中. ALE 技术适合于强非线性问题, 可用来求解大幅晃动动力学问题; 相关内容可参考本书后续章节.

第 3 章　自由液面流动问题的 ALE 描述方法

具有自由液面的流体流动问题在航天、海洋工程、石油化工、水利工程和机械工程等工程中大量存在, 因此引起了人们的广泛兴趣并对其进行深入研究. Cruyer[37] 报道了超过 3300 条参考文献并覆盖了几乎连续力学所有分支中的 1200 个研究课题. 这些问题中所遇到的困难无论是对数学领域还是对计算分析领域都具有极大的挑战性. 从数值计算的观点看, 必须确定边界运动学关系及其边界上的未知量, 进而求解边界运动以及边界内连续介质运动的强耦合问题. 本章推导了自由液面流动问题 ALE 描述下的运动学关系及流体动力学方程; 介绍了 ALE 描述下自由液面网格结点速度的确定与网格更新方法; 针对本书所研究的三维大幅晃动问题, 推导了确定三维自由面结点法向矢量的加权系数数值计算方法.

3.1　自由液面追踪方法

3.1.1　求解自由液面流动问题的一般方法

在研究具有自由液面的非定常流动问题中, 由于自由液面的位置是未知的且随时间的变化而变动, 此外自由液面边界条件是复杂的非线性方程, 因此, 自由液面流动问题是用数值方法求解最困难的问题之一. Amsden 和 Harlow[38]、Harlow 和 Welch[39] 在 20 世纪 60 年代初期发展的 MAC(marker-and-cell) 方法即标记子方法及 70 年代中期 Hirt[40,41] 等提出的 VOF(volume of fluid) 方法是分析自由液面大幅晃动问题的两种最常用的方法. 但是, MAC 方法在确定自由液面的位置时需要设置大量的标记子, 使它难于推广到三维问题的计算, 因而在应用上有很大的局限性. VOF 方法由 Euler 坐标网格单元中流体所占体积的相对值及其梯度来确定自由液面的位置, 容易失去自由液面位置的准确性. 从 20 世纪 80 年代初期至今, 有大量的文献采用这两种方法计算带自由液面的不可压流体的瞬态流动问题, 并提出了一些改进方法[38,42]. 光滑粒子流体动力学 (smoothed particle hydrodynamics, SPH) 方法是最早由 Gingold 和 Monaghan 提出, 该方法的计算对象是空间运动的粒子并采用 Lagrange 方法描述 [43]. 无网格粒子形式以及 Lagrange 性质的 SPH 方法避免了大变形时网格发生畸变的问题, 非常适用于液体大幅晃动问题的研究. 自 Monaghan 首次将 SPH 方法应用于自由表面水波的流动模拟以来, 一些国内外学者开展了对 SPH 方法的应用研究[44,45].

3.1.2　Lagrange 及 Euler 运动学描述

与空间离散方式可以采用差分离散或有限元离散等不同方式一样, 运动描述方式也面临着选择不同运动学描述方法问题. 运动学描述 (即运动流体与有限元网格之间的关系) 在研究多维流体动力学问题中尤为重要. 在连续介质力学中常常采用两种经典的运动学描述. 其一是 Lagrange 描述, 在这种描述下有限元网格点与物质质点一起运动, 没有对流效应发生, 这将极大简化数值计算过程, 此外, 还可以精确定义运动边界和界面. 然而, Lagrange 描述不能令人满意地解决物质扭曲变形进而导致有限元网格缠绕问题, 因而无法解决大幅晃动中出现的单元畸变问题. 关于 Lagrange 描述下自由液面流动问题的求解过程在第 2 章已有详述; 此外, 对 Euler 描述下自由液面问题求解问题也有不少文献报道[46]. 为了内容的系统及完整性, 这里对 Euler 描述下自由液面流动问题的求解作一简要介绍.

在 Euler 描述框架下流体域是固定的空间区域, 因此必须通过适当的方法追踪自由液面. 为了精确描述自由液面运动, 应建立自由液面上的动力学与运动学边界条件, 也就是说在自由液面上对于每一时刻应同时保证: ① 压力 (法向应力) 已知 (动力学条件); ② 自由液面上的流体质点始终保持在自由液面上 (运动学条件) 即在自由液面 Γ_f 上有

$$p = \bar{p} \tag{3.1}$$

$$u_n = \boldsymbol{n}^{\mathrm{T}} \cdot \boldsymbol{u} = 0 \tag{3.2}$$

其中, u_n 是自由液面上法向速度分量而 $\bar{p}$ 为已知压力值. 非破碎情况下自由液面 $x_3 = \eta(t, x_1, x_2)$ 的运动学条件 (物质面保持条件) 可表示为

$$\frac{\mathrm{D}\eta}{\mathrm{D}t} = u_3 \tag{3.3}$$

或

$$\frac{\partial \eta}{\partial t} + u_1 \frac{\partial \eta}{\partial x_1} + u_2 \frac{\partial \eta}{\partial x_2} - u_3 = 0 \tag{3.4}$$

其中, u_1、u_2 和 u_3 分别是在坐标轴方向 x_1、x_2 及 x_3 上的速度分量. 在求解自由液面流动问题中存在两种不同的 Euler 型方案可供选择. 在第一种方案中, 通过求解满足动力学边界条件的方程 (3.3) 来确定自由液面; 一旦自由液面 η 的位置得到确定则在数值求解步骤最后阶段或在每一时间步迭代阶段实施网格更新. 这种网格更新方法最为适合稳态流动问题, 如果这种方法应用于瞬态流动问题, 则在接近自由液面处应采用 Lagrange 描述方法精确追踪自由液面. 在第二种方案中, 数值计算的整个过程中计算网格保持固定不变, 但需要根据运动学边界条件及动力学边界条件 (压力/应力条件) 来追踪自由液面. 具有代表意义的典型求解格式是所谓的

流体体积方法及其该格式的一系列改进格式. 该方案的最大不足之处是在每一时间步需要事先采用外部粗糙自由面的概念来生成包含自由液面的网格.

Euler 描述采用相对于惯性系的固定坐标系, 流体流经这些网格区域可以轻易解决强扭曲变形问题. 尽管如此, 这一种运动学描述方法仍然有如下突出缺陷: ① 由于网格与流体质点之间存在相对运动, 因而存在对流效应而导致数值计算方面的困难; ② 在数值计算过程中需要对固定边界和运动边界之间进行复杂的数学映射变换因而不能很好地跟踪自由液面.

正是由于 Lagrange 描述和 Euler 描述各自都存在缺陷, 一直以来, 众多学者致力于发展任意的 Lagrange-Euler 描述即 ALE 运动学描述方法; ALE 描述的概念首先出现在数值模拟流体动力学问题的有限差分方法中, 当时是由 Nor[47] 和 Hirt 等[48] 以混合 Euler-Lagrange(coupled Euler-Lagrane) 描述的名称提出的. ALE 描述方法被引入到有限元法中, 最早是为了满足核反应堆结构安全分析中的非线性数值模拟技术的需要[49]. ALE 有限元法最初的工作是解决非黏性可压流体; 而 Hughes 等[50] 研究了不可压黏性液体流动问题和带有自由液面液体流动问题, 并首先建立了 ALE 描述的一般运动学理论. Liu 等[51] 数值模拟了液体内部液泡的膨胀过程, 给出了一种既灵活方便又简单易行的网格更新方案; 边界上的单元结点采用 Lagrange 描述, 内部的网格结点速度可根据边界上的结点速度线性插值得到. 其后, Huerta 和 Liu[52] 及 Hughes 等[53] 发展了 ALE 有限元的一般理论框架, 推导了相应的有限元公式, 研究了瞬时 ALE 有限元法的计算机程序设计问题并应用于储腔类三维液体动力学问题研究. 目前, ALE 有限元法已被广泛应用于解决大范围移动边界 (或接触面) 问题, 特别是液体大幅晃动问题、流–固耦合、加工成型、接触、固体材料的大变形等领域获得极大成功[54~59].

3.2 ALE 描述下的运动学关系

3.2.1 ALE 描述的基本概念

有两种经典的方法用来描述连续介质的运动. 其一是 Lagrange 方法, 其中物质区域以及任意点的坐标分别表示为 $R_{\boldsymbol{X}}$ 和 $\boldsymbol{X}$; 第二种方法是 Euler 方法, 其中空间区域极坐标分别表示为 $R_{\boldsymbol{x}}$ 和 $\boldsymbol{x}$. 而在 ALE 描述情况下, 数值计算参考系独立于质点运动并且可以在惯性坐标下以任意速度运动; ALE 描述下的参考区域和其中任意点的坐标分别表示为 $R_{\boldsymbol{\chi}}$ 和 $\boldsymbol{\chi}$. 图 3.1 给出了上述区域的示意图, 其中 Φ 和 Ψ 映射将 $R_{\boldsymbol{\chi}}$ 分别映射到 $R_{\boldsymbol{x}}$ 和 $R_{\boldsymbol{X}}$. 事实上, Φ 和 Ψ 可用符号表示如下:

$$R_{\boldsymbol{\chi}} \times [0,\, \infty) \to R_{\boldsymbol{x}}$$

$$(\boldsymbol{\chi},\, t) \to \Phi(\boldsymbol{\chi},\, t) = \boldsymbol{x} \tag{3.5}$$

和

$$R_{\boldsymbol{\chi}} \times [0, \infty) \to R_{\boldsymbol{X}}$$

$$(\boldsymbol{\chi}, t) \to \Psi(\boldsymbol{\chi}, t) = \boldsymbol{X} \tag{3.6}$$

其中, t 是时间. 注意到若 Φ 在任何时刻都为恒等映射时, 参考坐标系下的运动学描述对应于 Euler 运动学描述. 另外如果 Ψ 为单位函数, 则参考域 $R_{\boldsymbol{\chi}}$ 就等同于物质区域 $R_{\boldsymbol{X}}$, 此时即为 Lagrange 运动学描述.

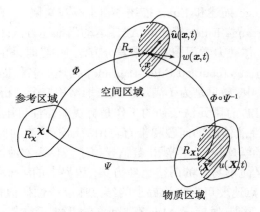

图 3.1　ALE 描述及运动学关系示意图

一般情况下, 假定物质区域和空间区域都在运动之中. 而在整个过程中因为 $R_{\boldsymbol{\chi}}$ 是固定不变的, 因此就很容易在参考坐标系中表示物质导数. 考虑采用空间表示的任一物理量 $f(\boldsymbol{x}, t)$; 按照式 (3.5) 和式 (3.6) 所定义的映射, 可以得到

$$f(\boldsymbol{x}, t) = f^*(\boldsymbol{\chi}, t) = f^{**}(\boldsymbol{X}, t) \tag{3.7}$$

其中, $*$ 和 $**$ 意味着分别采用参考坐标 $\boldsymbol{\chi}$ 和物质坐标 $\boldsymbol{X}$ 表示. 根据映射的合成法则有

$$f^* = f \circ \Phi, \quad f^{**} = f \circ \Phi \circ \Psi^{-1} \tag{3.8}$$

对该物理量关于时间 t 求导并保持 $\boldsymbol{X}$ 固定 (即求 f^{**} 的物质导数) 并应用导数的链式法则有

$$\left. \frac{\partial f^{**}}{\partial t}(\boldsymbol{X}, t) \right|_{\boldsymbol{X}} = \left. \frac{\partial f^*}{\partial t}(\boldsymbol{\chi}, t) \right|_{\boldsymbol{\chi}} + w_i \frac{\partial f^*}{\partial \chi_i}(\boldsymbol{\chi}, t) \tag{3.9}$$

其中,

$$w_i = \left. \frac{\partial \chi_i}{\partial t} \right|_{\boldsymbol{X}} \tag{3.10}$$

而 w 定义为相对于参考坐标的质点速度. 上面表达式中采用了标准的指标表示方法; 下标表示张量的分量, 而重复的指标意味着在适当取值范围内的指标求和 (在上述方程中指标取值范围为空间的维数). 如果物理量取为空间坐标, 则根据式 (3.7) 和式 (3.9) 可得

$$x_i = x_i^*(\boldsymbol{\chi}, \ t) = x_i^{**}(\boldsymbol{X}, \ t) \tag{3.11}$$

及

$$\left.\frac{\partial x_i^{**}}{\partial t}(\boldsymbol{X}, \ t)\right|_{\boldsymbol{X}} = \left.\frac{\partial x_i^*}{\partial t}(\boldsymbol{\chi}, t)\right|_{\boldsymbol{\chi}} + w_i \frac{\partial x_i^*}{\partial \chi_i}(\boldsymbol{\chi}, \ t) \tag{3.12}$$

根据上述方程中, 分别定义物质速度 u 和网格速度 $\hat{u}$ 如下:

$$u_i = \left.\frac{\partial x_i^{**}}{\partial t}(\boldsymbol{X}, \ t)\right|_{\boldsymbol{X}} \tag{3.13a}$$

$$\hat{u}_i = \left.\frac{\partial x_i^*}{\partial t}(\boldsymbol{\chi}, \ t)\right|_{\boldsymbol{\chi}} \tag{3.13b}$$

由此, 方程 (3.8) 可写为

$$u_i = \hat{u}_i + w_j \frac{\partial x_i^*}{\partial \chi_j} \tag{3.14}$$

或者

$$c_i = u_i - \hat{u}_i \tag{3.15}$$

其中,

$$c_i = w_j \frac{\partial x_i^*}{\partial \chi_j} \tag{3.16}$$

为对流速度. 方程 (3.14)~ 方程 (3.16) 最早由 Hughes 和 Liu[52] 得到并且成为网格自动更新的基础理论. 最后, 将方程 (3.16) 代入方程 (3.9) 并应用链式求导法则可以得到物质坐标时间导数与参考坐标时间导数之间的关系如下:

$$\left.\frac{\partial f^{**}}{\partial t}(\boldsymbol{X}, \ t)\right|_{\boldsymbol{X}} = \left.\frac{\partial f^*}{\partial t}(\boldsymbol{\chi}, t)\right|_{\boldsymbol{\chi}} + c_i \frac{\partial f}{\partial x_i}(\boldsymbol{x}, \ t) \tag{3.17}$$

注: (1) 当 $\boldsymbol{\chi} = \boldsymbol{X}, \boldsymbol{w} = 0$ 时, 参考坐标取为物质坐标, 网格跟随物质质点, 变为 Lagrange 描述.

(2) 当 $\boldsymbol{\chi} = \boldsymbol{x}, \boldsymbol{w} = \boldsymbol{u}$ 时, 参考坐标取为空间坐标, 网格不动, 此时变为 Euler 描述.

3.2.2　Lagrange 坐标系及参考坐标系中物理量更新

在 Lagrange 坐标描述下, 任意物理量的更新是通过跟踪同一质点进行计算所以非常简单易行. 由物理量对时间进行 Taylor 级数展开并保留一阶精度得

$$f^{**}(\boldsymbol{X},\, t+\mathrm{d}t) = f^{**}(\boldsymbol{X},\, t) + \mathrm{d}t\frac{\partial f^{**}}{\partial t}(\boldsymbol{X},\, t)\Big|_{\boldsymbol{X}} + \cdots \tag{3.18}$$

同样, 在参考坐标系下该方程可写为

$$f^{*}(\boldsymbol{\chi},\, t+\mathrm{d}t) = f^{*}(\boldsymbol{\chi},\, t) + \mathrm{d}t\frac{\partial f^{*}}{\partial t}(\boldsymbol{\chi},\, t)\Big|_{\boldsymbol{X}} + \cdots \tag{3.19}$$

或者采用质点坐标表示有

$$f^{*}[\boldsymbol{\Psi}^{-1}(\boldsymbol{X},\, t+\mathrm{d}t),\, t+\mathrm{d}t] = f^{*}[\boldsymbol{\Psi}^{-1}(\boldsymbol{X},\, t),\, t] + \mathrm{d}t\frac{\partial f^{*}}{\partial t}[\boldsymbol{\Psi}^{-1}(\boldsymbol{X},\, t),t]\Big|_{\boldsymbol{\chi}=\boldsymbol{\Psi}^{-1}(\boldsymbol{X},\, t)} + \cdots$$
$$\tag{3.20}$$

上式等价于

$$f^{**}(\bar{\boldsymbol{X}},\, t+\mathrm{d}t) = f^{**}(\boldsymbol{X},\, t) + \mathrm{d}t\frac{\partial f^{**}}{\partial t}(\boldsymbol{X},\, t)\Big|_{\boldsymbol{\chi}=\boldsymbol{\Psi}^{-1}(\boldsymbol{X},\, t)} + \cdots \tag{3.21a}$$

其中,

$$\bar{\boldsymbol{X}} = \boldsymbol{\Psi}^{-1}(\boldsymbol{\chi},\, t+\mathrm{d}t), \quad \boldsymbol{X} = \boldsymbol{\Psi}^{-1}(\boldsymbol{\chi},\, t) \tag{3.21b}$$

比较方程 (3.21a) 和方程 (3.18) 可以看出, 尽管方程右端项相同, 但 $\bar{\boldsymbol{X}}$ 和 $\boldsymbol{X}$ 是分别在 t 时刻及 $t+\mathrm{d}t$ 时刻对应于同一参考坐标的物质点. 由此可知, 在参考坐标描述下, 方程 (3.19) 所表述的简单更新技术不能适用于与物质点相关联坐标变量的更新, 这种与质点相关联的坐标可设想为在变形与路径相关联物质中的状态变量. 然而, 对于像广义 Newton 流体这样没有记忆功能的均质材料, 方程 (3.19) 可以用来进行坐标更新. 有关与路径相关材料中的 ALE 更新技术可参考文献 [60].

3.3　ALE 描述下的流体动力学方程

3.3.1　参考坐标表示 Reynolds 输运方程

为了建立 ALE 参考坐标架下物理守恒律的积分形式方程, 现在考虑以标量形式表示的物理量 $G(t)$. 设 $G(t)$ 由体积积分定义如下:

$$G(t) = \int_{V_{\boldsymbol{\chi}}} f^{*}(\boldsymbol{\chi},\, t)\mathrm{d}\Omega \tag{3.22}$$

其中, $V_{\boldsymbol{\chi}}$ 为域 $R_{\boldsymbol{\chi}}$ 中的任一控制体. 利用 Gauss 积分定理及导数运算可得到

$$\left.\frac{\partial G(t)}{\partial t}\right|_{\boldsymbol{\chi}} = \int_{V_{\boldsymbol{\chi}}} \left.\frac{\partial f^*}{\partial t}\right|_{\boldsymbol{\chi}} \mathrm{d}\Omega + \oint_{\partial V_{\boldsymbol{\chi}}} w_i \hat{n}_i f^* \mathrm{d}S \tag{3.23}$$

其中, $\boldsymbol{w}$ 是由方程 (3.10) 所定义的在固定坐标系中所观测到的质点速度. 而 $\hat{\boldsymbol{n}}$ 表示域 $V_{\boldsymbol{\chi}}$ 的边界面 (即 $\partial V_{\boldsymbol{\chi}}$) 上的外法线. 方程 (3.23) 的物理意义可叙述为: 任意瞬间物理量 $G(t)$ 的变化率等于该瞬间形状、体积相同的控制体 $V_{\boldsymbol{\chi}}$ 内物理量的变化率与由参考坐标系的相对运动所引起的通过控制体表面 $\partial V_{\boldsymbol{\chi}}$ 的输运量 (通量) 之和. 由方程 (3.23) 也可直接推出 Lagrange 描述及 Euler 描述为其特殊情形: 如果 $\boldsymbol{\chi} = \boldsymbol{X}$, 则 $\boldsymbol{w} = 0$, 此时得到 Lagrange 描述; 如果 $\boldsymbol{\chi} = \boldsymbol{x}$, 则 $\boldsymbol{w} = \boldsymbol{v}$, 此时得到 Euler 描述. 为了简便起见, 以下推导中省略为了区别对不同域 (即 $R_{\boldsymbol{x}}$、$R_{\boldsymbol{X}}$ 和 $R_{\boldsymbol{\chi}}$) 取导数时所采用的星号 "$*$" 表示.

3.3.2　质量守恒方程 (连续方程)

本节给出参考坐标系中的质量守恒原理. 考虑参考区域 $R_{\boldsymbol{\chi}}$ 中的任意固定体积 $V_{\boldsymbol{\chi}}$, 其边界面为 $\partial V_{\boldsymbol{\chi}}$; 所考察的介质是连续的并设其密度为 $\hat{\rho}(\boldsymbol{\chi}, t)$. 由参考域体积 $V_{\boldsymbol{\chi}}$ 与空间体积 $V_{\boldsymbol{x}}$ 及物质体积 $V_{\boldsymbol{X}}$ 之间的坐标变换可以得到在时间 t 时刻参考域体积 $V_{\boldsymbol{\chi}}$ 中的物质质量为

$$M = \int_{V_{\boldsymbol{\chi}}} \hat{\rho} \mathrm{d}\Omega_{\boldsymbol{\chi}} = \int_{V_{\boldsymbol{\chi}}} \rho \mathrm{d}\Omega_{\boldsymbol{x}} = \int_{V_{\boldsymbol{\chi}}} \hat{\rho} \mathrm{d}\Omega_{\boldsymbol{\chi}} \tag{3.24}$$

其中,

$$\hat{\rho}(\boldsymbol{\chi}, t) = \hat{J}\rho(\boldsymbol{x}, t) \tag{3.25a}$$

$$\rho^0(\boldsymbol{X}, t_0) = J\rho(\boldsymbol{x}, t) \tag{3.25b}$$

$$\hat{J} = \det\left[\frac{\partial x_i}{\partial \chi_j}\right] \tag{3.25c}$$

$$J = \det\left[\frac{\partial x_i}{\partial X_j}\right] \tag{3.25d}$$

物质守恒原理表明在参考体积 $V_{\boldsymbol{\chi}}$ 中如果没有质量生成和消失, 则总质量局地增加率为

$$\left.\frac{\partial M}{\partial t}\right|_{\boldsymbol{\chi}} = \int_{V_{\boldsymbol{\chi}}} \left.\frac{\partial \hat{\rho}}{\partial t}\right|_{\boldsymbol{\chi}} \mathrm{d}\Omega_{\boldsymbol{\chi}} \tag{3.26a}$$

应等于通过边界面 $\partial V_{\boldsymbol{\chi}}$ 的流入质量即

$$-\int_{\partial V_{\boldsymbol{\chi}}} \hat{\rho} \boldsymbol{w} \cdot \hat{\boldsymbol{n}} \mathrm{d}S_{\boldsymbol{\chi}} \tag{3.26b}$$

因此有

$$\int_{V_{\boldsymbol{\chi}}} \left.\frac{\partial \hat{\rho}}{\partial t}\right|_{\boldsymbol{\chi}} \mathrm{d}\Omega_{\boldsymbol{\chi}} + \int_{\partial V_{\boldsymbol{\chi}}} \hat{\rho}\boldsymbol{w} \cdot \hat{\boldsymbol{n}} \mathrm{d}S_{\boldsymbol{\chi}} = 0 \tag{3.27}$$

其中, $\hat{\boldsymbol{n}}$ 为边界 $\partial V_{\boldsymbol{\chi}}$ 的外法向.

方程 (3.27) 可以由方程 (3.24) 根据以下推导直接推出. 在 t_0 时刻物质体积 $V_{\boldsymbol{X}}$ 对应于 t 时刻参考体积 $V_{\boldsymbol{\chi}}$, 其总变化率 (即物质导数) 必须为零, 由此并根据方程 (3.24) 得到

$$\left.\frac{\partial M}{\partial t}\right|_{\boldsymbol{X}} = \left.\frac{\partial}{\partial t}\right|_{\boldsymbol{X}} \int_{V_{\boldsymbol{X}}} \rho^0 \mathrm{d}\Omega_{\boldsymbol{X}} = \left.\frac{\partial}{\partial t}\right|_{\boldsymbol{X}} \int_{V_{\boldsymbol{X}}} \hat{\rho}\mathrm{d}\Omega_{\boldsymbol{\chi}} = 0 \tag{3.28}$$

利用参考系中的输运定理即方程 (3.23) 就得到方程 (3.27) 如下:

$$\left.\frac{\partial M}{\partial t}\right|_{\boldsymbol{X}} = \int_{V_{\boldsymbol{\chi}}} \left.\frac{\partial \hat{\rho}}{\partial t}\right|_{\boldsymbol{\chi}} \mathrm{d}\Omega_{\boldsymbol{\chi}} + \int_{\partial V_{\boldsymbol{\chi}}} \hat{\rho}\boldsymbol{w} \cdot \hat{\boldsymbol{n}} \mathrm{d}S_{\boldsymbol{\chi}} = 0 \tag{3.29}$$

利用散度定理可将上式表示如下:

$$\int_{V_{\boldsymbol{\chi}}} \left[\left.\frac{\partial \hat{\rho}}{\partial t}\right|_{\boldsymbol{\chi}} + \frac{\partial \hat{\rho}w_i}{\partial \chi_i} \right] \mathrm{d}\Omega_{\boldsymbol{\chi}} \tag{3.30}$$

因为上式对任意体积 $V_{\boldsymbol{\chi}}$ 都成立, 因此被积函数在参考域 $R_{\boldsymbol{\chi}}$ 中的每一点恒等于零. 由此得到参考坐标系 $R_{\boldsymbol{\chi}}$ 中的连续方程如下:

$$\left.\frac{\partial \hat{\rho}}{\partial t}\right|_{\boldsymbol{\chi}} + \frac{\partial \hat{\rho}w_i}{\partial \chi_i} = 0 \tag{3.31}$$

如果采用 Lagrange 描述, 则采用如下变换:

$$\boldsymbol{\chi} = \boldsymbol{X}, \quad \boldsymbol{w} = 0, \quad \hat{\boldsymbol{J}} = \boldsymbol{J} = \det\left[\frac{\partial \chi_i}{\partial X_j}\right], \quad \hat{\rho} = \rho^0 \tag{3.32}$$

可将上述方程变换为域 $R_{\boldsymbol{X}}$ 中的方程:

$$\left.\frac{\partial \rho J}{\partial t}\right|_{\boldsymbol{X}} = 0, \quad \text{或 } \rho J = \rho^0 \tag{3.33}$$

另一方面如果采用 Euler 描述, 则

$$\boldsymbol{\chi} = \boldsymbol{x}, \quad \boldsymbol{w} = \boldsymbol{u}, \quad \hat{J} = 1, \quad \hat{\rho} = \rho \tag{3.34}$$

在域 $R_{\boldsymbol{x}}$ 中连续方程为

$$\left.\frac{\partial \rho}{\partial t}\right|_{\boldsymbol{\chi}} + \frac{\partial \rho u_i}{\partial x_i} = 0 \tag{3.35}$$

其中, 式 (3.33) 及式 (3.35) 为连续方程的两种经典形式[61].

Hughes 等[50] 采用了不同形式的连续方程, 这可以直接对方程 (3.24) 关于时间求导而保持 $\boldsymbol{X}$ 不变, 推出

$$\left.\frac{\partial M}{\partial t}\right|_{\boldsymbol{X}} = \left.\frac{\partial}{\partial t}\right|_{\boldsymbol{X}} \int_{V_{\boldsymbol{x}}} \rho \mathrm{d}\Omega_{\boldsymbol{x}} = 0 \tag{3.36a}$$

根据经典 Reynolds 输运定理和散度定理得到

$$\int_{V_{\boldsymbol{x}}} \left[\left.\frac{\partial \rho}{\partial t}\right|_{\boldsymbol{\chi}} + \frac{\partial \rho u_i}{\partial x_i} \right] \mathrm{d}\Omega_{\boldsymbol{x}} = 0 \tag{3.36b}$$

或者

$$\int_{V_{\boldsymbol{x}}} \left[\left.\frac{\partial \rho}{\partial t}\right|_{\boldsymbol{\chi}} + u_i \frac{\partial \rho}{\partial x_i} + \rho \frac{\partial u_i}{\partial x_i} \right] \mathrm{d}\Omega_{\boldsymbol{x}} = 0 \tag{3.36c}$$

注意到前两项给出 ρ 的物质导数并根据方程 (3.17), 方程 (3.36c) 变为

$$\int_{V_{\boldsymbol{x}}} \left[\left.\frac{\partial \rho}{\partial t}\right|_{\boldsymbol{\chi}} + c_i \frac{\partial \rho}{\partial x_i} + \rho \frac{\partial u_i}{\partial x_i} \right] \mathrm{d}\Omega_{\boldsymbol{x}} = 0 \tag{3.36d}$$

在 $R_{\boldsymbol{x}}$ 中根据 $V_{\boldsymbol{x}}$ 的任意性可得到

$$\left.\frac{\partial \rho}{\partial t}\right|_{\boldsymbol{\chi}} + c_i \frac{\partial \rho}{\partial x_i} + \rho \frac{\partial u_i}{\partial x_i} = 0 \tag{3.37a}$$

当流体不可压时, 可得到和第 1 章式 (1.28) 相同的不可压流体连续方程:

$$\frac{\partial u_i}{\partial x_i} = 0 \tag{3.37b}$$

3.3.3   动量守恒方程 (平衡方程)

根据在推导质量守恒方程中的同样定义, 动量守恒原理可叙述为: 在 t 时刻具有参考体积 $V_{\boldsymbol{\chi}}$ 的流体其总动量的变换率:

$$\left.\frac{\partial}{\partial t}\right|_{\boldsymbol{\chi}} \int_{V_{\boldsymbol{\chi}}} \hat{\rho}(\boldsymbol{\chi},\, t) \boldsymbol{u}(\boldsymbol{\chi},\, t) \mathrm{d}\Omega_{\boldsymbol{\chi}} \tag{3.38a}$$

等于作用于该流体体积上的合力:

$$\int_{\partial V_{\boldsymbol{\chi}}} \hat{\boldsymbol{t}} \mathrm{d}S_{\boldsymbol{\chi}} + \int_{V_{\boldsymbol{\chi}}} \hat{\rho} \boldsymbol{g} \mathrm{d}\Omega_{\boldsymbol{\chi}} \tag{3.38b}$$

其中, $\hat{\boldsymbol{t}}$ 是作用在体积 $V_{\boldsymbol{\chi}}$ 表面 $\partial V_{\boldsymbol{\chi}}$ 上的单位面积力; $\boldsymbol{g}$ 是作用在 $V_{\boldsymbol{\chi}}$ 中单位质量上的体力. 作用在可变形空间表面上单位参考面积上的力 $\hat{\boldsymbol{t}}$ 可表示为第一 Piola-Kirchhoff 应力张量 $\hat{\boldsymbol{T}}$ 和参考表面外法线 $\hat{\boldsymbol{n}}$ 的函数:

$$\hat{t}_i = \hat{T}_{ji} \hat{n}_j \tag{3.39}$$

注意到第一 Piola-Kirchhoff 应力张量是在参考坐标意义下即相对于固定参考域而定义的. 此外, $\hat{\boldsymbol{T}}$ 与 Cauchy 应力张量 $\boldsymbol{\sigma}$ 有关, 也与第一经典 Piola-Kirchhoff 应力张量 $\boldsymbol{T}^0$ (即 t_0 时刻关于物质表面上的应力张量) 相关; 这可以从如下事实表出, 即每一应力张量在可变形表面 $\mathrm{d}S_{\boldsymbol{x}}$ 上产生相同的合力, 但每一种应力张量采用不同的单位表面积和单位外法线:

$$(\hat{\boldsymbol{n}} \cdot \hat{\boldsymbol{T}})\mathrm{d}S_{\boldsymbol{\chi}} = (\boldsymbol{n} \cdot \boldsymbol{\sigma})\mathrm{d}S_{\boldsymbol{x}} = (\boldsymbol{n}^0 \cdot \boldsymbol{T}^0)\mathrm{d}S_{\boldsymbol{X}} \tag{3.40a}$$

或者[61] 有

$$T_{ij}^0 = J\frac{\partial X_i}{\partial x_k}\sigma_{kj} \tag{3.40b}$$

$$\hat{T}_{ij} = \hat{J}\frac{\partial \chi_i}{\partial x_k}\sigma_{kj} \tag{3.40c}$$

其中, $\boldsymbol{n}$ 和 $\boldsymbol{n}^0$ 分别是在 t 时刻可变形表面 $\mathrm{d}S_{\boldsymbol{x}}$ 及物质微团表面的单位外法线.

　　将方程 (3.39) 代入方程 (3.38) 并应用散度定理将曲面积分转化为体积积分就得到

$$\frac{\partial}{\partial t}\bigg|_{\boldsymbol{\chi}}\int_{V_{\boldsymbol{\chi}}}\hat{\rho}u_i\mathrm{d}\Omega_{\boldsymbol{\chi}} = \int_{V_{\boldsymbol{\chi}}}\left[\frac{\partial \hat{T}_{ji}}{\partial \chi_j} + \hat{\rho}g_i\right]\mathrm{d}\Omega_{\boldsymbol{\chi}} \tag{3.41}$$

采用 Reynolds 输运定理及散度定理可将上式转化为

$$\int_{V_{\boldsymbol{\chi}}}\left[\frac{\partial \hat{\rho}u_i}{\partial t}\bigg|_{\boldsymbol{\chi}} + \frac{\partial w_j\hat{\rho}u_i}{\partial \chi_j}\right]\mathrm{d}\Omega_{\boldsymbol{\chi}} = \int_{V_{\boldsymbol{\chi}}}\left[\frac{\partial \hat{T}_{ji}}{\partial \chi_j} + \hat{\rho}g_i\right]\mathrm{d}\Omega_{\boldsymbol{\chi}} \tag{3.42}$$

注意到 $V_{\boldsymbol{\chi}}$ 的任意性, 从而在域 $R_{\boldsymbol{\chi}}$ 可进一步简化为

$$\frac{\partial \hat{\rho}u_i}{\partial t}\bigg|_{\boldsymbol{\chi}} + \frac{\partial w_j\hat{\rho}u_i}{\partial \chi_j} = \frac{\partial \hat{T}_{ji}}{\partial \chi_j} + \hat{\rho}g_i \tag{3.43}$$

根据连续方程 (3.31) 可将方程 (3.43) 进一步简化并得到参考域 $R_{\boldsymbol{\chi}}$ 中的平衡方程如下:

$$\hat{\rho}\frac{\partial u_i}{\partial t}\bigg|_{\boldsymbol{\chi}} + \hat{\rho}w_j\frac{\partial u_i}{\partial \chi_j} = \frac{\partial \hat{T}_{ji}}{\partial \chi_j} + \hat{\rho}g_i \tag{3.44}$$

将式 (3.32) 和式 (3.34) 分别代入上式就可得到对应的 Lagrange 和 Euler 运动学描述下的平衡方程. 对于 Lagrange 描述情形有 $\hat{\boldsymbol{T}} = \boldsymbol{T}^0$, 因此得到域 $R_{\boldsymbol{X}}$ 中的平衡方程:

$$\rho^0\frac{\partial u_i}{\partial t}\bigg|_{\boldsymbol{X}} = \frac{\partial T_{ji}^0}{\partial X_j} + \rho^0 g_i \tag{3.45}$$

对于 Euler 描述情形有 $\hat{\boldsymbol{T}} = \boldsymbol{\sigma}$, 因此得到域 $R_{\boldsymbol{x}}$ 中的平衡方程:

$$\rho\frac{\partial u_i}{\partial t}\bigg|_{\boldsymbol{x}} + \rho u_j\frac{\partial u_i}{\partial x_j} = \frac{\partial \sigma_{ji}}{\partial x_j} + \rho g_i \tag{3.46}$$

根据关系式 (3.40a) 可以得到

$$\int_{V_{\boldsymbol{\chi}}} \hat{\boldsymbol{n}} \cdot \hat{\boldsymbol{T}} \mathrm{d}S_{\boldsymbol{\chi}} = \int_{V_{\boldsymbol{x}}} \boldsymbol{n} \cdot \boldsymbol{\sigma} \mathrm{d}S_{\boldsymbol{x}} \tag{3.47a}$$

且

$$\mathrm{d}\Omega_{\boldsymbol{x}} = \hat{J} \mathrm{d}\Omega_{\boldsymbol{\chi}} \tag{3.47b}$$

由此, 可将式 (3.42) 改写为

$$\int_{V_{\boldsymbol{x}}} \hat{J}^{-1} \left[\left. \frac{\partial \hat{\rho} u_i}{\partial t} \right|_{\boldsymbol{\chi}} + \frac{\partial w_j \hat{\rho} u_i}{\partial \chi_j} \right] \mathrm{d}\Omega_{\boldsymbol{x}} = \int_{V_{\boldsymbol{x}}} \left[\frac{\partial \sigma_{ji}}{\partial x_j} + \hat{\rho} g_i \right] \hat{J}^{-1} \mathrm{d}\Omega_{\boldsymbol{x}} \tag{3.48}$$

在上述积分方程中, 由于体积 $V_{\boldsymbol{x}}$ 是任意的; 此外, 根据连续方程 (3.31) 对左端进行进一步简化、根据式 (3.25a) 消去参考密度 $\hat{\rho}$, 最后得到 $R_{\boldsymbol{x}}$ 中的动力学方程:

$$\left. \rho \frac{\partial u_i}{\partial t} \right|_{\boldsymbol{\chi}} + \rho w_j \frac{\partial u_i}{\partial \chi_j} = \frac{\partial \sigma_{ji}}{\partial x_j} + \rho g_i \tag{3.49}$$

由链式法则及式 (3.17) 并考虑应力张量 $\boldsymbol{\sigma}$ 的对称性, 可得到 $R_{\boldsymbol{x}}$ 中的动力学方程如下:

$$\left. \rho \frac{\partial u_i}{\partial t} \right|_{\boldsymbol{\chi}} + \rho c_j \frac{\partial u_i}{\partial x_j} = \frac{\partial \sigma_{ji}}{\partial x_j} + \rho g_i \tag{3.50a}$$

或改写为

$$\left. \frac{\partial u_i}{\partial t} \right|_{\boldsymbol{\chi}} + c_j \frac{\partial u_i}{\partial x_j} = \frac{\partial \sigma_{ji}}{\partial x_j} + g_i \tag{3.50b}$$

其中,

$$\sigma_{ij} = -\frac{p}{\rho} \delta_{ij} + \nu \left(\frac{\partial u_i}{\partial x_j} + \frac{\partial u_j}{\partial x_i} \right) \tag{3.50c}$$

而 $\nu = \mu / \rho$ 为运动学黏性系数; 连续方程 (3.37)、动力学平衡方程 (3.50) 和 Euler 描述下的流体力学基本方程形式十分相似, 有众多学者也将 ALE 描述称为准 Euler 描述. 当将控制方程 (3.37) 及方程 (3.50) 应用于力学行为与路径相关的介质材料时, 就会遇到如前所述的网格更新实现上的困难.

在以下的讨论中, 假设黏性流体运动遵循等温和正压过程 (即 $F(P, \rho) = 0$) 并且 $\partial P / \partial \rho = B / \rho$, 其中 B 和 P 分别为流体体积模量和压力. 在域 $R_{\boldsymbol{x}}$ 中, 连续方程 (3.37) 可以改写为

$$\left. \frac{1}{B} \frac{\partial P}{\partial t} \right|_{\boldsymbol{\chi}} + \frac{\partial u_i}{\partial x_i} = 0 \tag{3.51}$$

或者, 将 (3.17) 式代入 (3.51) 式得到域 $R_{\boldsymbol{x}}$ 中的连续方程为

$$\left. \frac{1}{B} \frac{\partial P}{\partial t} \right|_{\boldsymbol{\chi}} + \frac{1}{B} c_i \frac{\partial P}{\partial x_i} + \frac{\partial u_i}{\partial x_i} = 0 \tag{3.52}$$

注: 连续方程 (3.37) 及平衡方程 (3.50) 中含有对流项, 因此, 采用 ALE 运动学描述求解流体动力学问题时仍然会出现 Euler 运动学描述所带来的数值求解困难. 然而, 在某些情形下, 通过选取合适的网格更新速度 $\hat{\boldsymbol{u}}$, 可以有效降低对流速度从而克服由此带来的数值困难.

3.3.4 黏性自由液面流动问题

问题的求解是寻找满足方程 (3.50) 和方程 (3.51) 以及如下边界条件的流体场速度和压力.

在边界 ∂R_x^b 上.

$$v_i = b_i \tag{3.53a}$$

在边界 ∂R_x^h 上:

$$\sigma_{ij} n_j = h_i \tag{3.53b}$$

其中, ∂R_x 是空间域 R_x 的分片光滑边界; $\boldsymbol{b}$ 和 $\boldsymbol{h}$ 分别是在边界上指定的速度和压力; $\boldsymbol{n}$ 是边界 ∂R_x 上的外法向矢量; 并假设 ∂R_x 有如下分解:

$$\partial R_x = \overline{\partial R_x^b \cup \partial R_x^h} \tag{3.54a}$$

$$\varnothing = \partial R_x^b \cap \partial R_x^h \tag{3.54b}$$

而 ∂R_x^b 和 ∂R_x^h 是 ∂R_x 的子集; 关系式 (3.54a) 中的重叠符号 "—" 表示集合的闭包运算, 关系式 (3.54b) 中的符号 $\varnothing$ 代表空集.

此外, 要得到封闭系统的解还必须给出本构关系式即 Cauchy 应力 (或其导数) 与速度 (或其导数) 之间的关系式. Cauchy 应力定义如下:

$$\sigma_{ij} = -P\delta_{ij} + \mu\dot{\gamma}_{ij} \tag{3.55a}$$

$$\dot{\gamma}_{ij} = \frac{\partial v_i}{\partial x_j} + \frac{\partial v_j}{\partial x_i}, \quad \mu = \mu(\dot{\gamma}_{ij}) \tag{3.55b}$$

其中, μ 是依赖于剪切率的动力学黏性系数.

此外, 在非定常流动问题的求解中常常采用以下典型的边界条件和初始条件.

(1) 黏性边界条件:

$$u_i = \bar{u}_i \qquad \in S_V$$
$$\sigma_{ij} n_j = \bar{T}_i \quad \in S_\sigma$$

(2) 滑动边界条件:

$$u_n = \bar{u}_n \qquad \in S_V$$
$$\sigma_{ij} n_j = \bar{T}_i \quad \in S_\sigma$$

其中, 带 "-" 的量为已知量. 在以上方程中采用了张量理论中的指标记法与求和约定.

初始条件:

$$u(x, 0) = u_0(x)$$
$$p(x, 0) = p_0(x)$$

3.4 ALE 网格的速度确定及网格更新

3.4.1 引言

ALE 运动学描述的突出优点是在此种描述下网格可以以任意的方式运动, 同时, 这种描述保留了 Lagrange 方法所具有的精确跟踪运动边界 (或物质界面) 的特点, 并且保证网格不发生畸变而引起单元缠结. 然而, 要达到以上目的就必须采用恰当的更新技术尤其是在运动边界上以保证有效更新网格位移 $\hat{d}$、速度 $\hat{u}$ 和加速度 $\hat{a}$. 而一般情况下只能根据所要解决的具体问题采用试探法来确定更新技术. 在当前描述中参考坐标系不变, 但其可以相对于空间坐标系 (实验室参考系) 或连续介质做任意运动, 也就是说, 在参考系中观测到的质点速度 w 和网格速度 $\hat{u}$ 除满足关系式 (3.14) 条件外具有任意可能性的选择, 一旦其中一个速度被指定而另一速度将自然被确定. 需要指出的是, 如果 $\hat{u}$ 被指定则可以由不同的公式计算出 $\hat{d}$ 和 $\hat{a}$, 而且不需要具体计算 w. 另外, 如果 $\hat{u}$ 未知而 w 已知, 那么在进行网格更新之前就必须由方程 (3.14) 求出 $\hat{u}$. 此外, 还可以采用混合参考速度 (即事先根据某空间方向确定 $\hat{u}$, 而根据另一空间方向确定 w). 显然, 选择最佳更新技术计算网格速度从而进行网格更新是 ALE 描述成败的关键; 按哪一速度 ($\hat{u}$、w 或混合速度) 被事先确定, 可以得到三种不同的网格更新方案.

3.4.2 先验法

网格速度 $\hat{u}$ 给定的情形对应于流体域边界在任意时刻已知. Liu 和 Chang[62]、Liu 和 Gvidys[63] 采用定常网格速度简化压力波传播过程中的输运现象, 而对于未知函数产生突变的区域采用特别设计的数值方案增加单元密度. 如果物质边界的运动已知, 则沿该边界上的网格速度可预先设定. 详细描述可见文献 [64] 采用 ALE 方法研究刚体–黏性流体耦合问题的相关报道.

3.4.3 Lagrange-Euler 矩阵法

Lagrange-Euler 矩阵方法由 Hughes 等[50] 提出, 首先定义物质点在参考系下的速度 w 为

$$w_i = \frac{\partial \chi_i}{\partial t}\bigg|_X = (\delta_{ij} - \alpha_{ij})v_j \tag{3.56}$$

其中, δ_{ij} 是 Kroneker 符号; $[\alpha_{ij}]$ 是 Lagrange-Euler 参数矩阵并且满足 $\alpha_{ij} = 0 (i \neq j)$ 和 $\alpha_{\underline{ii}}$ 为实数 (指标的下划线表示不求和); 一般来说, 参数矩阵不仅与空间位置有关而且还与时间有关, 但出于简化目的, 我们常常认为它是与时间无关的. 从式 (3.56) 可以看出, 物质点在参考系下的速度 $\boldsymbol{w}$ 是物质点速度的线性函数, 而且如果 $\alpha_{ij} = \delta_{ij}$, 则 $\boldsymbol{w} = 0$, 此时 ALE 描述就退化为 Lagrange 描述; 而如果 $\alpha_{ij} = 0$, 则 $\boldsymbol{w} = \boldsymbol{u}$, 此时 ALE 描述就退化为 Euler 描述. 采用 Lagrange-Euler 参数矩阵方法时, 需要在每一网格点都给出参数矩阵 $[\alpha_{ij}]$. 从方程 (3.56) 可以看出, 该方法存在某些缺陷. 例如, 虽然 $\hat{\boldsymbol{u}}$ 有明确的物理解释 (即网格速度), 而要给出 $\boldsymbol{w}$ 的物理意义则要困难得多 (垂直于物质表面时的特殊情形除外, 此时其值恒为 0; 而在流体域内部, 仅仅根据参数矩阵 $[\alpha_{ij}]$ 来保证规则单元形状是十分困难的).

物质点在参考系下的速度 $\boldsymbol{w}$ 由式 (3.56) 确定, 而其他速度可分别根据式 (3.16) 和式 (3.14) 计算如下:

$$c_i = \frac{\partial x_i}{\partial \chi_j}(\delta_{jk} - \alpha_{jk})v_k \tag{3.57}$$

及

$$\hat{u}_i = u_i - (\delta_{jk} - \alpha_{jk})u_k \frac{\partial x_i}{\partial \chi_j} \tag{3.58}$$

将式 (3.13b) 代入式 (3.58) 就可得到用来作为网格更新的基本方程:

$$\left.\frac{\partial x_i}{\partial t}\right|_{\boldsymbol{\chi}} + (\delta_{jk} - \alpha_{jk})u_k \frac{\partial x_i}{\partial \chi_j} - u_i = 0 \tag{3.59}$$

在处理长波的传播问题以及更为广泛的一类自由液面流动问题 —— 其中自由液面可以表示为 $x_{3s} = x_{3s}(x_1, x_2, t)$, 此时在 x_1 和 x_2 方向可采用 Euler 描述 (即 $x_1 = \chi_1$ 和 $x_2 = \chi_2$). 这种情形下, Lagrange-Euler 矩阵只有一个非零元素即 α_{33}(常常取值为 1); 而方程 (3.59) 约化为唯一非平凡方程:

$$\left.\frac{\partial x_{3s}}{\partial t}\right|_{\boldsymbol{\chi}} + u_1 \frac{\partial x_{3s}}{\partial \chi_1} + u_2 \frac{\partial x_{3s}}{\partial \chi_2} - u_3 = (\alpha_{33} - 1)u_3 \frac{\partial x_{3s}}{\partial \chi_3} \tag{3.60}$$

上述方程显然可以被视为自由液面的运动学方程并且可进一步表示为

$$\left.\frac{\partial x_{3s}}{\partial t}\right|_{\boldsymbol{\chi}} + u_i n_i N_s = a(x_1, x_2, x_{3s}, t) \tag{3.61}$$

其中, $\boldsymbol{n}$ 是自由液面的外发向矢量并且其分量表示为

$$\frac{1}{N_s}\left(\frac{\partial x_{3s}}{\partial \chi_1}, \frac{\partial x_{3s}}{\partial \chi_2}, -1\right) \tag{3.62a}$$

其中, N_s 作为法向量的模可表示为

$$N_s = \left[1 + \left(\frac{\partial x_{3s}}{\partial \chi_1}\right) + \left(\frac{\partial x_{3s}}{\partial \chi_2}\right)\right]^{1/2} = \left[1 + \left(\frac{\partial x_{3s}}{\partial x_1}\right) + \left(\frac{\partial x_{3s}}{\partial x_2}\right)\right]^{1/2} \tag{3.62b}$$

而 $a(x_1,\ x_2,\ x_{3s},\ t)$ 是所谓的累积率函数 —— 表示位于自由液面下方流体质量的增益和损失, 根据方程 (3.60) 和方程 (3.61) 可将其表示为

$$a(x_1,\ x_2,\ x_{3s},\ t) = (\alpha_{33}-1)u_3\frac{\partial x_{3s}}{\partial\chi_3} = w_3\frac{\partial x_{3s}}{\partial\chi_3} \tag{3.63}$$

一般来说, 自由液面为物质面 (假设动力学系统满足等温过程条件), 沿着这一边界面质量的累积率必须为零, 因此 α_{33} 必须取为 1. 这一结果的更直观解释是物质质点不能穿过自由液面, 因此 w_3 必为零. 虽然式 (3.59) 可以应用于 x_1 和 x_2 为非 Euler 坐标的情形 (在这些坐标方向上指定参数矩阵 $[\alpha_{ij}]$ 的值), 但仅仅通过调整参数矩阵来精确控制单元的几何形状是非常困难的.

3.4.4 混合方法

由于参数矩阵方法在应用中受到限制, 因此人们提出了求解方程 (3.14) 的混合方法. ALE 方法的特点之一是能够精确跟踪物质运动边界, 因此有 $\boldsymbol{w}\cdot\boldsymbol{n}=0$(其中 $\boldsymbol{n}$ 表示自由边界外法向); 而 ALE 的另一特点是避免单元缠结, 而这很容易通过如下方式实现: 一旦边界运动已知, 则可指定网格位移或速度 (如可通过求解势函数方程得到), 这是因为 $\hat{\boldsymbol{d}}$ 和 $\hat{\boldsymbol{u}}$ 可用来完全控制单元形状. 因此, 首先应该沿着流体域边界预先规定 $\boldsymbol{w}\cdot\boldsymbol{n}=0$, 而在流体域内部定义 $\hat{\boldsymbol{d}}$ 或 $\hat{\boldsymbol{u}}$ 的值. 方程 (3.14) 确定的系统微分方程是沿着移动边界而定义的, 注意到根据此方程 w_i 可以由 $(u_i-\hat{u}_i)$ 表示为

$$\hat{J}^{ji}(v_j-\hat{v}_j) = \hat{J}w_i \tag{3.64a}$$

或

$$\frac{\partial x_i}{\partial t}\bigg|_{\boldsymbol{\chi}} - u_i - \sum_{\substack{j=1\\j\neq i}}^{\mathrm{NSD}}\frac{u_j-\hat{u}_j}{\hat{j}^{\underline{ii}}}\hat{j}^{ji} = -\frac{\hat{J}}{\hat{j}^{\underline{ii}}}w_i \tag{3.64a}$$

其中, $\hat{J}$ 是由方程 (3.24c) 所定义的 Jacobi 行列式; $\hat{J}^{ij}$ 是 Jacobi 矩阵中元素 $\partial x_i/\partial\chi_j$ 的代数余子式, NSD 则是空间的维数. 代数余子式 $\hat{j}^{\underline{ii}}$ 出现在分母中以表示网格在垂直于 χ_i 方向平面内的运动, 因方程 (3.64) 的求解域为参考空间 $R_{\boldsymbol{\chi}}$ 而非实际的变形空间 $R_{\boldsymbol{x}}$. 为了简单起见并不失一般性, 假设运动的自由边界在参考域中垂直于某一坐标轴譬如 χ_3, 因为沿着 χ_1 和 χ_2 方向网格速度已事先指定因而网格运动为已知, 从而方程 (3.64) 中的前两个方程有平凡解. 通过第三个方程可求解 $\hat{v}_3$, 假设 w_3 和 $\hat{v}_1$ 及 $\hat{v}_2$ 已知, 可得到如下方程:

$$\hat{u}_3 - \frac{\hat{j}^{13}}{\hat{j}^{33}}(u_1-\hat{u}_2) - \frac{\hat{j}^{23}}{\hat{j}^{33}}(u_1-\hat{u}_2) - u_3 = -\frac{\hat{J}}{\hat{j}^{33}}w_3 \tag{3.65}$$

或者

$$\frac{\partial x_{3s}}{\partial t}\bigg|_{\boldsymbol{\chi}} - \frac{u_1-\hat{u}_1}{\hat{j}^{33}}\hat{j}^{13}\left(\frac{\partial x_{3s}}{\partial\chi_1},\frac{\partial x_{3s}}{\partial\chi_2}\right) - \frac{u_2-\hat{u}_2}{\hat{j}^{33}}\hat{j}^{23}\left(\frac{\partial x_{3s}}{\partial\chi_1},\frac{\partial x_{3s}}{\partial\chi_2}\right) - u_3$$

$$=\frac{-w_3}{\hat{j}^{33}}\hat{j}\left(\frac{\partial x_{3s}}{\partial \chi_1},\frac{\partial x_{3s}}{\partial \chi_2}\right) \tag{3.66}$$

其中, $\hat{u}_3$ 已被 $\partial x_{3s}/\partial t|_{\boldsymbol{\chi}}$ 代换; $\hat{j}^{13}$, $\hat{j}^{23}$ 及 Jacobi 行列式 $\hat{j}$ 为 $\partial x_{3s}/\partial \chi_1$ 及 $\partial x_{3s}/\partial \chi_2$ 的函数; $\hat{j}^{33}$ 不依赖于 x_{3s}, 而 x_{3s} 为自由液面方程. 在方程 (3.66) 中 x_{3s} 为未知函数, 而 $\hat{u}_1$ 和 $\hat{u}_2$ 及 w_3 为已知. 如果 $\hat{u}_1 = \hat{u}_2 = 0$(即沿 χ_1 和 χ_2 方向采用 Euler 描述), 同样得到自由液面运动学方程 (3.61). 然而, 当采用混合方法时 $\hat{u}_1$ 和 $\hat{u}_2$ 可以事先被指定 (可设为波速的百分比). 因而与方程 (3.60) 可获得更好的数值计算结果, 后者采用 α_{11} 和 α_{22} 来定义网格速度其物理解释显得模糊不清.

此外, 在混合方法中网格更新方程 (3.64) 或方程 (3.65) 仅仅沿着运动边界求解; 而在 Lagrange-Euler 矩阵方法中网格更新方程 (3.59) 是在整个流体域内求解. 正如本节开始时所述, 在流体域内可采用不同的方案来进行网格更新; 譬如可通过定义势函数或者采用更为简便的方案: 流体域内的网格速度直接被指定为边界上网格速度的百分比 —— 这给数值计算带来极大便利并且极易实现. 正是因为混合方法简便有效, 因此在实际数值计算中应用较多; 鉴于此, 以下详细推导该方法在具体实现中的计算步骤.

假设边界面 (或线) 方程为

$$F(\boldsymbol{X},t) = 0 \tag{3.67}$$

由 3.2 节推导的物质导数关系 (3.17) 可得

$$\left.\frac{\mathrm{D}F}{\mathrm{D}t}\right|_{\boldsymbol{X}} = \left.\frac{\mathrm{d}F}{\mathrm{d}t}\right|_{\boldsymbol{\chi}} + (u_i - \hat{u}_i)\frac{\partial F}{\partial x_i} \tag{3.68}$$

由于流体质点和网格点始终在边界上即永远满足方程 (3.67), 则有

$$\frac{\mathrm{D}F}{\mathrm{D}t} = \frac{\mathrm{d}F}{\mathrm{d}t} = 0 \tag{3.69}$$

从而有关系式:

$$(u_i - \hat{u}_i)\frac{\partial F}{\partial x_i} = 0 \tag{3.70a}$$

或改写成矢量形式:

$$(\boldsymbol{u} - \hat{\boldsymbol{u}}) \cdot \nabla F(\boldsymbol{x},t) = 0 \tag{3.70b}$$

自由面函数 F 的梯度方向就是自由面的法线方向 $\boldsymbol{n}$, 则方程 (3.70) 可简单写为

$$\hat{u}_i n_i = u_i n_i \tag{3.71}$$

从方程 (3.71) 可以看到, 要想达到网格点始终跟踪自由面的目的, 无需像 Lagrange 描述那样去跟踪每个质点, 也无需像 Euler 描述那样去直接求解自由面运动

方程, 而只要保证在边界面 (线) 法线方向上网格点和流体质点有相同的速度投影即可, 在切线方向上网格点的速度没有任何限制. 式 (3.71) 就是对自由面上网格点速度的唯一约束条件. 根据不同情况的需要, 自由液面上网格点的移动速度可按如下几种方式设计 (图 3.2).

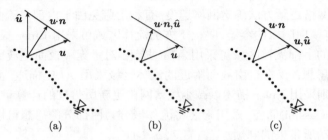

$$\hat{u} \quad u \cdot n \quad u$$
$$(a) \qquad (b) \qquad (c)$$

图 3.2　自由液面上网格结点速度方向

图 3.2 表明边界结点可以按: (a) 预先给定的方向如水平方向或竖直方向移动; (b) 垂直于自由液面方向移动; (c) 当地流体速度矢量的方向移动. 最后一种情况就得到边界上的 Lagrange 描述. 为了方便易行, 对于竖直腔壁容器中的液体大幅晃动问题可采用方法 (a): 在水平方向即 x_1、x_2 方向采用 Euler 描述, 竖直方向即 x_3 方向采用 Lagrange 描述. 根据式 (3.71), 自由液面上网格结点的速度可由自由液面上流体质点的速度求出:

$$\hat{u}_1 = 0$$
$$\hat{u}_2 = 0$$
$$\hat{u}_3 = u_3 + \frac{n_1}{n_3}u_1 + \frac{n_2}{n_3}u_2$$

其中, (n_1, n_2, n_3) 是自由液面上结点的单位法向矢量. 流体区域内部的网格结点在 x_1、x_2 方向不动即采用 Euler 描述, 在 x_3 方向采用 ALE 描述 (图 3.3); 而且 x_3 方向的速度分量与该结点上方自由液面上结点的相应速度分量成比例, 比例系数随结

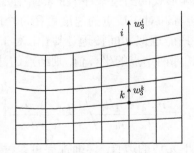

图 3.3　内部结点速度与自由液面结点速度示意图

点处位置的液体深度而递减, 在容器底部取比例系数为 0, 即

$$\hat{u}_3^k = \frac{h_k}{h_i}\hat{u}_3^i, \quad \text{在流体域 } V \text{ 内部}$$

其中, h_k 和 h_i 分别是内部结点 k 与自由液面上结点 i 距储液腔底部的系数.

　　采用这种网格更新方法确定网格速度, 有利于避免由于内部涡流而引起的网格畸变. 对于带有横向隔板的容器, 隔板下方的流体区域可采用 Euler 描述, 而从隔板起至自由液面的上部流体区域可采用 ALE 描述; 对于无隔板而充液比较大的情况也可采用上述思想: 仅在自由液面附近的流体区域采用 ALE 描述, 而在容器底部的临近流体域则采用 Euler 描述以减少频繁网格更新所带来的计算量. 对于底部为曲边的容器如 Cassini 储腔, 采用上述将流体域分为两部分的思想可以避免网格结点沿曲边界运动所带来的麻烦.

　　在利用 ALE 描述方式对问题的求解过程中, 每一时间步网格需要更新一次. 对于 t^{n+1} 时刻, 网格结点的坐标可按下式计算:

$$x_i^{n+1} = x_i^n + \int_{t^n}^{t^{n+1}} \hat{u}_i \mathrm{d}t \tag{3.72}$$

网格更新的时间积分可以采用不同的积分格式, 如显式格式、隐式格式以及预报–校正格式等. 考虑到自由面位置的确定对数值模拟的精度影响较大, 本书采用隐式格式, 则式 (3.72) 可改写为

$$x_i^{(n+1)(m)} = x_i^n + \frac{\Delta t}{2}(\hat{u}_i^n + \hat{u}_i^{(n+1)(m)}) \tag{3.73}$$

其中, (m) 是迭代次数, $\hat{u}_i^{(n+1)(0)} = \hat{u}_i^n$. 根据网格点的新坐标, 可计算出 t^{n+1} 时刻的有限元离散方程的系数矩阵.

3.5　自由液面上结点法向矢量的数值算法

　　式 (3.71) 给出的是连续形式的约束条件 (图 3.4), 在有限元计算过程中必须利用其离散形式. 网格点的坐标和对应质点的速度可在每个时刻直接求出, 而自由液面上各网格点的法向方向只能近似和间接地计算出. 对于二维情况的边界线结点 (图 3.5), 当知道一结点和相邻两结点的坐标值, 则结点的法向可通过两相邻单元边的外法向加权平均求得

$$\boldsymbol{n}_k = \frac{\boldsymbol{n}_a l_a + \boldsymbol{n}_b l_b}{l_a + l_b} \bigg/ \left| \frac{\boldsymbol{n}_a l_a + \boldsymbol{n}_b l_b}{l_a + l_b} \right| \tag{3.74}$$

其中, l_a、l_b 是结点相邻两单元边的边长. 详细推导可参考文献 [25].

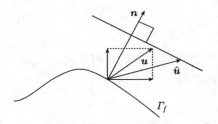

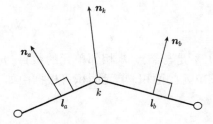

图 3.4　边界网格点速度的约束　　　　　图 3.5　二维自由面结点法向计算

对于三维情况, 自由液面是一曲面; 当三维求解区域采用八结点六面体等参单元进行空间离散时, 自由液面相应地离散为四结点四边形单元. 为了计算上的方便这里首先给出一种采用整体坐标进行相关计算的一种方法. 设四边形表面单元的四个结点为 a、b、c、d(图 3.6), 单元的法向矢量就是空间直线 $\overline{ac}$ 与 $\overline{bd}$ 的公共法向量, 推导出其三个分量用四个结点的坐标表示的公式为

$$N_1 = (x_2^a - x_2^c)(x_3^b - x_3^d) - (x_2^b - x_2^d)(x_3^a - x_3^c) \qquad (3.75a)$$

$$N_2 = (x_3^a - x_3^c)(x_1^b - x_1^d) - (x_3^b - x_3^d)(x_1^a - x_1^c) \qquad (3.75b)$$

$$N_3 = (x_1^a - x_1^c)(x_2^b - x_2^d) - (x_1^b - x_1^d)(x_2^a - x_2^c) \qquad (3.75c)$$

$$\vec{N} = \{N_1, N_2, N_3\} \qquad (3.75d)$$

单元的单位法向量为

$$n = \frac{\boldsymbol{N}}{|\boldsymbol{N}|} \qquad (3.76)$$

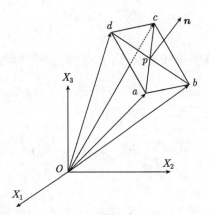

图 3.6　三维自由面法向计算

当每一自由液面单元的法向矢量求出后, 就可计算结点的法向矢量. 本书用加权系数平均法如图 3.7 所示:

$$N_k = \sum_{i=1}^{I} \frac{n_i}{s_i} \tag{3.77}$$

其中, i 是与结点 k 相邻单元的数目; n_i 是相邻的第 i 个单元的单元法向矢量; s_i 是该单元的面积. 单元面积可根据由如下步骤求得.

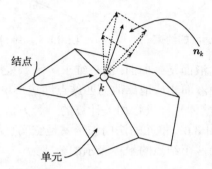

图 3.7　三维自由面结点法向计算

四边形 $abcd$ 的面积可表示为两个三角形的面积之和, 即

$$S = S_{abd} + S_{bcd} = \frac{1}{2}(l_{ab}h_d + l_{cd}h_b) \tag{3.78}$$

其中, l_{ab}、l_{cd} 分别是线段 $\overline{ab}$ 和线段 $\overline{cd}$ 的长度; h_d 是结点 d 到 $\overline{ab}$ 线的垂直距离; h_b 是结点 b 到 $\overline{cd}$ 线的垂直距离, 推导出利用结点坐标计算这些几何量的公式如下:

$$l_{ab} = \left[\sum_{i=1}^{3} (x_i^b - x_i^a)^2\right]^{\frac{1}{2}} \tag{3.79}$$

设 p 点是结点 d 到 $\overline{ab}$ 线的垂线交点, 则 p 点的空间坐标为

$$x_i^p = x_i^a + l(x_i^b - x_i^a)/l_{ab}^2, \quad i = 1, 2, 3 \tag{3.80}$$

式中

$$l = \sum_{i=1}^{3} (x_i^b - x_i^a)(x_i^d - x_i^a) \tag{3.81}$$

则

$$h_d = \left[\sum_{i=1}^{3} (x_i^p - x_i^d)^2\right]^{\frac{1}{2}} \tag{3.82}$$

通过以上同样的方法, 可推导出 l_{cd} 和 h_b 计算公式.

对于三维问题, 可采用八结点等参单元, 基本单元如图 3.8 所示.

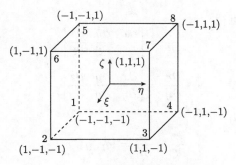

图 3.8 八结点六面体单元示意图

自由液面上单元法向矢量也可采用局部等参元坐标进行数值计算, 假设坐标插值公式为

$$
\begin{cases}
x = \displaystyle\sum_{i=1}^{8} N_i(\xi,\,\eta,\,\varsigma)x_i \\[2mm]
y = \displaystyle\sum_{i=1}^{8} N_i(\xi,\,\eta,\,\varsigma)y_i \\[2mm]
z = \displaystyle\sum_{i=1}^{8} N_i(\xi,\,\eta,\,\varsigma)z_i
\end{cases}
$$

其中形状函数 $N_i(\xi,\,\eta,\,\varsigma)$ 为

$$
N_i(\xi,\,\eta,\,\varsigma) = \frac{1}{8}(1+\xi_i\xi)(1+\eta_i\eta)(1+\varsigma_i\varsigma)
$$

而 $(\xi_i, \eta_i,\,\varsigma_i)$ 为第 i 个结点的局部坐标. 在进行三维液体大幅晃动的数值模拟时, 自由液面单元对应基本单元表面 $\varsigma = 1$, 其坐标变换关系如图 3.9 所示.

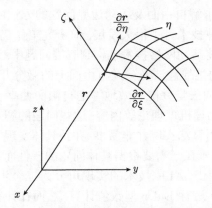

图 3.9 整体坐标系与局部坐标系变换示意图

由微分几何知识可得

$$\frac{\partial \boldsymbol{r}}{\partial \xi} = \left[\frac{\partial x}{\partial \xi}, \frac{\partial y}{\partial \xi}, \frac{\partial z}{\partial \xi} \right]$$

$$\frac{\partial \boldsymbol{r}}{\partial \eta} = \left[\frac{\partial x}{\partial \eta}, \frac{\partial y}{\partial \eta}, \frac{\partial z}{\partial \eta} \right]$$

则面单元的法向矢量为

$$\frac{\partial \boldsymbol{r}}{\partial \boldsymbol{\xi}} \times \frac{\partial \boldsymbol{r}}{\partial \boldsymbol{\eta}} = [g_1, g_2, g_3]$$

其中,

$$g_1 = \frac{\partial y}{\partial \xi} \frac{\partial z}{\partial \eta} - \frac{\partial y}{\partial \eta} \frac{\partial z}{\partial \xi}$$

$$g_2 = \frac{\partial z}{\partial \xi} \frac{\partial x}{\partial \eta} - \frac{\partial x}{\partial \xi} \frac{\partial z}{\partial \eta}$$

$$g_3 = \frac{\partial x}{\partial \xi} \frac{\partial y}{\partial \eta} - \frac{\partial y}{\partial \xi} \frac{\partial x}{\partial \eta}$$

则单位法向矢量为

$$\boldsymbol{n} = \left[\frac{g_1}{|G|}, \frac{g_2}{|G|}, \frac{g_3}{|G|} \right]$$

其中, $|G| = (g_1^2 + g_2^2 + g_3^2)^{1/2}$. 当每一自由液面单元的法向矢量求出后就可根据以上介绍的加权平均方法计算结点的法向矢量, 而单元面积可采用 Gauss 积分进行数值计算.

3.6   注   记

在现有的较完善的求解自由面及运动边界问题的方法中, 最流行的是 ALE 方法. 即使现代计算机硬件技术有了很大发展, 但研究工作仍然会遇到很多挑战. 首先也是最重要的工作是将移动网格技术推广到三维问题中, 这在自由或运动边界上将遇到极大困难. 其次的挑战性涉及三维自由面上的微分几何理论, 三维问题中需要相容地计算法向及切向矢量并能有效地考虑自由面曲率 (如毛细力) 效应, 涉及复杂几何理论、接触线物理机理理论等内容, 这些问题的解决与二维问题相比要复杂得多. ALE 方法的通用算法实现并非易事, 并且具体实现方案与所需解决具体问题的特性相关, 主要的困难在于需要根据具体问题的特性而在自由液面上配置合适的网格速度. 在实际应用中, ALE 技术的实现可分为三个步骤: ① 得到 Lagrange 解; ② 实施网格分区; ③ 进行 Euler 型数值计算. 然而在计算机编程过程中以上步骤并非彼此独立. ALE 方法实现过程从计算 Lagrange 解起步, 如果网格发生明显畸变则需要进行网格分区或网格更新. 一旦完成网格分区就可根据结点运动来计算网格速度并进而得到对流速度. 网格分区及更新的具体算法与单元类型有关, 如必要可在网格更新过程中采用网格生成及平滑技术, 根据需要也可在同一时间步多次采用网格平滑技术以获得最佳计算效果.

第 4 章　求解带自由液面黏性流动的 ALE 有限元方法

ALE 有限元方法由于其网格运动的灵活性可用来通过网格更新来跟踪变化的自由液面, 兼有 Lagrange 有限元方法与 Euler 有限元方法的优点并被越来越多地用于自由液面流动问题的研究. 为了解决强对流问题, 第 1 章简要介绍了流线迎风有限元法, 本章则将 ALE 运动学描述关系引入到流线迎风有限元方法中, 并推导出 ALE 流线迎风有限元方法的离散方程.

本章研究的对象为非定常的 Navier-Stokes 方程. 在用有限元方法求解问题时, 插值函数的类型对于求解的精度有着密切关系. 计算表明: 若速度的插值函数和压力插值函数采取同一阶次, 虽然可获得较精确的速度解, 但压力解将产生较大的误差, 从而出现压力振荡现象, 如果速度插值函数比压力插值函数高一阶次, 可获得较好的结果, 这种插值方法称为混合插值. 但是如果利用混合插值, 则求解公式、计算机程序以及输入数据的准备将是非常复杂的, 以至于无法实现对三维问题的求解. 与此相比, 分步方法中速度和压力采用同阶插值, 这将大大简化计算格式从而减少计算工作量. 第 2 章详细推导了几种不同分步格式的有限元离散算法步骤, 本章将针对分步格式中的速度修正算法推导 ALE 有限元分步计算格式.

4.1　ALE 流线迎风有限元方法

如第 1 章所述, 流线迎风有限元方法是针对以对流为主的不可压缩黏性流动问题而提出的, 它采用了考虑来流上游效应的不对称权函数以及速度和压力的不同阶插值函数, 以消除常规有限元求解时由于强对流作用而导致的振荡现象. 本节则在第 3 章得到 ALE 描述下 Navier-Stokes 方程的基础上进一步推导出 ALE 流线迎风有限元计算格式. 在流线迎风有限元计算格式中, 对动量方程和连续方程采用不同形式的加权函数.

4.1.1　空间离散方程

假设压力的权函数为 p^*, 根据第 3 章推导的 ALE 描述下的连续方程 (3.52), 则对应于 ALE 描述下连续方程的积分方程为

$$\sum_e \int_{V^e} p^* \frac{1}{B} \frac{\partial p}{\partial t}\bigg|_\chi \mathrm{d}V + \sum_e \int_{V^e} p^* \frac{c_i}{B} p_{,i} \mathrm{d}V + \sum_e \int_{V^e} p^* u_{i,j} \mathrm{d}V = 0 \qquad (4.1)$$

其中, 空间区域 V 离散成若干单元子域 V^e; $\sum\limits_e$ 表示对所有单元求和.

对于动量方程采用如下形式的不连续加权函数:

$$u_i^* = w_i^* + q_i^* \tag{4.2}$$

其中, w_i^* 是连续的 Galerkin 权函数; q_i^* 是不连续的流线迎风贡献量并假设其在单元内部是光滑的. 可以看出由方程 (4.2) 定义的 u_i^* 加权对流项等价于引入附加的人工扩散效应[16]. 将 u_i^* 作用于动量方程 (3.50b) 的所有项可得积分方程:

$$\int_V w_i^* \left[\frac{\partial u_i}{\partial t}\bigg|_{\boldsymbol{\chi}} + c_j u_{i,j} - \sigma_{ij,j} - f_i \right] \mathrm{d}V + \sum_e \int_{V^e} q_i^* \left[\frac{\partial u_i}{\partial t}\bigg|_{\boldsymbol{\chi}} + c_j u_{i,j} - \sigma_{ij,j} - f_i \right] \mathrm{d}V = 0 \tag{4.3}$$

考虑到本构方程 (3.50c) 和自然边界条件 (1.93b), 上式可改写为

$$\sum_e \int_{V^e} u_i^* \frac{\partial u_i}{\partial t}\bigg|_{\boldsymbol{\chi}} \mathrm{d}V + \sum_e \int_{V^e} u_i^* c_j u_{i,j} \mathrm{d}V - \int_V w_{i,i}^* \frac{p}{\rho} \mathrm{d}V + \int_V \nu w_{i,i}^* (u_{i,j} + u_{j,i}) \mathrm{d}V$$
$$- \sum_e \int_{V^e} q_i^* \sigma_{ij,j} \mathrm{d}V - \sum_e \int_{V^e} u_i^* f_i \mathrm{d}V - \int_{S_f} w_i^* \hat{\sigma}_i \mathrm{d}S = 0 \tag{4.4}$$

此处, 忽略了扰动项 q_i^* 对扩散项 $\partial \sigma_{ij}/\partial x_j$ 的影响; 此时从方程 (4.4) 可以看出: 扰动项只对流体质量项、对流项及体力项有影响而对黏性项、压力项及边界压力项无影响[65]. 不连续的流线迎风扰动权函数 q_i^* 可采用以下形式[16]:

$$q_i^* = \frac{k c_j w_{i,j}^*}{\|c\|^2} \tag{4.5a}$$

而人工扩散系数 k 定义为

$$k = (\xi c_\xi h_\xi + \eta c_\eta h_\eta)/\sqrt{15} \tag{4.5b}$$

其中,

$$\xi = (\cot \alpha_\xi) - 1/\alpha_\xi, \quad \alpha_\xi = \rho c_\xi h_\xi/(2\mu) \tag{4.5c}$$

$$\eta = (\cot \alpha_\xi) - 1/\alpha_\eta, \quad \alpha_\eta = \rho c_\eta h_\eta/(2\mu) \tag{4.5d}$$

假设将整个流体域剖分为 E 个有限元单元、速度和压力在单元 e 内的插值函数如下:

$$u_i = \phi_\alpha u_{\alpha i} \tag{4.6a}$$

$$p = \psi_s p_s \tag{4.6b}$$

$$w_i^* = \phi_\alpha u_{\alpha i} \tag{4.6c}$$

$$q_i^* = \frac{kc_j\phi_{\alpha,j}u_{\alpha i}^*}{\|c\|^2} \tag{4.6d}$$

$$u_i^* = \left(\phi_\alpha + \frac{kc_j\phi_{\alpha,j}}{\|c\|^2}\right)u_{\alpha i}^* \tag{4.6e}$$

$$p^* = \psi_s p_s^* \tag{4.6f}$$

其中, ϕ_α 是速度的插值函数; ψ_s 是压力的插值函数; $u_{\alpha i}$ 是速度单元的第 α 个结点速度的第 i 个分量; p_s 是压力单元的第 s 个结点的压力值; $u_{\alpha i}^*$ 是单元结点速度的加权值; p_s^* 是单元结点压力的加权值.

将插值函数和权函数的表达式 (4.5) 带入离散后的积分方程 (4.1)、方程 (4.4) 后可得单元有限元方程从而可进一步总装为如下总体有限元方程:

$$M_{rs}^p\dot{p}_s + B_{rs}^p p_s + C_{\alpha is}^{\mathrm{T}}u_{\alpha i} = 0 \tag{4.7}$$

$$M_{\alpha\beta}a_{\beta i} + B_{\alpha\beta}u_{\beta i} - \frac{1}{p}C_{\alpha is}p_s + D_{\alpha i\beta j}u_{\beta j} = F_{\alpha i} + \hat{E}_{\alpha i} \tag{4.8}$$

单元有限元方程和总体有限元方程形式相同只是下标的含义不同. 对于单元有限元方程, $r, s = 1, 2, \cdots, I_p$, I_p 为单元内压力结点数; $\alpha, \beta = 1, 2, \cdots, I_v$, I_v 为单元内速度结点数; 对于总体单元方程, $r, s = 1, 2, \cdots, N_p$, N_p 为有限元网格的压力结点总数; $\alpha, \beta = 1, 2, \cdots, N_v$, N_v 为有限元网格的速度结点总数. 对于二维空间, $i, j = 1, 2$; 对于三维空间, $i, j, k = 1, 2, 3$. 而表达式中 "T" 表示矩阵转置, $\boldsymbol{M}^p$ 和 $\boldsymbol{M}$ 分别是压力和速度的广义质量矩阵; $\boldsymbol{B}^p$ 和 $\boldsymbol{B}$ 分别表示压力和速度的广义对流矩阵; $\boldsymbol{C}$ 是梯度算子矩阵, $\boldsymbol{D}$ 是耗散矩阵, $\boldsymbol{F}$ 是体积力向量, $\hat{\boldsymbol{E}}$ 是面力向量; $\boldsymbol{u}$ 和 $\boldsymbol{p}$ 分别是速度和压力的未知结点值向量; $\dot{\boldsymbol{p}}$ 和 $\boldsymbol{a}$ 分别表示压力和速度在参考系固定时的时间导数 (又称速度网格导数).

$$M_{rs}^{p(e)} = \int_{V^{(e)}} \psi_r \frac{1}{B}\psi_s \mathrm{d}V$$

$$B_{rs}^{p(e)} = \int_{V^{(e)}} \frac{c_i}{B}\psi_r\psi_{s,i}\mathrm{d}V$$

$$M_{\alpha\beta}^{p(e)} = \int_{V^{(e)}} \left(\phi_\alpha + \frac{kc_n}{\|c\|^2}\phi_{\alpha,n}\right)\phi_\beta \mathrm{d}V$$

$$B_{\alpha\beta}^{p(e)} = \int_{V^{(e)}} \left(\phi_\alpha + \frac{kc_n}{\|c\|^2}\phi_{\alpha,n}\right)c_j\phi_{\beta,j}\mathrm{d}V$$

$$C_{ris}^{p(e)} = \int_{V^{(e)}} \phi_{\alpha i}\psi_s \mathrm{d}V$$

$$D_{\alpha i\beta j}^{(e)} = \nu\left\{\int_{V^e}(\phi_{\alpha,k}\phi_{\beta,k})\delta_{ij}\mathrm{d}V + \int_{V^e}(\phi_{\alpha,i}\phi_{\beta,j})\mathrm{d}V\right\}$$

$$F_{\alpha i}^{(e)} = \int_{V^{(e)}} \left(\phi_\alpha + \frac{kc_j}{\|c\|^2} \phi_{\alpha,j} \right) f_i \mathrm{d}V$$

$$E_{\alpha i}^{(e)} = \int_{S^{(e)}} \phi_\alpha \hat{\sigma}_i \mathrm{d}S$$

有限元总体系数矩阵由单元系数矩阵组装而成; 上述有限元离散方程 (4.7)、方程 (4.8) 是半离散形式的方程系统, 可采用时间离散步的预报–多次校正算法进行时间积分求解 (4.1.2 节给出简要介绍); 在每一时间迭代步可根据第 3 章介绍的方法计算网格结点的运动速度, 然后对有限元离散网格结点的空间坐标进行更新, 详细内容可参考文献 [52].

4.1.2 时间离散及迭代格式

4.1.1 节推导出的有限元方程 (4.7) 和方程 (4.8) 是有限元空间离算方程组, 时间域上的离散方案可采取如下预报–多步校正格式进行时间积分.

首先给出流体域初始条件, 则预报–多步校正格式的一般步骤如下.

1) 预测步

计算 u_i、a_i、p 和 $\dot{p}$ 的预报值 $(m=0)$:

$$u_i^{(n+1)(0)} = u_i^n + \Delta t(1 - \gamma_u) a_i^n \tag{4.9a}$$

$$a_i^{(n+1)(0)} = 0 \tag{4.9b}$$

$$p^{(n+1)(0)} = p^n + \Delta t(1 - \gamma_u)\dot{p}^n \tag{1.9c}$$

$$\dot{p}^{(n+1)(0)} = 0 \tag{4.9d}$$

其中, γ_u 和 γ_p 分别是控制变量 a_i 和 $\dot{p}$ 迭代精度的参数, 一般取 $\gamma_u, \gamma_p \geqslant \frac{1}{2}$.

2) 计算余量及校正量

从离散后的动量方程 (4.8) 计算余量 [下述方程中均在 $(n+1)$ 时间步计算, 故省略上标; m 表示迭代次数, 而速度网格导数采用分步格式计算]:

(1) 计算速度网格导数中间校正量 $\Delta \tilde{a}_i^{(m)}$

$$R_{\alpha i}^{(m)} = M_{\alpha\beta} \Delta a_{\beta i}^{(m)} - \frac{1}{\rho} C_{\alpha i s} \Delta p_s^{(m)} \tag{4.10}$$

其中,

$$R_{\alpha i}^{(m)} = F_{\alpha i} + \hat{E}_{\alpha i} - M_{\alpha\beta} \Delta a_{\beta i}^{(m)} - \frac{1}{\rho} C_{\alpha i s} \Delta p_i^{(m)} - B_{\alpha\beta} u_{\beta j}^{(m)} - D_{\alpha i \beta j} u_{\beta j}^{(m)} \tag{4.11}$$

在方程 (4.10) 中忽略压力增量并计算速度网格导数的中间值 $\Delta \tilde{a}_i^{(m)}$

$$M_{\alpha\beta} \Delta \tilde{a}_{\beta i}^{(m)} = M_{\alpha\beta} \Delta a_{\beta i}^{(m)} - \frac{1}{\rho} C_{\alpha i s} \Delta p_s^{(m)} \tag{4.12}$$

再结合方程 (4.10) 得到

$$M_{\alpha\beta}\Delta\tilde{a}_{\beta i}^{(m)} = R_{\alpha i}^{(m)} \tag{4.13}$$

(2) 计算压力校正量 $\Delta p^{(m)}$, 根据压力增量 Poisson 方程

$$A_{rs}\Delta p_s^{(m)} = Q_r \tag{4.14}$$

可计算出压力校正量 $\Delta p^{(m)}$, 其中方程系数矩阵 A_{rs} 和向量 Q_r 的表示式将在本节结尾推导.

(3) 计算网格导数校正量 $\Delta a_i^{(m)}$, 由方程 (4.12) 可得

$$M_{\alpha\beta}\Delta a_{\beta i}^{(m)} = M_{\alpha\beta}\Delta\tilde{a}_{\beta i}^{(m)} + \frac{1}{\rho}C_{\alpha is}\Delta p_s^{(m)} \tag{4.15}$$

3) 迭代校正步

根据以上所得到的增量可对各变量进行校正:

$$u_i^{(m+1)} = u_i^m + \gamma_u\Delta t a_i^m \tag{4.16a}$$

$$a_i^{(m+1)} = a_i^{(m)} + \Delta a_i^{(m)} \tag{4.16b}$$

$$p^{(m+1)} = p^{(m)} + \Delta p^{(m)} \tag{4.16c}$$

$$\dot{p}^{(m+1)} = \dot{p}^{(m)} + \frac{1}{\gamma_p\Delta t}\Delta p^{(m)} \tag{4.16d}$$

校正计算中应考虑变量应满足的边界条件.

4) 网格更新

在以上的每一迭代步骤中, 可根据第 3 章介绍的网格更新方案首先计算网格结点的运动速度, 然后求出有限元网格结点的空间坐标进而进行网格更新. 文献 [52] 根据网格速度的定义在每一时间步建立相应的有限元方程来求解网格速度; 而这一方程的求解需在每一时间步内的每一迭代步骤进行, 所以计算量较大. 如果将第 3 章的网格更新方案与 SUPG 有限元格式相结合则可大大降低计算机耗时而提高计算效率.

现在给出步骤 2) 中计算压力校正量 Poisson 方程的推导如下:

首先计算不考虑压力增量的贡献而仅由 $\Delta\tilde{a}_i^{(m)}$ 所修正的中间速度 $\tilde{u}_i$

$$\tilde{u}_i^{(m)} = u_i^{(m)} + \gamma_u\Delta t\Delta\tilde{a}_i^{(m)} \tag{4.17}$$

由式 (4.17) 和方程 (4.15) 及方程 (4.16a), 校正后的速度可表示为

$$u_{\beta i}^{(m+1)} = \tilde{u}_{\beta i}^{(m)} + \frac{\gamma_u\Delta t}{\rho}M_{\alpha\beta}^{-1}C_{\alpha is}\Delta p_s^{(m)} \tag{4.18}$$

将式 (4.18) 两端同乘以 $C_{\beta ir}^{\mathrm{T}}$ 得

$$C_{\beta ir}^{\mathrm{T}} u_{\beta i}^{(m+1)} = C_{\beta ir}^{\mathrm{T}} \tilde{u}_{\beta i}^{(m)} + \frac{\gamma_u \Delta t}{\rho} C_{\beta ir}^{\mathrm{T}} M_{\alpha\beta}^{-1} C_{\alpha is} \Delta p_s^{(m)} \tag{4.19}$$

由方程 (4.7) 及方程 (4.16d) 可得到

$$M_{rs}^p \left(\dot{p}_s^{(m)} + \frac{1}{\gamma_p \Delta t} \Delta p_s^{(m)} \right) + B_{rs}^p p_s^{(m)} + C_{\alpha is}^{\mathrm{T}} u_{\alpha i}^{(m)} = 0 \tag{4.20}$$

将方程 (4.20) 与方程 (4.19) 两端分别相减并整理得

$$\left[\frac{\gamma_u \Delta t}{\rho} C_{\beta ir}^{\mathrm{T}} M_{\alpha\beta}^{-1} C_{\alpha is} + \frac{1}{\gamma_p \Delta t} M_{rs}^p + B_{rs}^p \right] \Delta p_s^m = - \left[C_{\beta ir}^{\mathrm{T}} \tilde{u}_{\beta i}^{(m)} + M_{rs}^p \dot{p}_s^{(m)} + B_{rs}^p p_s^{(m)} \right]$$

令

$$A_{rs} = \frac{\gamma_u \Delta t}{\rho} C_{\beta ir}^{\mathrm{T}} M_{\alpha\beta}^{-1} C_{\alpha is} + \frac{1}{\gamma_p \Delta t} M_{rs}^p + B_{rs}^p \tag{4.21}$$

$$Q_r^{(m)} = - \left[C_{\beta ir}^{\mathrm{T}} \tilde{u}_{\beta i}^{(m)} + M_{rs}^p \dot{p}_s^{(m)} + B_{rs}^p p_s^{(m)} \right] \tag{4.22}$$

由此便得到式 (4.14). 对于完全不可压缩流体有 $\boldsymbol{M}^p = 0$, $\boldsymbol{B}^p = 0$, 则 $\dot{p}$ 不出现在半离散方程 (4.7) 中, 因而压力的计算将不依赖于 γ_p.

4.2 ALE 描述下 Navier-Stokes 方程的速度修正格式

第 2 章详述了几种不同的有限元分步格式, 本章则针对其中的速度修正格式推导出对应的 ALE 算法实现步骤. 如前所述, 速度修正法是把离散的运动方程分成两部分: 速度项和压力项. 在运动方程中舍弃压力项可求出所谓的中间速度, 中间速度并不满足连续方程, 而压力方程即 Poisson 方程可由连续条件推出.

将 ALE 描述下的不可压缩黏性流体的 Navier-Stokes 方程即动量方程 (3.50b) 和连续方程 (3.37b) 写成如下形式:

$$\frac{\mathrm{d} u_i}{\mathrm{d} t} = -c_j u_{i \cdot j} - \frac{1}{\rho} p_{\cdot i} + v(u_{i \cdot j} + u_{j \cdot i})_{\cdot j} + f_i \tag{4.23}$$

$$u_{i \cdot i} = 0 \tag{4.24}$$

用向前差分公式将式 (4.23) 中的网格导数离散为

$$\frac{\mathrm{d} u_i}{\mathrm{d} t} \approx \frac{u_i^{n+1} - u_i^n}{\Delta t} \tag{4.25}$$

式 (4.23) 右端与时间有关的量可表示为 t^n 时间和 t^{n+1} 时刻值的线性组合, 即

$$u_i = (1 - \theta_u) u_i^{n+1} + \theta_u u_i^n \tag{4.26}$$

$$c_i = (1 - \theta_u) c_i^{n+1} + \theta_u c_i^n \tag{4.27}$$

$$p = (1 - \theta)p^{n+1} + \theta_u o^n \tag{4.28}$$

$$f_i = (1 - \theta)f_i^{n+1} + \theta f_i^n \tag{4.29}$$

其中, θ_u 可取 $0, \dfrac{1}{2}$ 和 1; θ 可取 0 和 $\dfrac{1}{2}$(由于 p 是线性的待求量, 因此 θ 不能取 1).

本章采用 Euler 显式格式: $\theta_u = 1, \theta = 0$, Navier-Stokes 方程组的时间离散方程为

$$u_i^{n+1} = u_i^n - \Delta t\left[c_j^n u_{i\cdot j}^n + \frac{1}{\rho}p_{\cdot i}^{n+1} - v(u_{i\cdot j}^n + u_{j\cdot i}^n)_{\cdot j} - f_i^{n+1}\right] \tag{4.30}$$

$$u_{i\cdot i}^{n+1} = 0 \tag{4.31}$$

将 u_i^{n+1} 分裂成两项, 即

$$u_i^{n+1} = \tilde{u}_i^{n+1} + \Delta u_i \tag{4.32}$$

而 $\tilde{u}_i^{n+1}$ 称为中间速度, 它满足舍去压力项的动量方程 (4.30), 即

$$\tilde{u}_i^{n+1} = u_i^n - \Delta t[c_j^n u_{i\cdot j}^n - v(u_{i\cdot j}^n + u_{j\cdot i}^n)_{\cdot j} - f_i^{n+1}] \tag{4.33}$$

速度的修正可由压力项确定, 即

$$\Delta u_i = u_i^{n+1} - \tilde{u}_i^{n+1} = -\frac{\Delta t}{\rho}p_{\cdot i}^{n+1} \tag{4.34}$$

因此方程 (4.32) 可写为

$$u_i^{n+1} = \tilde{u}_i^{n+1} - \frac{\Delta t}{\rho}p_{\cdot i}^{n+1} \tag{4.35}$$

对式 (4.35) 两端取散度并代入连续方程 (4.31), 则可得压力 Poisson 方程:

$$p_{\cdot ii}^{n+1} = \frac{\rho}{\Delta t}\tilde{u}_{i\cdot i}^{n+1} \tag{4.36}$$

　　数值实验表明在引入中间速度时, 不是舍弃整个压力项, 而是舍弃压力增量项, 则改进后的计算效果明显比前者要好. 按上述推导过程, 可把改进的分步格式总结如下.

　　(1) 计算中间速度 $\tilde{u}_i^{n+1}$:

$$\tilde{u}_i^{n+1} = u_i^n - \Delta t\left[c_j^n u_{i\cdot j}^n + \frac{1}{\rho}p_{\cdot i}^n - v(u_{i\cdot j}^n + u_{j\cdot i}^n)_{\cdot j} - f_i^{n+1}\right] \tag{4.37}$$

　　(2) 由泊松方程求出压力 p^{n+1}:

$$p_{\cdot ii}^{n+1} = \frac{\rho}{\Delta t}\tilde{u}_{i\cdot i}^{n+1} + p_{\cdot ii}^n \tag{4.38}$$

　　(3) 求出 $n + 1$ 时刻的速度:

$$u_i^{n+1} = \tilde{u}_i^{n+1} - \frac{\Delta t}{\rho}(p_{.i}^{n+1} - p_{.i}^n) \tag{4.39}$$

(4) u_i^{n+1} 代替 u_i^n 进入下一时间步的循环.

这里需特别说明的是: 以上引入的中间速度其物理意义并不明显, 因此在求解中间速度时无需引入速度边界条件. 如果在求解中间速度时强行施加边界条件将导致计算结果发散.

4.3 ALE 分步有限元方法

流体力学中的有限元分析, 主要建立在 Ritz 和 Galerkin 法基础上. Galerkin 方法不仅适应于对称算子, 而且对一般算子方程也可以进行计算, 因此它具有较强的适应性. 本章将用 Galerkin 方法建立求解大幅晃动问题的有限元离散方程.

改进后的速度修正格式式 (4.37)∼ 式 (4.39) 所对应的 Galerkin 积分为

$$\int_V \tilde{u}_i^{n+1}\delta\tilde{u}_k dv = \int_V \left\{ u_i^n - \Delta t\left[c_j^n u_{i\cdot j}^n + \frac{1}{\rho}p_{.i}^n - v(u_{i\cdot j}^n + u_{j\cdot i}^n)_{.j} - f_i^{n+1}\right]\right\}\delta\tilde{u}_k dv \tag{4.40}$$

$$\int_V \delta p_{.ii}^{n+1}\delta p dv = \int_V \left(\frac{\rho}{\Delta t}\tilde{u}_{i\cdot i}^{n+1} + p_{.ii}\right)\delta p dv \tag{4.41}$$

$$\int_V u_i^{n+1}\delta u_k dv = \int_V \left[\tilde{u}_i^{n+1} - \frac{\rho}{\Delta t}(p_{.i}^{n+1} - p_{.i}^n)\right]\delta u_k dv \tag{4.42}$$

利用 Gree-Gauss 公式进行分步积分可以得到式 (4.40)∼ 式 (4.42) 所对应的 Galerkin 弱表示方程:

$$\begin{aligned}
\int_V \tilde{u}_i^{n+1}\delta\tilde{u}_k dv = &\int_V u_i^n\delta\tilde{u}_k dv - \Delta t\left[\int_V c_j^n u_{i\cdot j}^n\delta\tilde{u}_k dv - \int_V \frac{1}{\rho}p^n\delta\tilde{u}_{k\cdot i}dv\right.\\
&+ \int_V \nu(u_{i\cdot j}^n + u_{j\cdot i})\delta\tilde{u}_{k\cdot j}dv - \int_S v(u_{ji\cdot j}^n + u_{j\cdot i}^n)\delta\tilde{u}_k n_j ds\\
&\left.- \int_V f_i^{n+1}\delta\tilde{u}_k dv\right]
\end{aligned} \tag{4.43}$$

$$\begin{aligned}
\int_V p_{.i}^{n+1}\delta p_{.i}dv = &-\frac{\rho}{\Delta t}\int_V \tilde{u}_{i\cdot j}^{n+1}\delta p dv + \int_V p_{.i}^n\delta p_{.i}dv + \int_S p_{.i}^{n+1}n_i\delta p ds\\
&- \int_S p_{.i}^n n_i\delta p ds
\end{aligned} \tag{4.44}$$

$$\int_V u_i^{n+1}\delta u_k dv = \int_V \tilde{u}_i^{n+1}\delta u_k dv - \frac{\Delta t}{\rho}\int_V (p_{.i}^{n+1} - p_{.i}^n)\delta u_k dv \tag{4.45}$$

其中, n_i 是边界法向量, 而下指标取值为 $i, j, k = 1, 2, 3$.

方程 (4.43) 中需引入应力自然边界条件:

$$\left(-\frac{p}{\rho}\delta_{ij} + v(u_{i\cdot j}^n + u_{j\cdot i}^n)\right)n_j = \frac{\bar{p}n_i}{\rho}, \quad \text{在自由面 } S_{\mathrm{f}} \text{ 上} \qquad (4.46)$$

方程 (4.44) 需要考虑本质边界条件:

$$p^{n+1} = \bar{p}, \quad \text{在自由面 } S_{\mathrm{f}} \text{ 上} \qquad (4.47)$$

对方程 (3.23) 式本文采用完全滑移边界条件:

$$u_i^{n+1} \cdot n_i = 0, \quad \text{在壁面 } S_{\mathrm{W}} \text{ 上} \qquad (4.48)$$

此外方程 (4.45) 中所需的压力梯度边界条件可由式 (4.30) 和式 (4.48) 推出:

$$p_{\cdot i}^{n+1} n_i = \rho f_i^{n+1} n_i, \quad \text{在壁面 } S_{\mathrm{W}} \text{ 上} \qquad (4.49)$$

在一般有限元方法中, 我们对速度采用 (比对压力所采用) 阶数更高的插值即混合插值, 使得速度的空间导数和压力具有同阶近似, 因为要得到压力就要把速度应变的倍数与压力相加 [见本构关系式 (3.50c)]. 而对于有限元分步法来说速度和压力由相互独立的方程求解, 故可采用同阶插值, 即可设

$$u_i = \phi_\alpha u_{\alpha i} \qquad (4.50\mathrm{a})$$

$$\tilde{u}_i = \phi_\alpha \tilde{u}_{\alpha i} \qquad (4.50\mathrm{b})$$

$$p = \phi_\alpha u_\alpha \qquad (4.51)$$

$$\delta u_i = \phi_\alpha \delta u_{\alpha i} \qquad (4.52\mathrm{a})$$

$$\delta \tilde{u}_i = \phi_\alpha \delta \tilde{u}_{\alpha i} \qquad (4.52\mathrm{b})$$

$$\delta p = \phi_\alpha \delta p_\alpha \qquad (4.53)$$

其中, ϕ_α 是插值函数, 而 $u_{\alpha i}$ 和 p_α 表示有限元的第 α 个结点的速度第 i 个分量值和压力值. 将上述插值函数代入积分方程 (4.43)$\sim$ 方程 (4.45), 吸收自然边界条件式 (4.46) 和式 (4.49) 并注意 $\delta u_{\alpha i}$、$\delta \tilde{u}_{\alpha i}$ 和 δp_α 的任意性导出有限元数值离散方程如下:

$$M_{\alpha\beta}^{n+1}\tilde{u}_{\beta i}^{n+1} = M_{\alpha\beta}^n u_{\beta i}^n - \Delta t\left[B_{\alpha\beta}^n u_{\beta i}^n - \frac{1}{\rho}C_{\alpha\beta i}^n p_\beta^n + D_{\alpha i\beta j}^n u_{\beta j}^n - F_{\alpha i}^{n+1} - \hat{E}_{\alpha i}^{n+1}\right] \qquad (4.54)$$

$$M_{\alpha\beta}^{n+1}p_\beta^{n+1} = -\frac{\rho}{\Delta t}C_{\alpha\beta i}^n \tilde{u}_{\beta i}^{n+1} + A_{\alpha\beta}^n p_\beta^n + \hat{Q}_\alpha^{n+1} - \hat{Q}_\alpha^n \qquad (4.55)$$

$$M_{\alpha\beta}^{n+1}u_{\beta i}^{n+1} = M_{\alpha\beta}^{n+1}\tilde{u}_{\beta i}^{n+1} - \frac{\Delta t}{\rho}[C_{\alpha\beta i}^{n+1}p_\beta^{n+1} - C_{\alpha\beta i}^n p_\beta^n] \qquad (4.56)$$

其中单元系数矩阵按下式求得:

$$M_{\alpha\beta}^{(e)} = \int_{V^e} \phi_\alpha \phi_\beta \mathrm{d}V$$

$$B_{\alpha\beta}^{(e)} = \int_{V^e} \phi_\alpha \phi_{\beta \cdot j} c_j^n \mathrm{d}V$$

$$C_{\alpha\beta i}^{(e)} = \int_{V^e} \phi_\alpha \phi_{\beta \cdot i} \mathrm{d}V$$

$$D_{\alpha i\beta j}^{(e)} = \nu \left\{ \int_{V^e} (\phi_{\alpha,k}\phi_{\beta,k})\delta_{ij}\mathrm{d}V + \int_{V^e}(\phi_{\alpha,i}\phi_{\beta,j})\mathrm{d}V \right\}$$

$$F_{\alpha i}^{(e)} = \int_{V^e} \phi_\alpha f_i \mathrm{d}V$$

$$\hat{E}_{\alpha i}^{(e)} = \int_{V^e} \phi_\alpha \frac{\bar{p}n_i}{\rho}\mathrm{d}S$$

$$A_{\alpha\beta}^{(e)} = \int_{V^e} \phi_{\alpha,i}\phi_{\beta,i}\mathrm{d}V$$

$$\hat{Q}^{(e)} = \int_{S^e} \phi_\alpha \rho f_i n_i \mathrm{d}S$$

在以上各式中, α, β 表示单元的结点数目, $i, j (= 1, 2, 3)$ 表示空间维数.

由于 t^{n+1} 时刻的自由液面位置是未知的, 那么 t^{n+1} 时刻的系数矩阵也是未知的, 因此需要迭代求解有限元方程 (4.54)~ 方程 (4.56), 具体求解步骤可总结如下:

(1) 设 $m = 0, u_i^{(n+1)(0)} = u_i^n$.

(2) 结点坐标 $x^{(n+1)(m+1)}$ 的计算:

$$x_i^{(n+1)(m+1)} = x^n + \frac{\Delta t}{2}\left[\hat{u}_i^n + \hat{u}_i^{(n+1)(m+1)}\right]$$

式中网格运动速度 $\hat{u}_i$ 按式 (3.71) 及网格的运动方式设计而计算. 根据网格点的新坐标可计算出 t^{n+1} 时刻有限元离散方程中的系数矩阵.

(3) 由方程 (4.54) 求解中间速度 $\tilde{u}_i^{(n+1)(m+1)}$.

(4) 由方程 (4.55) 求解压力 $p^{(n+1)(m+1)}$.

(5) 由方程 (4.56) 求解速度 $u_i^{(n+1)(m+1)}$.

(6) 检验如下的收敛准则:

$$\frac{\max\left|u^{(n+1)(m+1)} - u^{(n+1)(m)}\right|}{1.0 + \max\left|u^{(n+1)(m+1)}\right|} < \varepsilon$$

若不满足且未达到限定的迭代次数, 则 $m \Leftarrow m + 1$, 返回 (2).

(7) $u_i^{(n+1)(m+1)}$ 代替 u_i^n, 进入下一时间步的计算.

针对以上算法可编制计算机仿真程序, 计算流程图如图 4.1 所示:

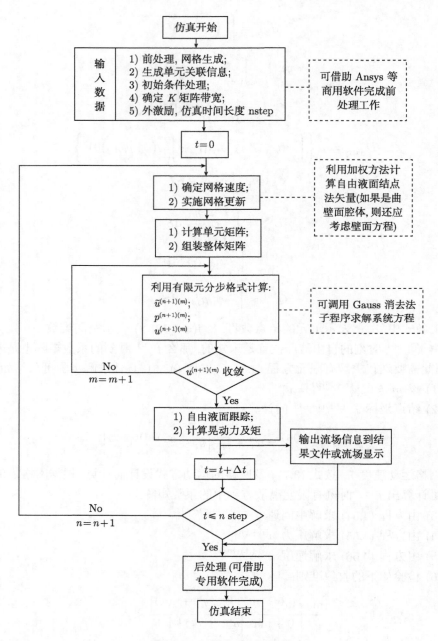

图 4.1　计算程序流程图

　　为了读者便于学习和掌握 ALE 有限元方法, 附录二中给出了二维液体大幅晃动的计算机仿真程序; 二维程序经过适当扩展可得到三维液体大幅晃动计算仿真程序. 程序中包括 1 个主程序、17 个子程序, 程序中附有较为详细的英文说明及注释. 以下仅给出关键注释行说明及子程序模块的功能注释 (表 4.1).

表 4.1　液体大幅晃动 ALE 有限元仿真程序部分语句说明及注释

序号	程序语句功能	程序语句内容	程序语句注释
1	说明语句	NDE = number of nodes	结点总数
2	说明语句	MEL = number of elements	单元总数
3	说明语句	NE(MEL,4)—table of node numbers by element	单元关联信息表
4	说明语句	X(NDE,2)—coordinates at n time point	第 n 时间步结点坐标
5	说明语句	X1(NDE,2)—coordinates at (n+1) time point	第 $n+1$ 时间步结点坐标
6	说明语句	VELO(NDE,2)—velocity at n time point	第 n 时间步速度
7	说明语句	VELM(nde,2)—velocity of the iterate (m) at (n+1) time	第 $n+1$ 时间步第 m 次迭代速度
8	说明语句	VEL1(NDE,2)—velocity of the iterate (m+1) at (n+1) time point	第 $n+1$ 时间步第 $m+1$ 次迭代速度
9	说明语句	VELT(NDE,2)—intermediate velocity at (n+1) time point	第 $n+1$ 时间步中间速度
10	说明语句	PRES(NDE)—pressure at n time point	第 n 时间步压力
11	说明语句	PRS1(NDE)—pressure at (n+1) time point	第 $n+1$ 时间步压力
12	说明语句	DPRS(nde)—dynamic pressure at (n+1) time point	第 $n+1$ 时间步晃动压力
13	说明语句	VSW(ISW,2)—velocity value of Dirichlet boundary condition on Sw	壁面上 Dirichlet 边界条件速度值
14	说明语句	PSF(ISF)—pressure value of Dirichlet boundary condition on Sf	自由面上 Dirichlet 边界条件压力值
15	说明语句	RV(NDE,2)—right vector of equation to solve VELT or VEL1	求解速度的方程右矢量
16	说明语句	RP(NDE,2)—right vector of equation to solve PRS1	求解压力的方程右矢量
17	说明语句	CV(NDE,2)—convective velocity, cv=u-w, w is velocity of mesh	对流速度
18	说明语句	BND(NDE,NDE)—band matrix for using band method to solve equations	带宽矩阵
19	说明语句	SFNN(NX,2)—The normal vector of the nods on Sf	自由面结点法矢量
20	说明语句	NSF(NX)—array of the node numbers of the free surface	自由液面结点数信息表

续表

序号	程序语句功能	程序语句内容	程序语句注释
21	说明语句	NWR(NY)—array of the node number of the right boundary	右壁面结点数信息表
22	说明语句	NWL(NY)—array of the node number of the left boundary	左壁面结点信息表
23	说明语句	MWB(MX)—array of the element number of the bottom boundary	储腔地面单元信息表
24	说明语句	LBND—half width of band	半带宽
25	说明语句	ILB—width of band. ILB=2*LBND+1	带宽
26	说明语句	Nx—the node number on x axis	横轴上的结点数
27	说明语句	Ny—the node number on y axis	纵轴上的结点数
28	说明语句	Mx—the element number along x axis direction. (mxy=jsf)	沿横轴方向的单元数
29	说明语句	My—the element number along y axis direction	沿纵轴方向的单元数
30	说明语句	ISF—the node number on the free surface	自由液面上的结点数
31	说明语句	IWR—the node number on the right boundary	右壁面上的结点数
32	说明语句	IWL—the node number on the left boundary	左壁面上的结点数
33	说明语句	IWM—the node number of the middle axis	中轴 (中心面) 上的结点数
34	说明语句	JSF—the element numbers of the free surface	自由液面上的单元数
35	说明语句	JWR—the element number of the right boundary	右壁面上的单元数
36	说明语句	JEL—the element number of the left boundary	左壁面上的单元数
37	子程序	SUBROUTINE GBNM(NDE,MEL, lbnd,ilb,X,NE,BNM,CV)	部分有限元总体矩阵组装
38	子程序	SUBROUTINE ebij(n,nde, mel,x,ne,bij,cv)	计算部分单元系数矩阵
39	子程序	SUBROUTINE GGDFAC(NDE,MEL, lbnd,ilb,X,NE,GNM, DN1M1,DN1M2,dn2m1,dn2m2,FNK, F,ANM,CNM1,CNM2)	部分有限元总体矩阵组装 (如对流矩阵、体力矩阵等)
40	子程序	SUBROUTINE EGDFAC(N,NDE,MEL,X,NE, GIJ,DI1J1,DI1J2,DI2J1, di2j2,fIK,F,AIJ,CIJ1, CIJ2)	计算部分单元系数矩阵
41	子程序	SUBROUTINE GGAC(NDE,MEL,lbnd, ilb,X,NE,GNM,ANM,CNM1,CNM2)	部分有限元总体矩阵组装 (耗散矩阵、质量矩阵、压力矩阵等)

续表

序号	程序语句功能	程序语句内容	程序语句注释
42	子程序	SUBROUTINE EGAC(N,NDE, MEL,X,NE,GIJ,AIJ,CIJ1,CIJ2)	计算部分单元系数矩阵
43	子程序	SUBROUTINE gqn(nde,mel,x,ne,mx,my, msf,mwl,mwr,mwb,qn,f)	整体通量矩阵
44	子程序	SUBROUTINE eqi(i1,i2,x,nde,qi,f)	单元通量矩阵计算
45	子程序	SUBROUTINE force(nde,mel,x,ne,mx, my,msf,mwl,mwr,mwb, ffx,ffy,fmx,dprs)	求解晃动力及力矩
46	子程序	SUBROUTINE eforce(i1,i2,x,nde, ffxi,ffyi,fmxi,dprs)	单元晃动力及力矩
47	子程序	SUBROUTINE nbc(nx,ny, nwl,nwr,nsf,nwb)	结点数总表
48	子程序	SUBROUTINE ebc(mx,my,msf,mwb,mwl,mwr)	单元数组表
49	子程序	SUBROUTINE ne2d(mel,nx,mx,ny,ne)	结点与单元关联矩阵表
50	子程序	SUBROUTINE xy2d(nde,nx,ny,x,xh,yh)	结点坐标存储
51	子程序	SUBROUTINE band2(n,m1,ilb,anm,a,b,isw)	定带宽矩阵存储
52	子程序	SUBROUTINE sfens(nde,mel,x, ne,msf,mx,sfen,sfes)	自由液面上单元法矢量计算
53	子程序	SUBROUTINE gsfnn(nx,mx,sfnn,thc,sfen,sfes)	自由液面上结点法向矢量计算

4.4　注　记

　　本章分别推导了 ALE 流线迎风有限元计算格式和 ALE 分步有限元计算格式, 在实际应用中可将这两种方法相结合使得能够处理自由液面流动问题中的强对流效应. 关于流体力学中的固壁条件的处理, 一般文献中所提出的是黏性边界条件即法向速度和切向速度都作为定解条件而加以限制, 这一条件也称为无滑移条件. 该条件的提出是建立在边界层的假设之下的, 但在大雷诺 (Reynolds) 数时, 黏性的作用在很小的尺度范围内才显示出来; 在 $Re \to \infty$ 时, 这个边界尺度趋于零, 因此要求的计算网格非常细密以至于在现有的计算机条件下不可能实现. 本文采用无黏流时固壁面上法向无穿透条件, 这一条件也称为滑移条件, 即壁面上允许存在切向滑移速度, 它实际上表示在壁面上紧贴着一层切向速度剧烈变化的厚度无限薄的边界层.

第 5 章 液体晃动的基本理论简介

晃动是指受扰容器内液体自由表面的运动 (或振动). 运动或静止储液腔中的液体晃动问题在航天航空、民用、核工程、物理、公路运输、水上运输、数学等领域都受到极大的关注[66]. 以下对液体晃动的基本理论加以简要介绍, 以便读者了解后续各章节的相关内容.

5.1 液体晃动的基本方程

有众多学者采用解析方法研究了不同几何形状充液腔体的液体晃动动力学[66~71]. 假设腔壁是刚性的且不可渗透, 并假设液体无黏、不可压且无旋; 此外, 在重力场中不考虑自由液面张力的毛细力 (但考虑某些简单工况下的表面张力效应), 则可得到密闭腔中液体运动方程的简化形式. 若充液腔体受到初始扰动或激励, 则其必将发生自由液面晃动现象. 当系统变量在某移动坐标系中取值时, 则在该动坐标系中建立流体域控制方程比较方便. 有时则需要同时考虑惯性坐标系和动坐标系中的流体运动方程 (图 5.1), 暂且假定腔体做无转动的平面运动.

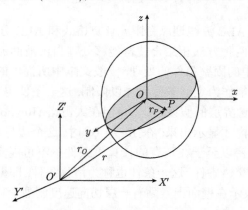

图 5.1 惯性及运动坐标系中的充液腔模型

设 $O'X'Y'Z'$ 表示固定的 Cartesian 坐标系, 则流体运动的 Euler 方程可表示为如下的向量形式:

$$\frac{\partial}{\partial t}\boldsymbol{q} + (\boldsymbol{q} \cdot \boldsymbol{\nabla})\boldsymbol{q} = -\frac{1}{\rho}\boldsymbol{\nabla}P - \boldsymbol{\nabla}(gZ') \tag{5.1}$$

其中, q 是流体速度; $\partial q/\partial t$ 是流体质点的局部加速度; $(q\cdot\nabla)q$ 是流体质点的对流加速度; P 是流体压力; gZ' 是重力场势函数, 而 ∇ 则表示梯度算子. 对流加速度 $(q\cdot\nabla)q$ 也可表示为如下形式:

$$(q\cdot\nabla)q = \frac{1}{2}\nabla q^2 - q\times(\nabla\times q) = \frac{1}{2}\nabla q^2 \tag{5.2}$$

根据无旋假设可对上式积分得到

$$\frac{P}{\rho} + \frac{1}{2}q^2 + gZ' - \frac{\partial\Phi}{\partial t} = C(t) \tag{5.3}$$

其中, $C(t)$ 是时间的任意函数. 方程 (5.3) 是非稳态流 Kelvin 方程的一般形式, 方程中速度势函数 Φ 是时间和空间的函数; 其关于时间的导数表示流动的非稳态性质. 此外, $\partial\Phi/\partial t$ 也可解释为在坐标 (X', Y', Z') 处流体单位质量微团所做的功. 方程 (5.3) 仅仅适用于不可压流, 其连续方程 $\nabla\cdot q = 0$ 对应于 Laplace 方程:

$$\nabla^2\Phi = 0 \tag{5.4}$$

设 $Oxyz$ 为固结于充液腔体的坐标系, 其坐标面 Oxy 与非扰动时的自由液面重合; V_0 表示动坐标系原点 O 相对于固定坐标系原点 O' 的相对速度; 势函数 Φ 在固定坐标系 $O'X'Y'Z'$ 中某一固定点的时间变化率可在动坐标系 Oxy 中表示为 $(\partial/\partial t - V_0\cdot\nabla)\Phi$; 此时, 固定点以速度 $-V_0$ 相对于动坐标系运动. 由此, 关于压力的方程 (5.3) 有如下形式:

$$\frac{P}{\rho} + \frac{1}{2}q^2 + gZ' - \frac{\partial\Phi}{\partial t} + V_0\cdot\nabla\Phi = C(t) \tag{5.5a}$$

流体质点相对于动坐标系的速度 q_{rel} 为

$$q_{\mathrm{rel}} = q - V_0 = -\nabla\Phi - V_0 \tag{5.5b}$$

利用上式, q 可由 q_{rel} 和 V_0 表示, 由此得到

$$\frac{P}{\rho} + \frac{1}{2}q_{\mathrm{rel}}^2 + gZ' - \frac{\partial\Phi}{\partial t} - \frac{1}{2}V_0^2 = C(t) \tag{5.5c}$$

方程 (5.5a) 由固定坐标系中绝对速度表述, 而方程 (5.5c) 则由相对于动坐标系的相对速度表述. 在自由液面上, 方程 (5.5a) 中的压力值可取为环境压力值或取零值, 这样就得到边界条件:

$$\frac{1}{2}(\nabla\Phi\cdot\nabla\Phi) + g\eta - \frac{\partial\Phi}{\partial t} + V_0\cdot\nabla\Phi = 0 \tag{5.6}$$

其中, 函数 $C(t)$ 已包括在势函数 Φ 中. 在自由页面 $z = \eta(r,\theta,t) = \eta(x,y,t)$ 上, 流体质点在铅垂方向上的速度应等于自由液面本身在铅垂方向上的运动速度; 这一条件就是熟知的运动学边界条件并可表示为

$$-\frac{\partial \Phi}{\partial z} = \frac{\partial \eta}{\partial t} + \boldsymbol{q}_{\mathrm{rel}} \cdot \boldsymbol{\nabla} \eta \tag{5.7}$$

在湿润的刚性腔壁和腔底, 任一点处与边界垂直的流体质点速度分量应等于固壁上相应点处的对应速度分量. 如假设储液腔在铅垂面内运动, 则可分别得到 Cartesian 坐标和柱坐标系下的速度向量表达式:

$$\boldsymbol{V}_0 = \dot{X}_0 \boldsymbol{i} + \dot{Z}_0 \boldsymbol{k} \tag{5.8a}$$

$$\boldsymbol{V}_0 = (\dot{X}_0 \cos\theta)\boldsymbol{i}_r + (\dot{X}_0 \sin\theta)\boldsymbol{i}_\theta + \dot{Z}_0 \boldsymbol{i}_z \tag{5.8b}$$

有些情况下, 需要将整体势函数 Φ 分解为扰动势函数项 $\tilde{\Phi}$ 与另一代表储液腔运动的势函数项 Φ_0 之和

$$\Phi = \tilde{\Phi} + \Phi_0 \tag{5.9}$$

对方程 (5.8) 进行积分可得到势函数项 Φ_0:

$$\Phi_0 = -\dot{X}_0 r \cos\theta - \dot{Z}_0 z - \frac{1}{2} \int (\dot{X}_0^2 + \dot{Z}_0^2) \mathrm{d}t \tag{5.10}$$

根据计算自由液面两侧压力差的如下 Laplace-Young 公式, 可将表面张力 σ 引入到压力边界条件中:

$$p_s = \sigma \left(\frac{1}{R_2} + \frac{1}{R_2} \right) \tag{5.11}$$

其中, R_1 和 R_2 是自由液面曲率的主半径. 由扰动势函数表示的全部边界条件可表示如下.

(1) 对于圆柱形充液腔:

$$\boldsymbol{\nabla}^2 \tilde{\Phi} = 0 \tag{5.12a}$$

$$\left. \frac{\partial \tilde{\Phi}}{\partial r} \right|_{r=R} = 0 \tag{5.12b}$$

$$\left. \frac{\partial \tilde{\Phi}}{\partial z} \right|_{z=-h} = 0 \tag{5.12c}$$

$$\frac{1}{2}(\boldsymbol{\nabla}\tilde{\Phi} \cdot \boldsymbol{\nabla}\tilde{\Phi}) + (g + \ddot{Z}_0)\eta - \frac{\partial \tilde{\Phi}}{\partial t} + \frac{\sigma}{\rho}\left(\frac{1}{R_1} + \frac{1}{R_2}\right) + \ddot{X}_0 r \cos\theta = 0, \quad z = \eta(r, \theta, t) \tag{5.12d}$$

$$-\frac{\partial \Phi}{\partial z} = \frac{\partial \eta}{\partial t} - \frac{\partial \eta}{\partial r}\frac{\partial \tilde{\Phi}}{\partial r} - \frac{1}{r^2}\frac{\partial \eta}{\partial \theta}\frac{\partial \tilde{\Phi}}{\partial \theta}, \quad z = \eta(r, \theta, t) \tag{5.12e}$$

圆柱坐标系下的自由液面曲率 κ 可由以下公式表示:

$$\kappa = -\left(\frac{1}{R_1} + \frac{1}{R_2}\right)$$

$$= -\frac{\eta_{rr}(1+(\eta_\theta^2/r^2)) + (1+\eta_r^2)((\eta_r/r)+(\eta_{\theta\theta}/r^2)) - 2\eta_r(\eta_\theta/r^2)(\eta_{rr}+(\eta_\theta/r))}{[1+\eta_r^2+(\eta_\theta^2/r^2)]^{3/2}} \quad (5.13)$$

上式可线性化为

$$\kappa = -\left[\eta_{rr} + \frac{\eta_r}{r} + \frac{\eta_{\theta\theta}}{r^2}\right] \quad (5.14)$$

(2) 对矩形充液腔:

$$\boldsymbol{\nabla}^2 \tilde{\Phi} = 0 \quad (5.15\text{a})$$

$$\left.\frac{\partial \tilde{\Phi}}{\partial x}\right|_{x=\pm a/2} = 0 \quad (5.15\text{b})$$

$$\left.\frac{\partial \tilde{\Phi}}{\partial y}\right|_{y=\pm b/2} = 0 \quad (5.15\text{c})$$

$$\left.\frac{\partial \tilde{\Phi}}{\partial z}\right|_{z=-h} = 0 \quad (5.15\text{d})$$

$$\frac{1}{2}(\boldsymbol{\nabla}\tilde{\Phi} \cdot \boldsymbol{\nabla}\tilde{\Phi}) + (g+\ddot{Z}_0)\eta - \frac{\partial \tilde{\Phi}}{\partial t} + \frac{\sigma}{\rho}\left(\frac{1}{R_1}+\frac{1}{R_2}\right) + \ddot{\boldsymbol{X}}_0 x, \quad z = \eta(x,y,t) \quad (5.15\text{e})$$

$$-\frac{\partial \Phi}{\partial z} = \frac{\partial \eta}{\partial t} - \frac{\partial \eta}{\partial x}\frac{\partial \tilde{\Phi}}{\partial x} - \frac{\partial \eta}{\partial y}\frac{\partial \tilde{\Phi}}{\partial y}, \quad z = \eta(x,y,t) \quad (5.15\text{f})$$

Cartesian 坐标系下的曲率 κ 可由以下公式表示:

$$\kappa = -\left(\frac{1}{R_1} + \frac{1}{R_2}\right) = -\frac{\eta_{xx}(1+\eta_y^2) + \eta_{yy}(1+\eta_x^2) - 2\eta_x\eta_y\eta_{xy}}{[1+\eta_x^2+\eta_y^2]^{3/2}} \quad (5.16)$$

上式可线性化为 $\kappa = -[\eta_{xx}+\eta_{yy}]$.

  对于诸如球形、扁球形以及椭球形等几何形状的充液储腔可采用和以上类似的方法得到系统方程. 注意到势函数 $\tilde{\Phi}$ 所满足的 Laplace 方程 $\boldsymbol{\nabla}^2\tilde{\Phi} = 0$ 是一线性微分方程; 以上边值问题中的非线性特性仅仅体现在自由液面 $z = \eta$ 上的边界条件中. 如果只需要对系统进行模态分析, 则可不考虑自由液面边界条件中的非线性项和非保守项; 如果可以得到势函数的封闭形式解析解, 则根据势函数 $\tilde{\Phi}$ 为时间的谐函数这一假设并利用自由液面上的动力学边界条件就可得到自由液面晃动的固有频率. 推导系统方程的另一非常有效数学工具是结合 Rayleigh-Ritz 方法的变分公式.

5.2 自由液面晃动的变分公式

变分原理基础是选择表述系统动力学行为的某一最佳函数. 设系统的 Lagrange 函数为 $L = T - V$, 则变分原理要求该函数在约束条件下取得最小值 (或最大值), 其中 T 和 V 分别表示系统的动能和势能函数. 变分原理或称 Hamilton 原理表示如下:

$$\delta I = \delta \int_{t_1}^{t_2} (T - V) \mathrm{d}t = 0 \tag{5.17}$$

上式中的积分也称作用函数或主函数, 于是 Hamilton 原理可表述为: 保守完整的力学体系在相同时间间隔 t_1 和 t_2 内, 由某一初位形转移到另一已知位形的一切可能运动中, 真实运动的作用函数具有极值, 即对于真实运动来讲, 作用函数的变分为零. 变分原理的极大优势在于能同时推导出流体运动方程和边界条件. 将动能 $T = \int_v (\rho/2) |\boldsymbol{\nabla} \Phi|^2 \mathrm{d}v$、势能 $V \int_S (\eta/2) \rho g \eta \mathrm{d}S$(其中 v 为流体域体积、S 为液体自由液面) 代入方程 (5.17) 中, 利用 Green 公式 $S \int_v \boldsymbol{\nabla} \Phi \boldsymbol{\nabla} (\delta \Phi) \mathrm{d}v = \int_S \Phi \frac{\partial \delta \Phi}{\partial n} \mathrm{d}S$ 可将体积积分转化为曲面积分并进行变分运算可得到

$$\rho \int_{t_1}^{t_2} \mathrm{d}t \left\{ \iint_S \left\{ \Phi \frac{\partial \delta \Phi}{\partial n} - g \eta \delta \eta \right\} \mathrm{d}S \right\} = -\rho \int_{t_1}^{t_2} \mathrm{d}t \left\{ \iint_S \left\{ \Phi \delta \frac{\partial \eta}{\partial t} + g \eta \delta \eta \right\} \mathrm{d}S \right\} = 0$$

其中, $\boldsymbol{n}$ 是势函数 Φ 等值面上某点的法向矢量, 根据分步积分可进一步得到

$$\rho \int_{t_1}^{t_2} \int_S \left\{ -\frac{\partial \Phi}{\partial t} + g \eta \right\} \delta \eta \mathrm{d}S \mathrm{d}t = 0$$

由此得到线性化的动力学边界条件:

$$-\frac{\partial \Phi}{\partial t} + g \eta = 0 \tag{5.18}$$

Moiseev 和 Rumyantesv[66] 通过引入 Neumann 算子 H, 使得速度势函数 Φ 在流体域 v 内为谐变函数; 谐变性质基于以下事实: 自由液面速度 $\dot{\eta}(s)$ 在自由液面上的积分为零即 $\int_S \dot{\eta}(s) \mathrm{d}s = 0$. 势函数 Φ 满足边界条件: 在储液腔壁上 $\frac{\partial \Phi}{\partial n} = 0$, 在自由液面上 $\frac{\partial \Phi}{\partial n} = -\dot{\eta}$. 这样, 可以得到 $\Phi = H\dot{\eta}$, 其中积分算子 H 为

$$H\dot{\eta} = \int_S H(s, v) \dot{\eta}(s) \mathrm{d}s = \Phi(v) \tag{5.19}$$

注意到积分核为域 v 上 Neumann 问题的 Green 函数并且具有保对称性; 对平面问题积分核具有对数函数特性, 而对三维问题积分核为极性函数特性. 由此可知 H 是处处连续的自伴算子并且有如下表示

$$\Phi(v) = H\frac{\partial \Phi}{\partial z} - H\frac{\partial \eta}{\partial t} \tag{5.20}$$

两边对时间求导并利用式 (5.18) 可得

$$g\eta + H\frac{\partial^2 \eta}{\partial t^2} = 0 \tag{5.21}$$

平均能量函数可由 Neumann 算子表出:

$$I_1 = \frac{\rho}{2}\int_{t_1}^{t_2}\int_S \left\{ H\left(\frac{\partial \eta}{\partial t}\right)^2 - g\eta^2 \right\} \mathrm{d}s\mathrm{d}t \tag{5.22}$$

通过方程 (5.18), 平均能量函数还可以由标量势函数表示:

$$I_2 = \int_{t_1}^{t_2}\mathrm{d}t\left\{ \int_v \frac{\rho}{2}\left|\boldsymbol{\nabla}\Phi\right|^2\mathrm{d}v - \frac{1}{g}\int_S \Phi^2\mathrm{d}S \right\} \tag{5.23}$$

方程 (5.22) 和方程 (5.23) 可以用来计算自由液面晃动的固有频率. 在自由液面 S 上, 速度势函数及波高函数可同时表示为时间与空间变量的函数:

$$\Phi(s,t) = F(s)\cos\omega t, \quad \eta(s,t) = G(s)\sin\omega t \tag{5.24}$$

其中, ω 是自由液面晃动的固有频率. 将方程 (5.24) 代入到由式 (5.22) 和式 (5.23) 所表示的平均能量方程中并对时间从 $t_1 = 0$ 到 $t_2 = 2\pi/\omega$ 得到

$$I_1 = \lambda\int_S HG\cdot G\mathrm{d}s - \int_S G^2\mathrm{d}s \tag{5.25}$$

$$I_2 = \int_v \frac{\rho}{2}\left|\boldsymbol{\nabla}F\right|^2\mathrm{d}v - \lambda\int_S F^2\mathrm{d}S \tag{5.26}$$

其中, $\lambda = \omega^2/g$, 而液体自由液面晃动的固有频率可根据 Rayleigh-Ritz 方法求出: 引入完备基函数的线性组合, 而由组合系数可得到变分参数的方程组. 作为例子可取函数为试函数的以下线性组合:

$$F = \sum_{n=1}^N a_n f_n \tag{5.27}$$

将方程 (5.27) 代入方程 (5.26), 并取变分且令 $\partial I/\partial a_n = 0 \ (n = 1, 2, \cdots, N)$, 可知系数 a_n 将满足如下的代数方程组:

$$\sum_{m=1}^N a_{mn}(A_{mn} - \lambda B_{mn}) = 0 \tag{5.28}$$

其中, $A_{mn} = \int_v \boldsymbol{\nabla} f_n \cdot \boldsymbol{\nabla} f_m \mathrm{d}v$, $B_{mn} = \int_S f_n f_m \mathrm{d}s$, $A_{mn} = A_{nm}$, $B_{mn} = B_{nm}$. 方程 (5.28) 只有当系数行列式为零时才有非零解, 由此得到

$$|A_{mn} - \lambda B_{mn}| = 0 \tag{5.29}$$

方程 (5.29) 就是自由液面晃动的固有频率方程或特征方程, 方程 (5.27) 中的项数越多所得到的频率精度就越高; 由于选取试函数或坐标函数的困难以及缺少严格的收敛准则保证, 以上方法会引起不可避免的误差. 为此 Morse 和 Feshbac[66] 采用摄动技术求解由 Rayleigh-Ritz 方法所得到的动力学系统的固有频率. Moiseen 和 Rumyantsev[66] 证明一阶固有频率 λ_1 对坐标函数的选取并不十分敏感. 这说明在满足完备条件下, 坐标函数系 $\{f_n\}$ 的选取具有灵活性; 因此对于几何形状简单的充液腔体可选取特征函数为坐标函数. 此外, 以上变分思想和应用 Galerkin 加权有限元方法计算液体晃动固有频率的过程完全等价, 目前已有大量文献报道了这方面的研究成果[66~77], 本章不再赘述.

5.3   储腔类液体自由晃动简介

液体晃动的经典理论是基于解析方法逐步发展成熟起来的, 解析方法只能求解

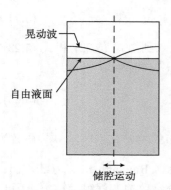

图 5.2   液体横向晃动示意图

规则几何形状腔体内液体晃动, 如圆柱腔、矩形腔及球形腔; 解析方法不适用于求解大幅晃动问题. 在工程中, 利用解析结果计算由液体晃动所产生的载荷在设计车载储罐的支撑结构和内部构型中是非常重要的. 一直以来, 有众多学者采用解析方法对不同几何形状的充液腔体进行了液体晃动动力学研究[69~78]. 工程中常见的液体晃动常常表现为液体的横向晃动, 横向晃动意味着当部分充液储箱发生振荡时, 会在液体表面形成驻波. 该驻波如图 5.2 所示, 它在储箱的一侧升高, 而在另一侧降低. 然后升高的半波下降, 降低的半波上升, 依此类推.

对于液体小幅晃动问题, 可将流体运动方程线性化, 从而将大大简化分析过程. 这样就可以确定包括固有频率、振型、水动压力、晃动力及晃动力矩在内的所有动力学参数; 其中动压力可以利用势函数通过压力的非稳态流 Kelvin 方程来计算. 对线性自由液面边界条件计算出方形储腔中液体晃动正交模态频率为

$$\omega_{mn}^2 = g k_{mn} \tanh(k_{mn} h) \tag{5.30a}$$

其中, $k_{mn} = \sqrt{\dfrac{m^2}{a^2} + \dfrac{n^2}{b^2}}$; a 和 b 分别是矩形储腔的宽度和长度; m 和 n 是正整数 (分

别表示沿宽度方向及长度方向上的模态数); h 是充液深度. 当矩形储腔特别长, 譬如当 $b \to \infty$ 时, 可以得到矩形储腔中两维晃动的自然频率为 $\omega_{mn}^2 = gk_m \tanh(k_m h)$, 其中对于反对称模态 $k_m = (2m - 1)\pi/a$, 而对于对称模态 $k_m = 2m\pi/a$.

圆柱形储腔中液体晃动正交模态频率为

$$\omega_{mn}^2 = \frac{g\lambda_{mn}}{R} \tanh\left(\frac{\lambda_{mn}h}{R}\right) \tag{5.30b}$$

其中, R 是圆柱腔的半径; λ_{mn} 是特征方程 $\mathrm{d}J_1(\lambda r/R)/\mathrm{d}r = 0$ 当 $r = R$ 时的根, 而 J_1 为第一阶第一类 Bessel 函数, 此处的 m 和 n 为正整数 (分别是沿周向及径向的模态数)

部分充液储罐内的自由液面模态分析就是为了获取自由液面的固有频率和自由液面的形状. 这些参数是在进行液体贮罐设计和航天器主动控制的重要参数. 从已得结果容易发现: 对方形储液腔, 频率随着深度 h 的增加或储箱宽度 a 的减小而增加. 一阶模态的固有频率是所有固有频率中最低的. 图 5.3 描述了前三阶反对称模态的情形和每阶模态液体质心的相对移动. 对于相同幅值的波形, 基阶模态

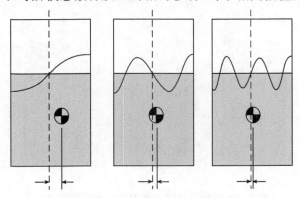

图 5.3 方形储箱中液体晃动前三阶反对称模态

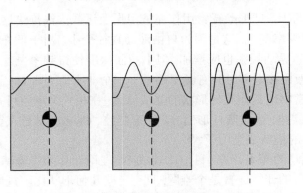

图 5.4 方形储箱中液体晃动前三阶对称模态

质心移动远大于其他模态下的质心位移. 由于质心振动是由液体晃动所导致的力和力矩的来源, 相比于其他阶模态, 基阶模态的波产生了更大的力和力矩. 前三阶对称波形如图 5.4 所示, 由于这些模态的液体质心都没有横向偏移, 故它们不产生横向力或力矩.

　　圆柱形储箱具有广泛的应用, 这是因为它的几何形状可以被整齐而完好地集成于导弹或航天器中. 当 $m>1$ 时, 波形沿着周向有几个波峰和波谷. 但是只有对应于 $m=1$ 的模态在储箱上产生晃动力或力矩, 且它们是由储箱横向或俯仰运动产生的模态. 因此研究 $m=1$ 对应的模态特性具有实际的工程意义. 将 $m=1$ 时的 λ_{mn} 值用 ξ_n 表示, 则 ξ_n 的数值计算结果如下:

$$\xi_1=1.841, \quad \xi_2=5.331, \quad \xi_3=8.536\cdots, \quad \xi_{n+1}\to\xi_n+\pi$$

　　非对称自由液面波的形状函数在 $n=1$ 时, 其形状类似于图 5.5 所示的基本正弦波. 当 $n>1$ 时, 其形状类似于一个相应的高阶正弦波, 但是随着 n 的增加, 波峰和波谷越来越集中在储箱侧壁附近, 圆柱形腔中液体晃动前三阶模态如图 5.5 所示[79].

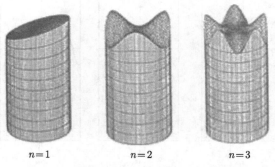

$$n=1 \qquad n=2 \qquad n=3$$

图 5.5　圆柱形储箱中液体晃动前三阶模态

　　因为其高容重比, 球形贮罐常用作充液卫星及运载火箭推进器的燃料储腔. 对于高充液比自然频率变大, 这是因为自由液面直径变小. 对于低充液比, 自由液面直径也变小, 液体晃动频率也应增加, 但小液面深度使得频率呈现下降趋势; 其结果是, 当储箱充液比接近零时固有频率趋近于一个非零值 (图 5.6). 此外, 在实际工程应用中, 还经常出现其他几何形状的储液储罐; 在相关文献中可查阅到有关椭球腔、扇形圆柱形储腔、卧式圆柱形储腔、环形储腔、Cassini 储腔及带隔板储腔中液体晃动特性分析的最新成果[71,77~80].

　　关于小幅晃动的频率计算, 目前比较成熟, 理论计算和实验基本吻合, 精度很高. 但是晃动阻尼的计算一直是个难题, 只有一些几何形状比较规则的容器才有解析解或近似解. 工程中一般采用试验方法, 由于流体运动的非线性特点和晃动问题

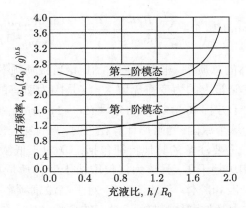

图 5.6 球形储箱中液体晃动频率随充液比的变化

对液体黏性系数、表面张力以及容器形状都有相当的敏感性, 其试验结果也常常缺乏可重复性. 研究发现, 容器中液体晃动的阻尼主要与以下几个因素有关 [81,82]: ① 容器固壁处的黏性耗散; ② 自由液面上的黏性耗散; ③ 液体内部的黏性阻尼; ④ 接触线处的毛细滞后. 文献 [83] 在理想流体假设及线性化的自由表面边界条件的基础上, 对刚性容器中液体小幅晃动进行了流体相似律的研究. 文献 [84] 利用有限元方法得到了黏性液体小幅晃动的特征方程, 利用它可以同时计算出晃动频率和液体内部阻尼; 文献 [81] 在此基础上, 将高次特征值方程转化为一般的高阶广义特征值求解问题, 并且加入了边界层的阻尼计算, 用有限元方法计算了矩形和球形容器内液体晃动的频率和阻尼.

5.4 储腔类液体强迫晃动简介

自由液面的动力学行为取决于外激励的类型和频率值. 在工程设计过程中, 应尽量使液体固有频率远离常规或非线性共振条件. 激励力可以是冲击、正弦、周期或随机的; 而激励与储罐的相对方位可以是横向、参数型、俯仰、偏航、横滚或者它们的组合. 强迫激励下, 重要的是确定液体晃动对储罐所产生的动载荷作用以及这种动载荷关于激励的相位. 假设储液罐受到横向正弦激励 $\delta \cos \Omega t$, $\theta = 0$(θ 表示外激励方向与横轴即 x 轴间的夹角), 则在储罐壁上产生的晃动合压力可以通过对储罐湿润区域内对晃动力进行积分而得到, 对矩形储腔及圆柱形储腔沿 x 轴方向的晃动合力分别为

$$F_x(t) = M\Omega^2 \sin \Omega t \left(1 + 8\frac{h}{a} \sum_{n=1}^{N} \frac{\tanh\left[(2n-1)\pi h/a\right]}{\pi^3 (2n-1)^3} \frac{\Omega^2}{\omega_n^2 - \Omega^2} \right) \qquad (5.31a)$$

$$F_x(t) = M\Omega^2 \sin\Omega t \left(1 + \sum_{n=1}^{N} \frac{R/h}{\xi_{mn}} \frac{\Omega^2}{\omega_n^2 - \Omega^2} \frac{2\tanh(\xi_{mn}h/R)}{(\xi_{mn}^2 - 1)}\right) \qquad (5.31b)$$

其中, M 是储腔内液体的总质量. 根据方程 (5.31a), 当激励频率 Ω 等于某一晃动固有频率 ω_n 时, 作用在储箱上的力变得无限大, 这是因为所有的黏性效应及其他阻尼来源已经被忽略. 由于方程 (5.31a) 中的分母 $(2n-1)^3$ 项, 谐振力幅值随着晃动模态的增加而减小; 处于这个原因, 当阻尼计算在内时, 只有第一阶模态或者前两阶模态会产生相当大的力. 需要注意的其他特征包括: ① 对于低激励频率 (即 $\Omega \to 0$), 方程 (5.31a) 中的求和项趋于零, 且该力仅仅取决于液体质量和储罐加速度, 也就是说, 液体犹如固化一般和腔体一起运动; ② 对于高激励频率 (即 $\Omega \gg w_n$), 求和与 Ω 无关且液体晃动力又如刚体一样, 其对应的质量 $M[1 - 8(a/h)\pi^3 \tanh(\pi h/a)]$ 似乎比液体质量小, 这意味着某些液体 (在自由液面附近) 没有与储箱一起运动.

　　Takahara 和 Kimura[85] 分析了圆柱刚性储罐的受迫晃动, 这些研究包含了液体有效质量惯性矩, 以及晃动力和力矩对储罐的影响. 文献 [86] 研究了俯仰激励下圆柱储箱中液体晃动可能出现的几种运动形式, 确定了响应的幅频响应曲线和稳定区域. 文献 [87] 利用变分原理研究了圆柱形储罐内液体非线性晃动的势函数及波高, 其结果显示自由液面运动特征符合弱非线性运动, 旋转液体晃动显示出强非线性运动特性. Komatsu[88] 研究了任意轴对称容器非线性运动情况下以及圆柱形容器和矩形容器受横向和俯仰激励情况下的液体晃动动力学. 虽然液体晃动的线性理论在理论及应用中已日臻完善, 但是, 事实上非线性效应是一直存在的, 而且有时还会主导晃动响应. 这些非线性晃动效应可以归结为以下三种类型:

　　(1) 储箱形状导致的非线性效应, 这些效应有时对小波幅晃动也具有显而易见的影响;

　　(2) 液体晃动的大振幅非线性效应;

　　(3) 液体晃动本质上的不稳定性所导致的非线性效应.

　　经典摄动法是分析晃动非线性效应最适用和有效的理论方法, 它被用于描述自由液面的非线性方程, 且在许多文献和参考资料中进行了讨论[89,90]. 摄动方法的早期重要应用体现在 Penney 和 Price[91] 的重要研究工作中, 他们参与了第二次世界大战中工事工程领域中的重要工作, 将非线性摄动方法用来计算作用在浮式防波堤 (Mulberry 港口) 上的波浪荷载. 摄动法的主要价值在于它能够清楚地显示出解随着问题参数的变化. 然而, 由于需要考虑收敛的问题, 它只适用于有限的波振幅范围[92]. 尽管如此, 摄动方法在研究液体非线性晃动动力学方面仍有其他方法不可取代的优势. 例如, 这一方法被成功用来预测液体面外旋转晃动这一重要非线性晃动现象; 而对于目前已成为研究流体动力学流行工具的 CFD(computational fluid dynamics) 方法来说, 这一问题仍然是极具挑战性的难题之一. 此外, 液体有限幅非线性晃动动力学理论在航天器工程设计中也有重要的应用价值; 航天器在轨飞行期间, 有时候需对液体燃料晃动的最大波幅进行估计. 例如, 必须对什么时候最大晃动载荷作用在防晃阻尼板或储箱隔板上进行估计. 当忽略表面张力时, 施加在自由液面流体粒子上的最大向下加速度为 $g - \delta\omega^2$(这发生在波峰向上时), 其中 g 为等效重力加速度, δ 为波振幅, ω 为晃动固有频率. 因为在峰值高度处的最大加速度必须保持为正值 (否则流体粒子将从自由液面快速脱离), 因此最大波高不高于 $\delta_{\max} = g/\omega^2$, 且最大值总是发生在储箱侧壁处. 例如, 对于一个液体深度远大于储箱直径的圆柱形储箱, 晃动的固有频率为 $(1.841g/R_0)^2$, 此时最大波幅不大于 $R_0/1.84 = 0.54R_0$ 或大致为储箱直径的 25%. 事实上对于如此大的液体晃动振幅将会发生飞溅、破碎波甚至旋转晃动等非线性现象. 可用于确定环形挡板阻尼效应的较好估计是最大振幅不能够超过储箱直径的 10%; 波幅一旦超过该临界值, 就将会发生飞溅和旋转晃动, 而且会给晃动增加明显的额外阻尼[76].

经典摄动方法只能用来处理弱非线性情况, 因而液体非线性晃动动力学的解析方法一般指的都是建立在模态理论基础之上的模态方法. 这种方法首先对自由液面波高函数和速度势函数按广义 Fourier 技术展开, 然后将它们代入到原始边界问题或它的变分形式得到一组模态函数相互耦合的非线性常微分方程组, 称为模态系统, 最后求解这组维数为无穷的模态系统. 根据求解模态系统方法的不同, 模态方法可分为如下四类: 伪谱法、渐近模态法、平均法和多维模态方法. 多维模态方法由 Faltinsen 等[93,94] 提出, 用来分析二维和三维矩形储箱中液体的非线性晃动问题; 有关该方法在矩形储箱和圆柱储箱中液体非线性晃动分析方面的研究进展可进一步参考文献 [95], [96].

对于轴对称储腔, 研究表明: 如果知道储箱横向振动的频率接近晃动固有频率, 上下起伏的反对称波将呈现失稳趋势从而最终失去稳定性. 当频率小于晃动固有频率时, 反对称波的节径开始以一个不稳定的状态旋转. 该不稳定旋转运动一直持续到激励频率略高于固有频率, 其中反对称波模态会再次发生. 此外, 还存在大于固有频率的一个频率带, 使得液体晃动模态的节径可以以一个常态稳定旋转[76]. 为了采用逐次逼近方法 (即摄动方法) 进一步研究液体旋转晃动非线性现象, 求解从将 ϕ 表示为振幅参数 ε 的幂级数开始:

$$
\begin{aligned}
\phi = & \varepsilon\left[\Psi_1 \cos\omega t + \zeta_1 \sin\omega t\right] + \varepsilon^2\left[\Psi_0 + \Psi_2 \cos 2\omega t + \zeta_2 \sin 2\omega t\right] \\
& + \varepsilon^3\left[\Psi_3 \cos 3\omega t + \zeta_3 \sin 3\omega t\right]
\end{aligned} \tag{5.32}
$$

Ψ_i 和 ζ_i 函数是方程 (5.4) 的解. 特别地, Ψ_1 和 ζ_1 代表基阶线性反对称波:

$$
\Psi_1 = \left[A_1(t)\cos\theta + B_1(t)\sin\theta\right] \mathrm{J}_1\left(\lambda_{11}\right) \frac{\cosh\left[\lambda_{11}\left(z + h\right)\right]}{\cosh\left(\lambda_{11}h\right)} \tag{5.33}
$$

$$\zeta_1 = [C_1(t)\cos\theta + D_1(t)\sin\theta]\, \mathrm{J}_1(\lambda_{11}) \frac{\cosh[\lambda_{11}(z+h)]}{\cosh(\lambda_{11}h)} \tag{5.34}$$

当 $n > 1$ 时 Ψ_n 和 ζ_n 函数包括对称和反对称波解的高阶项的和. 逐次逼近求解过程导出广义坐标 $A_i(t)$、$B_i(t)$、$C_i(t)$ 和 $D_i(t)$ 的一系列一阶、耦合、非线性微分方程. 稳定状态谐波解仅仅考虑所涉及 A_1、B_1、C_1 和 D_1 的四个方程就可获得. 稳定状态发生在所有的导数 $\mathrm{d}A_1/\mathrm{d}t$, $\mathrm{d}B_1/\mathrm{d}t$ 等都等于零时. 可能出现两种该类型的解, 第一个是相应于基阶反对称波的平面晃动解, 但是波幅 A_1 取决于激励频率; 波幅为下面方程的根:

$$\left(\frac{A_1}{\varepsilon}\right)^3 + vK_1\left(\frac{A_1}{\varepsilon}\right) + K_2 = 0 \tag{5.35a}$$

其中, K_1 和 K_2 是取决于储箱形状和充液比的常数. 另外的系数 B_1、C_1 和 D_1 在该解中为零. 方程 (5.35) 中的 v 定义为与基阶反对称晃动波的线性固有频率 ω_1、外激励频率 ω 以及波振幅参数 ε 有关的参数:

$$\omega_1 = \omega\sqrt{1 - v\varepsilon^2} \tag{5.35b}$$

方程的第二个解相应于液体面外晃动, 该非平面运动中波节点线绕着储箱的轴线旋转. 此类运动所对应非零广义坐标 A_1 和 D_1 是如下方程的根:

$$\left(\frac{A_1}{\varepsilon}\right)^3 - K_3 v\left(\frac{A_1}{\varepsilon}\right) - K_4, \quad D_1 = \sqrt{A_1^2 + \frac{K_5}{A_1}} \tag{5.35c}$$

其中, K_3、K_4 和 K_5 取决于储箱形状和充液比; 另外两个广义坐标 B_1 和 C_1 等于零. 对于该非平面运动, 在速度势函数 (5.32) 中有一项与 $\cos\theta\cos\omega t$ 成正比, 一项与 $\sin\theta\sin\omega t$ 成正比, 这些项描述了节点线绕着储箱轴线的转动. 对于平面和非平面运动, 参数 v 指定激励频率与固有频率的接近程度. 在特定储箱半径和充液比下, 画出两种稳定状态下谐波运动的幅值函数关于频率参数 v 的曲线如图 5.7 所示 (图中的常数 A_1 表示摄动展开级数中的基阶广义坐标即无量纲主坐标). 通常平面波运动发生在任何激励频率时, 接近固有频率附近的一个小频率带除外. 该被排除的频带范围取决于储箱激励幅值 ε(其中包括频率参数 v 的定义), 且当 ε 很小时, 实际被排除的频率带非常小. 非平面旋转波发生在该频带范围内, 且从略低于固有频率开始一直延续到频率值明显超过固有频率的频率带内. 在平面和非平面运动的稳定解都可能发生的频率带内, 观察到的运动依赖于初始条件. 非平面运动的发生需要存在事先的液体漩涡运动或存在不同相自由液面的倾斜, 所以在实验中观测到的通常是正常的面内液体晃动运动. 图 5.7 揭示出了一个频率范围, 其中两种类型的谐波运动都不稳定. 此外, 还存在另一类型的重要频率带, 其频带的下界恰好高于稳定平面运动所对应的最低频率值而其上界则刚好低于稳定非平面运动所对应的频率值, 在该频率范围内, 液体晃动为反对称波运动且节线作往复旋转振动. 在其他频率范围, 一种类型或其他类型的谐波解是稳定的. 这些不稳定区域理论上可通过在相应的稳定状态幅值 A_1 和 D_1 上叠加一个小扰动 $\alpha_1 \exp(\beta t)$ 并通过幅值方程确定扰动幅值随着时间增加 (β 的实部为正时) 还是减小 (β 的实部为负时) 来获得. 因为 $\mathrm{d}A_1/\mathrm{d}t$, $\mathrm{d}B_1/\mathrm{d}t$ 等的非线性耦合特性, 稳定性分析需要求解耦合微分方程系统并与四个幅值 A_1、B_1、C_1 和 D_1 相关联. 对两种稳定谐波运动类型以及它们运动的稳定性的预测在当时是一项极为了不起的成就 (大约 1960 年)[76]. 尽管在计算机功能很强的现在, 通过 CFD 模拟来预测波的不稳定运动仍不是一项简单的工作; 不稳定或漩涡运动则更难模拟, 且通常的数值模拟不能够完全预测此类自由液面非线性晃动.

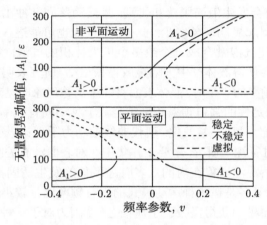

图 5.7 圆柱形储液腔中面内晃动及面外晃动幅频响应曲线

在实际中, 激励并不总是周期的, 而是随机的, 这种情况下, 激励必须是由随机模型建立的. 随机过程的分析, 包括概率论和随机微分方程理论. 随机过程中包含统计的各种特征: 均方、概率密度、自相关函数和概率密度函数. Dalzell[97] 被认为是早期利用实验方法研究自由表面随机激励的学者. 在存在非常窄的频带激励时, 只有当激励幅值足够大时, 才能得到正弦激励下所预期的自由液面晃动特性. 在小幅激励下, 旋转现象并不十分明显. 对于带通激励, 很少观测到旋转现象, 并且这种现象将随着激励变为宽带时而消失. Dalzell 还测量了沿着或垂直于激励方向的液体晃动压力, 高斯随机激励下, 沿着激励方向液体晃动力呈现正态分布. 然而, 沿激励垂直方向液体晃动力的分布将明显偏离正态分布 (此时, 在高频域的窄频带激励下将发生旋转晃动). 当激励加速水平降低时能够观测到谐波和次谐波响应的突然转变. 结果的重要特征表明低级谐波响应对于随机高斯激励是高斯的. 然而, 当大振幅次谐波响应被激励时, 概率分布突然变成双指数分布. 很遗憾的是, Dalzell

没有报告液体阻尼对响应和稳定性的影响, 这将有助于找出和实验结果的关联. 不过, 他在缺乏理论背景下把他的发现形容为 "刺在黑暗中"[77]. Sakata、Utsumi 以及 Kimura 利用解析方法研究了圆柱形储罐内液体在受到横向随机激励下液体非线性晃动的非稳态响应, 随机激励模拟为调幅且具有特征频率的非白噪声过程. 前三阶晃动模态的随机响应矩方程形成无穷阶耦合方程组并且可以按照常规方法进行截断, 这些方程的非线性解显示了自由液面晃动波高具有非零均值 (尽管激励为零均值随机过程), 相关研究的进一步成果可参考相关文献 [98]~[103].

在一些航天工程中, 推进剂储箱受到沿着推力或重力矢量方向的振动激励. 这种液体晃动称为垂直晃动并且是由于参数不稳定性造成的, 因为晃动波不是直接被自由液面法向方向的垂直激励激起的. 如果激励加速度足够大以致超过推力加速度, 则自由液面将会发生液滴脱落和飞溅, 且液滴落回并冲击自由液面, 这种复杂的相互作用也会引起晃动现象发生. 此外, 小气泡也可能进入到液体体积内, 并且垂直振动更容易使气泡融合成一个或多个更大体积的气泡, 大型气泡是液体中的声速效应降低并会使得液体产生大幅声或谐振运动. 研究表明: 当轴向振动频率非常接近晃动固有频率的一半时, 液体表面将发生失稳现象即晃动波将被参数激励诱发, 因为导致不稳定性的强迫频率几乎完全等于晃动固有频率的一半, 所以在实际工程应用中 "垂直" 晃动不常发生. 现代非线性动力学理论吸引了众多研究人员重新对 Faraday 波进行深入研究, 主要工作集中在对表面波有关的弱非线性现象研究方面[104,105]. 包括混沌现象在内的众多有趣现象的发生诱因都可追溯至内共振的存在, 而内部共振又多是在各种运动模式的固有频率比是较小正整数时发生. 模式交互又是自由液面晃动获得怪吸引子途径之一, 因为对于一种模式, 如果没有与其他模式进行耦合, 其均值等式就不会产生混沌吸引子类型的稳态. 而对于相互耦合的模式, 如果当其中一种模式直接受到扰动, 受到扰动模式的幅–频响应还会具有除了标准不稳定区域外的另外一个不稳定区域; 而这个新的不稳定区域出现则是由于另外一个没有直接受到诱发的耦合模式的零阶解的不稳定造成的. Golubitsky 等[106] 从零平衡点的对称破缺分叉角度, 通过等效分叉理论对自由表面的模式选择问题进行了研究, 而 Crawford 和 Knobloch[107] 对等效分叉理论在流体动力学模式范式问题上的应用进行了研究. Kang 和 Oh[108] 进行了类似的用于液体火箭地面纵向晃动试验的简化动力学模型, 采用等效单边模型描述液体晃动, 研究了液体黏性阻尼对纵向激励下液体晃动稳定性的影响. 文献 [89] 考虑刚–液耦合系统的平动耦合作用, 建立了纵向激励下耦合系统的 Mathieu 方程, 并借助液体小幅晃动等效力学模型理论, 探讨适合工程应用的激励幅–频稳定性分析方法, 研究了刚–液耦合作用对充液航天器参数振动稳定性和动力学响应的影响. 关于参数激励下自由液面液体晃动动力学的研究成果可进一步参考文献 [109]~[112].

5.5 储腔类微重力液体晃动简介

在微重力场中, 表面张力变为主导力, 由重力与毛细力比率得出的 Bond 数对自由液面的特性起到重要作用. 对于远远小于 1 的小 Bond 数, 毛细力占主导, 此时储罐内自由液面不再是平坦的, 而是围绕储罐侧壁上升呈弯月状. 对于轴对称弯月面, 自由液面曲率如下式所示:

$$\kappa = \frac{1}{r}\frac{\partial}{\partial r}\left(\frac{rf_r}{\sqrt{1+f_r^2+\frac{1}{r^2}f_\theta^2}}\right) + \frac{1}{r^2}\frac{\partial}{\partial\theta}\left(\frac{f_\theta}{\sqrt{1+f_r^2+\frac{1}{r^2}f_\theta^2}}\right) \tag{5.36}$$

其中, 下标表示变量对该下标做微分, 接触角 θ 是液体界面在接触线处的切线和水–气界面间的夹角; $f(r,\theta)$ 是未扰弯月面的自由液面高度, 如图 5.8 所示. 曲率 κ 对自由面边界条件的建立起着至关重要的作用. 自由液面上的相关正压力呈现不连续性, 从而产生与界面张力和平均表面曲率乘积成正比的间断量 (详细叙述可参考第 1 章相关内容), 假设流体无黏性, 即

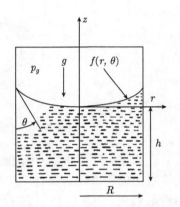

图 5.8 接触线区域内未扰自由液面的构型

$$p_g - p = \sigma\kappa \tag{5.37}$$

其中, p_g 是自由液面外侧气压; p 是液面内侧压力.

在零重力低充液比情况下, 轴对称腔体内液体自由液面形成常曲率曲面, 以接触角的不同其形状为球面或球面的一部分. 对于非常低的 Bond 数, 平衡界面可以假设为球形, 而且可以用形状函数

$$f(r) = R - \sqrt{R^2 - r^2}(B_0 \square 1)$$

表示, 随着 B_0 增大, 界面开始变平. 对于圆柱形储腔, 自由液面形状近似为 $h = b[1 - \sqrt{(r/a)^2}]$, 在接触角为零的情况下, 自由液面可采用如下公式近似计算得出:

$$h = b\left[1 \pm \sqrt{(r/R_0)^2}\right] \tag{5.38a}$$

$$(b/a)^3 B_0 - (b/a)^2 - (2/3) = 0 \tag{5.38b}$$

其中, h 是从液面中心处算起的高度; R_0 是圆柱腔的半径; a 和 b 分别是椭球形自由液面半长轴和半短轴, 正号对应于液面凹向液体一方. 在微重力场中, 液体在容

器内会重新定位, 可能位于容器的另一端, 或者分布在容器壁上; 图 5.9 给出几种球形储腔中的液面构型[76]. 研究发现, 在相同容积和相同液体体积下, 参与低重力晃动的液体量低于高重力下的液体量[113]. 事实上, 低重力条件下液体同容器壁的接触越多, 则会有越多液体跟随容器运动. 换言之, 在力学模型中, 必须有更多的液体成为刚体附加质量.

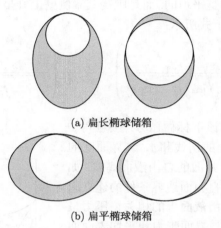

(a) 扁长椭球储箱

(b) 扁平椭球储箱

图 5.9   球形腔中低充液比零重力自由液面构型

在低重力环境下, 自由液面弯月面将有较大曲率, 一些条件必须适用于容器壁处接触面的斜率相容条件. 在容器壁处液面的三种可能斜率是: ① 因为动态接触角滞后消失, 斜率保持恒定 (自由边界状态); ② 界面边界固定 (粘连边界条件); ③ 一些中间状态情况. 理想情况下, 在未扰液体内测得的接触角是零, 这在几种充液腔中表现得非常典型. 不过, 液体晃动时液面与侧壁所形成的接触角与静态接触角是不相同的; 这种现象称为接触角滞后. 研究显示接触角是一个只与接触线速度有关的函数, 即 $\theta_c = f(V_r)$, 如图 5.10 所示, 其中 α_r 代表 $V_r \to 0^-$ 时的下降角, 此时接触点靠近液体, α_a 代表 $V_r \to 0^+$ 时的上升角, 此时接触点远离液体. 由于滞后的存在, 接触线边界条件在低 Reynolds 数、单向和稳定运动时是非线性的[114].

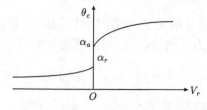

图 5.10   接触角对相对速度的依赖性

图 5.10 显示出与摩擦系数对相对滑动速度的依赖相类似的性质, 称为微分包

含. 微分包含可视为由集值或多值项组成的微分方程. 因此, 解的存在性和唯一性不再能够保证. Young 提出了接触角和振动接触线边界上接触线速度之间的四种可能的关系式[115]. 这些关系式分别针对: ① 接触角滞后; ② 固定接触线; ③ 固定接触角; ④ 连续变化接触角 (无接触角滞后). Jiang 等[116] 对 Faraday 波接触线效应进行了二维运动的边界积分模拟. 他们讨论了降低频率的黏性响应和往往导致频率增加的接触线响应之间的竞争行为. Chao 等[117] 采用有限差分格式研究了横向 g- 振荡对自由液面变形的影响. 假设滞后的影响可以用如下关系式表达:

$$\frac{\partial \eta}{\partial r}\bigg|_{r=R} = C_1 \eta \tag{5.39a}$$

如果 C_1 是一个常数, 关系式 (5.39a) 没有解释滞后引起的阻尼和能量耗散, 在分析中忽略了滞后的影响并且假设接触线沿着容器壁自由滑动 (自由边界条件). 换句话说 $\frac{\partial \eta}{\partial r}\bigg|_{r=R} = 0$, 而且在这种情况下接触角 θ 定义如下:

$$\cot\theta = \frac{\partial \zeta}{\partial r} \bigg/ \sqrt{1 + \left(\frac{\partial \zeta}{r \partial v_c}\right)}\bigg|_{r=R} \tag{5.39b}$$

这意味着, 静平衡自由液面形状需要事先定义.

由于表面张力恢复力较小, 这就意味着储液腔的小幅运动将导致液体的大范围运动. 因此, 零重力环境中液体晃动常常是大幅晃动, 这就使得对于常重环境中一些行之有效的线性化方法不再十分有效. 当液体呈现大幅晃动时, 液体运动主要由惯性力支配, 因此液体晃动的固有频率就显得不像在常重情况下那样非常重要, 微重力环境中液体晃动必须借助于数值方法进行研究. 然而在一些工况条件下如空间站保持以及航天器在轨运行期间, 储液腔本身的运动是微幅运动, 液体晃动的固有频率以及模态动力学分析仍然具有重要意义. 轴对称腔中液体晃动的几何表示如图 5.11 所示. 解析理论分析的主要困难在于如何处理弯曲自由面处以及接触线处的边界条件. 动力学方程及边界条件已由方程 (5.12) 表出, 接触线边界条件可由腔壁及自由液面处的单位法矢量表示 (图 5.12):

$$\sin\theta_c \left(\frac{\partial \eta}{\partial s}\right) + \left[\cos\theta_c \left(\frac{\mathrm{d}\alpha}{\mathrm{d}s}\right) - \frac{\mathrm{d}\alpha_w}{\mathrm{d}\xi}\right] \eta = 0, \quad s = s_c \tag{5.40}$$

其中, $\cos\theta_c = \mathbf{e}_w \cdot \mathbf{e}_n$; s_c 是腔壁处接触点的弧长; ξ 是由腔壁处为起始点的弧长坐标; α_w 是由于接触点沿腔壁运动所引起 α 的变化. 通过模态特征分析方法可以得到类似方程 (5.29) 所表示的标准矩阵特征方程: $\{[M_1] - \Omega^2[M_2]\}[a] = 0$, 这里给出圆柱形储腔中 $h > 3R_0$ 时固有频率随 Bond 数变化的计算结果如图 5.13 所示; 可以发现当 $B_0 > 10$ 时, 基价频率基本趋于基阶常重频率. 进一步的研究成果可参考文献 [118]~[120].

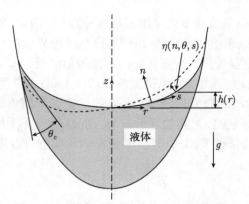

图 5.11　轴对称储腔中液体晃动示意图

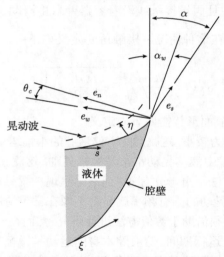

图 5.12　接触线上的运动学边界条件

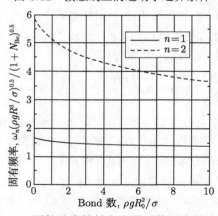

图 5.13　圆柱腔中接触角为零时前两阶晃动频率

5.6 液体晃动等效力学模型研究

在工程实际应用中, 在一定的条件下根据等效准则可将液体晃动效应等效为力学摆模型或弹簧–质量模型即等效力学模型. 等效力学模型简单并可纳入到稳定性分析、控制器设计流程以及固体系统模拟中, 但它们的准确性是一个与所采用的参数以及相关的实验有关的函数. 此外, 这些模型通常只能解释主导阶的流体动力学行为, 使得对于较高阶频率的动力学行为可能难以把握.

大多数的等效模型可分为三类: 弹簧–质量模型, 摆模型和基于凸轮轴以及其他复杂机械原件的复杂运动模型. 简单的弹簧–质量模型的目标是描述线性横向晃动模态; 摆模型的突出优点在于自然频率能随着加速度的改变而变化. 此外, 对于某些几何类型储腔, 摆模型可以描述大幅晃动; 有关这些类型等效模型的深入描述可参考文献 [76]. 图 5.14 给出了这两类等效力学模型的几何表示. 一般而言, 在运动刚体储腔内液体动水压力有两个不同的组成部分: 其中第一部分正比于储腔的加速度, 由液体中与储腔一起运动的那部分质量组分引起; 第二部分被称为 "对流" 压力, 体现在自由液面晃动, 该质量组分可以被模拟为一个质量弹簧阻尼系统或一单摆系统. 力学模型的构建主要基于以下条件:

(1) 等效力学模型和液体晃动的质量及转动惯量分别相等;

(2) 重心在小振动时必须保持不变;

(3) 等效力学模型和液体晃动具有相同的振动模态并产生相同的阻尼力;

(4) 强迫激励下等效力学模型某阶模态的力及力矩和液体晃动相应模态所产生的力及力矩相等.

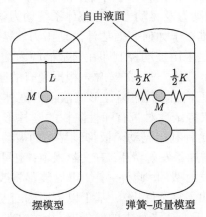

图 5.14 液体晃动等效力学模性

采用等效摆模型来模拟液体一阶晃动模态. 有三种可能的动力学模态.

(1) 小振动. 液面保持为平面且没有节径旋转. 这一模态将一阶非对称模态描述为一个线性方程, 相当于一个将小振动描述为 $\sin\theta \approx \theta$ 的摆.

(2) 相对大振幅振动. 自由液面呈现非平面运动. 这一模态通过一个弱非线性的微分方程来描述, 而且可以通过标准摄动技术来分析. 该等效力学模型为一个简单的摆, 可以描述相对大幅运动, 如 $\sin\theta \approx \theta - \theta^3/3!$. 为了模拟非平面和旋转晃动, 必须将单摆改为复合摆.

(3) 强非线性运动. 其中非线性主要归因于速度的快速变化, 与临近自由液面液体运动的动水压力冲击有关. 自由液面的速度变化通常被视为是瞬态 (速度跳跃) 的, 这给系统行为带来各种不同的强非线性特性. 这种模态的等效力学模型为一个摆, 它能描述摆与储腔壁的冲击响应[121].

研究等效力学模型的目的是研究储腔内液体晃动特征频率以及在各种不同类型激励下液体晃动动力学特性, 确定各种工况条件下液体晃动动力学模态参数: 晃动频率、摆长、晃动质量、悬挂点位置、静止部分质量及位置、对航天器的干扰力及干扰力矩等, 详细内容可参看文献 [77]. 在最新的研究中, 文献 [122] 利用等效力学模型研究了多腔体充液晃动问题. 文献 [71] 采用超高斯级数展开方法研究了微重力环境下 Cassini 储腔中液体晃动等效力学模型参数提取技术, 并开发了一个计算机实时仿真计算方法, 该方法可以用来确定航天器机动过程中基于充液比以及邦德数的变化所对应的不同时刻的等效力学模型参数.

5.7　液体晃动的被动及主动控制问题研究

根据外激励频率及腔体的几何形状不同, 液体自由面可能会产生复杂的非线性运动, 由此所产生的晃动力及晃动力矩对整体系统动力学具有显著影响. 液体复杂晃动所带来的主要困难在于如何有效估计液动压力、晃动反作用力及反作用力矩[123~125]. 传统的做法是采用被动控制即在充液储腔内增加晃动阻尼装置或采用隔板将大型储腔分隔成小腔体[126]. 文献 [75] 根据现有的阻尼理论, 在线性势流的假设下, 分别对带刚性和弹性隔板的圆柱形储液箱内液体晃动做了有限元仿真计算. 文献 [80] 首次利用双势函数对带有弹性隔板的圆柱形储箱内的液体晃动问题进行了理论分析. 然而, 这种利用晃动隔板抑制晃动的被动控制措施无疑将增加卫星的重量和造价进而也增加了发射费用. 有文献报道: 卫星每增加一磅的重量就要多投入大约一万美元的发射费用; 此外, 增加阻尼装置将改变液体的晃动频率, 这也给控制系统的设计增加了复杂性[125]. 基于以上原因, 已有学者开展了液体晃动的主动控制问题研究; 对于变速飞行中的航天器, 相关文献报道了采用多推力矢量控制技术实现抑制液体晃动的目的. 这些控制技术涉及线性控制以及自适应控制设计; 在自适应控制技术应用中, 利用激光传感器测量储腔中液体位移、采用回归最小二乘估计器给出液体晃动的基频并引入线性滤波器依据频率估计对液体晃动加以镇定[127,128]. 文献 [129] 报道了通过机械臂控制储液腔的运动进而抑制液体晃动的研究成果. 针对横向激励和俯仰激励下液体晃动问题, 文献 [130] 采用 PID 反馈控制技术研究了液体晃动等效力学模型参数识别及其液体晃动的主动控制问题.

5.8　注　记

在外界激励幅值较大时, 充液航天器系统本质上是一个非线性耦合动力学系统, 其中会产生十分复杂的动力学现象, 必须建立相应的全系统耦合的非线性模型和分析方法. 即使对非黏性液体, 只有对非常简单几何形状的储液腔体才能获得液体晃动力和晃动力矩的闭形式解表达式. 对于黏性流或复杂几何形状的腔体要获得解析解是困难的, 事实上已不可能. 另一种选择是采用像计算流体动力学 CFD 这样的数值方法来直接对 Navier-Stokes 方程进行数值求解从而预测晃动力及晃动力矩, 其计算强度十分惊人. 然而, 由于控制系统所能利用的星载处理器容量是有限的, 数值方案难于并入到稳定性分析和控制设计过程中, 此外, 数值方法另一缺陷是它不一定总是产生可靠结果. 更加常用的方案是采用等效力学模型模拟液体晃动, 特别是在稳定性分析及控制分析中更是如此. 如果正确选择等效摆模型或等效质量–弹簧模型的参数, 由此所预测的等效力及等效力矩将和实际液体晃动所产生的晃动力及晃动力矩完全匹配. 等效力学模型的概念已经推广到低重力液体晃动情形, 在横向激励下所产生的旋转晃动问题已经可以由球形摆模型来模拟. 经历快速机动的航天器燃料储腔将诱发大幅液体晃动, 这将不能根据线性力学模型来模拟; 有文献报道在有势流动的假设下采用数值方法, 可以对球腔中液体大幅晃动问题进行处理并建立含有立方刚度项的非线性等效摆模型. 如何建立以航天器为背景的多体–液体–控制耦合大系统动力学模型是一项十分艰巨的任务, 目前很少有这方面的文献报道[131]. 主要挑战在于是否能准确预测燃料晃动–航天器耦合系统的动力学特性, 特别是得到导致耦合系统失稳的临界条件. 要消除燃料晃动所诱发的不稳定性效应就必须发展包括燃料晃动及控制设计的系统动力学模型. 显然, 此时应把液体晃动等效力学模型纳入到晃动–航天器耦合多体系统的建模方案中. 这样的方案便于将液体晃动效应体现在航天器动力学仿真程序中并适合于应用标准的控制设计技术.

第 6 章   液体大幅晃动数值仿真研究

本书中所研究的液体晃动是指储液腔中液体自由液面的运动 (也称储腔类液体晃动), 它是由于对部分充液储腔施加扰动而引起. 在工程实际中, 部分充液容器将受到多方面因素的影响; 根据影响因素和容器形状的类型, 液体自由表面运动可呈现出不同类型的运动, 如简单平面晃动、非平面运动晃动、旋转晃动、不规则晃动、对称及非对称晃动、准周期和混沌晃动等. 带有自由液面液体大幅晃动问题的研究在数学上涉及求解 Navier-Stokes 方程等的初边值问题. 由于方程是非线性的, 而且自由液面的位置也是未知的, 并且自由液面边界条件是复杂的非线性方程, 这个问题的有关研究和求解是相当困难的. 液体容器是多数动力系统的重要组成部分, 如航天器、油罐车、液化天然气运输工具以及高架水塔, 此类系统的动力学问题主要是受自由液面运动的影响. 液体晃动涉及动压力分布情况、作用力、力矩和自由液面固有频率等几个基本方面, 这些参数直接影响到运动的稳定性和移动容器的性能. 在液体燃料火箭发射阶段, 飞船、航天飞机、空间站对接时, 航天器做轨道机动时以及石化工程中储液罐内储油受到地震激励时, 液体的晃动都是大幅的, 此时液体振动的波形甚至会出现碎波等强非线性现象. 这些非线性因素及其动力学特性用线性理论是无法解释和研究的. 尽管液体大幅晃动持续的时间可能较短, 但其危害性却远远超过微幅晃动, 可能导致储液结构完全失效 (破坏) 或使航天器姿态失控, 因此工程应用上需要深入研究液体大幅晃动问题.

本章在数值计算过程中将迎风流线 Petrov-Galerking 方法与分步有限元方法相结合, 采用 ALE 迎风分步有限元方法对强迫激励下储液腔中液体大幅晃动动力学进行了一系列数值仿真研究, 揭示了不同激励下液体大幅晃动非线性特性并进一步研究了带环形防晃阻尼板储腔中液体非线性晃动问题.

6.1   求解液体大幅晃动问题的数值方法评述

目前对于带有自由液面液体大幅晃动的数值模拟已有不少研究方法, 为了便于读者了解, 下面对几种主要方法的思想做一简要介绍和评述.

6.1.1   MAC 方法

Amsden 和 Harlow[38] 在 20 世纪 60 年代发展了一种 MAC 方法即标记子与单元方法 (marker-and-cell), 首先将液体压力和速度作为求解变量成功地求解了带有自由液面的流体大幅晃动问题. 这种方法不直接地定义自由液面, 而是处理含有流体的区域, 它将标记子散布到所有流体占据的区域, 各标记子以它所在位置的流体速度而动. 自由液面定义为含有标记子与不含标记子的区域之间的 "边界", 即一个网格单元含有标记子, 但它有一个相邻单元没有标记子, 则该单元包含一自由液面, 而自由液面的实际位置还需根据标记子在单元内的分布来确定 (每个单元内有多个标记子); 数值算例表明该方法具有不同寻常的灵活性. 计算过程中使计算网格覆盖最大可能的流体区域, 但仅计算那些含有标记子的单元. MAC 方法在模拟具有多自由液面的流动时概念简单, 它的不足之处除了计算存储量大之外, 作用于自由液面的不同应力如表面张力以及接触角等因素很难引入到计算格式中. 此外, 难以检测的稳定性问题也影响了 MAC 方法的应用, 有时看似合理的标记子的分布可能是总的近似误差的产物. 文献 [132] 提出了一些改进方法以使 MAC 方法稳定. MAC 方法为了确定自由液面需使用大量的标记子, 从而较难推广到三维问题的计算.

6.1.2   VOF 方法

在 20 世纪 80 年代, Hirt 和 Nichols[41] 在 MAC 方法的基础上提出了 VOF 方法, 改进了 MAC 方法的存储量及重复量大的缺点. VOF 方法定义一个流体体积函数 F, 一个单元内 F 的平均值表示该单元内流体所占体积的百分比. 特别地, $F = 1$ 表示该单元充满流体, $F = 0$ 表示该单元不含流体, 而 $0 < F < 1$ 的单元必定含有自由液面. 在确定哪些单元包含有自由边界后, 根据 F 函数的梯度来确定边界的法向, 然后根据 F 值和边界法向作一直线或平面切割单元近似表示界面的位置并以此边界设置边界条件. 与 MAC 方法相比, VOF 方法最大的优点是存储量小, 特别是用于三维计算时, 此优点更为显著. 在 Euler 网格中 VOF 方法需精确计算随流体穿过单元的 F 的流量, 否则将失去液面位置的准确性, 文献 [41] 给出了若干有效算例. 目前 VOF 方法在模拟三位液体瞬态流动特性方面已得到广泛应用, 有关文献报道了该方法在模拟液体大幅晃动中撞顶、碎波及飞溅现象的模拟结果[133].

由于 VOF 方法每一时间步都需计算流体体积函数 F 的值, 而实际上对于充满液体的单元来说 F 总是等于单位值 1. 为了减少这种重复的计算量, 有关文献中提出了一些改进方法即浮标接力法 (buoy relay method, BRM)[134], 在流体的最大可能区域内设置多层浮标; 与 MAC 方法不同的是, 这些浮标不是以其所在位置的流体质点的速度运动, 而是设定浮标的运动方向和运动范围. 对于充满流体的单元, 浮标总是位于单元的上边界或右边界; 对于无流体的空单元, 浮标总是位于单元的下边界或左边界; 而对于含有自由液面的单元, 浮标位于液面上. 通过这些浮标之间的接续运动来刻划自由面及其变化. 考虑到不同坐标轴方向设置不同性质的浮标并规定其运动法则, 此方法推广到三维情况显得十分烦琐, 目前还未见到浮标接力法的三维算例文献.

6.1.3　有限元方法

以上介绍的 MAC 方法和 VOF 方法均以差分法实现方程的空间离散, 流体运动微分方程在空间的差分离散要求离散网格线是正交的, 对于求解区域边界规则的问题差分法是很方便的. 在处理不规则边界时, 差分法常用线性插值近似表示边界条件, 这样往往需要在求解域外增加虚拟网格点, 而且这种方法的结果一是不精确, 二是影响差分格式迭代的收敛性. 而在结构分析中已获得长足发展和广泛应用的有限元方法 (finite element method, FEM), 自 20 世纪 60 年代以来特别是 80 年代以来已开始应用于流体问题. 由于有限元方法对于复杂的数学物理问题有着广泛的适应性, 而且特别适合在高速计算机上使用, 因此发展十分迅速, 在力学、物理以及工程实际的许多领域中已得到了广泛的应用. 经典的 Galerkin 有限元方法即 Bubnov-Galerkin 有限元方法, 它的基本思想是: 利用空间离散和加权余量法将偏微分方程转换为代数方程, 然后求解代数方程得到原始初边值问题的近似解. 该方法的特点是采用相似的试函数和权函数, 最终产生刚度矩阵方程, 求解起来相对简单, 而且它的解能保持最好的近似特性. 因此, 经典的 Galerkin 有限元方法在固体力学领域的应用获得了极大的成功, 而且已相当成熟, 成为解决实际问题的强有力的数值计算工具之一. 有限元方法的最大优点是能比较容易地处理各种复杂的几可形状和统一处理各种典型的边界条件. 同时它具有丰富的数学结构, 在很多情况下, 它可以达到最佳的精度, 因此, 它越来越得到广泛的应用. 但是在流体力学中, 有限元方法仍不能达到有限差分法所取得的成就, 这是因为通常的有限元方法求解流体力学问题要产生下列困难: ① 在流体力学中对流算子是非对称的, 求解 Navier-Stokes 方程时对流算子还是非线性的. 而在固体和结构力学中只包含对称算子, 求解固体和结构力学中的有限元方法在许多情况下不能直接搬到流体力学中来; 在流体力学中须发展一种有效的办法来处理这种对流项. 在有限差分中, 我们知道, 对流项处理不好往往会引起伪振荡和数值耗散 (伪扩散), 甚至于不稳定, 在非线性问题更是如此. ② 流体力学问题大部分是不定常的或需用时间相关法当成不定常问题来求解, 如何发展具有简单算法的有限元方法是使有限元方法与有限差分方法竞争的一个头等重要的问题. ③ 流体力学中如不可压条件等, 在近似方法中是很难准确满足的, 有限元方法在处理这些条件时, 往往弄得很复杂, 而且难以理解, 实行起来表现得也不是很好. 近年来为了解决这些问题发展了有限元分步法、迎风有限元方法、集中质量方法和罚函数方法等, 有关内容已在此前的相关章节有所介绍.

1. 混合插值有限元方法

在以 Navier-Stokes 方程为对象研究流体力学问题时, 如果直接对其进行有限元空间离散, 插值函数的类型对于求解的精度有着密切关系, 计算表明: 若速度插值函数和压力插值函数采取同一阶次, 虽然可获得较精确的速度解, 但压力解将产生较大的误差从而出现伪振荡现象, 如果速度插值函数比压力插值函数高一阶次则可获得较好的结果, 这种插值方法称为混合插值方法. 但是如果采用混合插值, 则求解公式、计算机程序以及输入数据的准备将是非常复杂的, 以至于对三维问题的求解将无法实现. 文献 [135] 在对液体大幅晃动与结构运动耦合动力学的研究中所采用的混合插值模式为: 单元压力插值函数为常数单元, 单元速度插值函数为一次线性单元, 对二维晃动问题进行了数值求解, 给出了晃动波高的时间变化历程. 计算表明若采用粗网格单元, 压力精度很难达到要求, 而加密网格必然要以付出额外的计算机耗时为代价. 目前有关混合插值有限元方法在模拟液体大幅晃动动力学方面的研究成果鲜有报道[136].

2. 分步有限元方法

分步法 (fractional step method, FSM) 最早是由 Chorin[34] 在有限差分法中提出的, 其基本思想是把一个时间增量步分为两步或更多步. 第一步在动量方程中略去压力项或压力增量项后求解一个近似的中间速度场, 它一般不满足连续方程; 第二步, 由中间速度场求出相应的压力场, 而速度由质量守恒来修正, 这一步导出压力 Poisson 方程. 这种分步有限元方法的特点是对时间增量分步, 然后建立相应的有限元方程. 在提出适当的压力梯度边界条件后, 这种方法的速度和压力可用同阶线性插值函数. 这就使得有限元方程在算法上结构简单, 尤其是采用集中质量法后, 可以得到求解速度的显式格式. 所谓集中质量法就是将质量矩阵每一行的各个元素都加到对角线的元素上. 分步有限元方法的另一特点是可以推广到三维问题的研究中. 有关采用分步有限元方法模拟液体大幅晃动问题的研究成果可参考文献 [25], [28], [35], [55], [137]~[140].

3. ALE 有限元方法

1965 年两位固体力学工作者 Zienkiwicz 和 Cheung 提出用有限元方法解决位势流问题开辟了用有限元方法解决流体力学问题的新天地[141]. 随后有限元方法被广泛应用于流体力学的各个领域, 理论研究和实际应用的文献资料大量涌现. 但是将经典的 Galerkin 有限元方法应用于解决流体力学问题时遇到了一些无法克服的困难. 例如, ① 在现实中大量存在的运动边界问题以及运动界面追踪问题, 如流体流动的自由面, 爆炸、燃烧的气体界面, 冰融化、水结冰的运动边界, 以及石油开采中的地下油水两相流界面等[20]; ② 在求解黏性不可压流体 Navier-Stokes 方程或者对流扩散方程时, 往往会产生非物理振荡而导致求解失败[141]. 为了解决以上两个困难, 人们分别提出了 ALE 描述和迎风格式. 自 20 世纪 80 年代中期以来, ALE 方法已被广泛地用来研究带自由液面的流动问题.

由于采用 ALE 描述的有限元可以更加方便地描述自由液面的晃动, 模拟较为复杂的流动现象, 因此, 许多自由液面流体大晃动和流体流动问题均采用这种方法进行求解. 其中涉及的主要问题包括自由液面的追踪、网格的更新和 ALE 描述中对流项引起的数值稳定问题[20]. 而迎风有限元可以很好地解决数值稳定问题, 提高数值解的精度和稳定性, 因而 ALE 迎风有限元法成为最近研究的一个热门课题[142~151].

6.1.4   边界元方法

边界元方法 (boundary element method, BEM) 是在综合有限元方法和经典的边界积分方程方法基础上发展起来的. 它把有限元方法的离散技术引入经典的边界积分方程方法中, 通过一个满足场方程的奇异函数 —— 基本解作为权函数, 将区域积分化为边界积分, 并在边界上进行离散的处理. 边界元方法的突出优点是可将求解空间降低一维, 20 世纪 80 年代以来用以求解带自由液面的晃动问题, 取得了极大进展[152,153], 这些研究只限于二维势流情况, 流动的黏性也只能以近似模拟引入. 在用边界元方法求解带自由液面的晃动问题时, 关键是对自由液面上动力边界条件的处理, 从目前文献看, 一般对时间变量都采用增量法进行线化处理. 边界元方法和有限元方法相比较还处在发展完善阶段, 在边界元方法中所得方程的系数矩阵都是满的非对称矩阵, 此外在三维问题中还需考虑边界积分方程中的奇异积分处理问题. 用边界元方法求解带自由液面的三维晃动问题还处在进一步的研究发展之中[152~155].

6.1.5   光滑粒子动力学方法

光滑粒子流体动力学 SPH 方法是最早由 Gingold 和 Monaghan 提出, 该方法的计算对象是空间运动的粒子, 采用拉格朗日方法描述; 无网格粒子形式以及拉格朗日性质的 SPH 方法避免了大变形时网格发生畸变的问题, 非常适用于液体大幅晃动问题的研究[43,156]. 自 Monaghan 首次将 SPH 方法应用于自由表面水波的流动模拟以来, 一些国内外学者开展了对 SPH 方法的应用研究. SPH 方法作为无网格方法的一种, 相对于基于网格方法中网格划分实施困难的问题以及在求解过程中会发生网格突变、网格移动等现象的问题, 使用无网格方法求解具有比较明显的优势. SPH 方法的基本思想是将连续系统用一系列粒子来描述, 这些粒子携带独立的物理信息并遵循物理控制方程运动. 由于 SPH 方法的计算对象为空间运动的粒子, 在此方法中, 每一个时间步内都要应用当前支持域内的粒子进行粒子计算, 且所用的粒子近似式是由拉格朗日描述下的偏微分方程组推导而得. 因此自适应、无网格、粒子形式以及拉格朗日性质的 SPH 方法避免了大变形时, 网格发生畸变的问题, 非常适用于液体大幅晃动问题的研究. 在国内, 近年来逐渐有学者采用 SPH 方法进行液体晃动的研究, 但基本都是基于二维晃动的数值计算, 目前关于液体三维晃动的研究却很少[157~159].

求解大幅晃动的数值模拟方法与试验方法比较有着突出的优点, 它能较好地弥补实验时间短、外载条件实现困难、初始条件不易保证、测量记录判读困难、实验机会少、经费高等一些不足, 它能自主设立外载条件, 长时间计算, 周到考虑各种因素, 能给出任意时刻的二维、三维图形等. 在所介绍的数值模拟方法中 VOF 方法已较为成熟, 可用于模拟微重力条件下的流体动力学行为. 由于微重力环境下液体大幅晃动问题的复杂性, 到目前为止还没有得到很好的解决, 而 ALE 有限元方法是一种很有前途的方法, 因此今后应加强这方面的研究. 另外由于有限元法特别便于结合考虑流体晃动与结构振动的耦合作用, 应加强在流固耦合力学这一领域的研究, 特别是对大幅晃动情况下充液系统的一系列非线性耦合问题如耦合系统的稳定性、分岔、混沌等问题的研究. 但是要使 ALE 有限元方法模拟各种条件下的流体晃动情况, 还有许多细致的工作要做. 此外为了提高计算效率可考虑引入有限元并行技术从而使 ALE 有限元方法有可能对解决实际工程问题更有成效.

6.2 非惯性坐标系中 ALE 描述的 Navier-Stokes 方程

本章研究储箱运动情况下的流体大幅动问题, 采用与储箱固联的动坐标系 $ox_1x_2x_3$. 下面给出储箱做平动和绕轴 ox_3 转动情况下的流体的运动方程. 设坐标原点 o 点的平动速度为 $\boldsymbol{v}_0$, 加速度为 $\boldsymbol{a}_0$, 转动角速度为 ϖ, 角加速度为 $\dot{\varpi}$. 流体相对于储箱 (动坐标系) 的速度为 $\boldsymbol{u}$, 网格相对于储箱的速度为 $\boldsymbol{w}$, 流体相对于网格的速度即对流速度为 $\boldsymbol{c}$. 在动坐标系 $ox_1x_2x_3$ 中采用 ALE 描述, 考虑惯性力后流体的 Navier-Stokes 方程和连续方程为

$$\left.\frac{\mathrm{d}u_i}{\mathrm{d}t}\right|_{\bar{x}} = -c_j u_{i\cdot j} - \frac{1}{\rho}p_{\cdot i} + v(u_{i\cdot j} + u_{j\cdot i})_{\cdot j} + f_i^* \tag{6.1}$$

$$u_{i\cdot i} = 0 \tag{6.2}$$

其中, $\left.\dfrac{\mathrm{d}u_i}{\mathrm{d}t}\right|_{\bar{x}}$ 是流体质点的网格导数; $u_{i\cdot j} = \dfrac{\partial x_i}{\partial x_j}$ 是对动坐标的偏导数; $\boldsymbol{f}^*$ 是单位质量的体积力 $\boldsymbol{f}$ 与惯性力的合力:

$$\boldsymbol{f}^* = \boldsymbol{f} - \boldsymbol{a}_0 - \dot{\varpi} \times \boldsymbol{r} - \varpi \times (\varpi \times \boldsymbol{r}) - 2(\varpi \times \boldsymbol{u}) \tag{6.3}$$

其中, $r = (x_1, x_2, x_3)$ 是流体质点在动坐标系 $ox_1x_2x_3$ 中的位置矢径, 式 (6.3) 中的 f 和 a_0 用在惯性坐标系 $O^0 X_1^0 X_2^0 X_3^0$ 中的分量表示:

$$f = (f_1, f_2, f_3) \tag{6.4}$$

$$a_0 = (a_{01}, a_{02}, a_{03}) \tag{6.5}$$

设储箱运动初始时动坐标系 $ox_1x_2x_3$ 平行于惯性坐标系 $O^0 X_1^0 X_2^0 X_3^0$, 储箱绕 ox_3 轴的转角为 θ, 则在动坐标系 $ox_1x_2x_3$ 中角速度 ϖ 和角加速度 $\dot{\varpi}$ 可表示为

$$\varpi = (0, 0, \dot{\theta}) \tag{6.6}$$

$$\dot{\varpi} = (0, 0, \ddot{\theta}) \tag{6.7}$$

那么, 在动坐标系中 f^* 的分量为

$$f_1^* = (f_1 - a_{01})\cos\theta + (f_2 - a_{02})\sin\theta + x_2\ddot{\theta} + x_1\dot{\theta}^2 + 2u_2\dot{\theta} \tag{6.8a}$$

$$f_2^* = (f_1 - a_{01})\sin\theta + (f_2 - a_{02})\cos\theta - x_1\ddot{\theta} + x_2\dot{\theta}^2 - 2u_1\dot{\theta} \tag{6.8b}$$

$$f_3^* = f_3 - a_{03} \tag{6.8c}$$

因此, 在考虑了惯性力之后, 流体运动方程在动坐标系中的形式与在惯性坐标系中的形式完全一样.

6.3　作用于储腔的液动压力与力矩的计算

由流体力学知识, 流体对储腔的液动压力可由以下积分求得:

$$F = \int_{S_W} p n \, \mathrm{d}S \tag{6.9}$$

相对于动坐标原点的流体动力矩为

$$M = \int_{S_W} (r \times p n) \, \mathrm{d}S \tag{6.10}$$

其中, p 是流体的动压力 (等于总压力减去静压力); n 是储腔湿壁面 S_W 的外法线的单位矢量; r 是湿壁面点的位置矢径即

$$n = (n_x, n_y, n_z), \quad r = (x, y, z) \tag{6.11}$$

F 的三个分量是

$$F_x = \int_{S_W} p n_x \, \mathrm{d}S \tag{6.12a}$$

$$F_y = \int_{S_{\mathrm{W}}} p n_y \mathrm{d}S \tag{6.12b}$$

$$F_z = \int_{S_{\mathrm{W}}} p n_z \mathrm{d}S \tag{6.12c}$$

$\boldsymbol{M}$ 的三个分量是

$$M_x = \int_{S_{\mathrm{W}}} p(y n_z - z n_y)\mathrm{d}S, \tag{6.13a}$$

$$M_y = \int_{S_{\mathrm{W}}} p(z n_x - x n_z)\mathrm{d}S, \tag{6.13b}$$

$$M_z = \int_{S_{\mathrm{W}}} p(x n_y - y n_x)\mathrm{d}S, \tag{6.13c}$$

对于圆筒形储腔, 建立与储腔固联的坐标系 $oxyz$, 并让 oz 轴为储腔的旋转对称轴, 则储腔壁面的外法向单位矢量的三个分量为

$$n_x = \frac{x}{r_0}, \quad n_y = \frac{y}{r_0}, \quad n_z = 0 \tag{6.14}$$

其中, r_0 是储腔的半径, 在储腔底面上则有

$$n_x = 0, \quad n_y = 0, \quad n_z = -1 \tag{6.15}$$

通过以上结果可以对晃动对储腔所产生的动压力和动力矩这两个重要的晃动特性进行数值研究.

6.4 二维液体非线性大幅晃动算例与结果分析

研究具有强非线性的液体大幅晃动问题一直是人们感兴趣的课题, 然而, 对这类问题除了实验研究外, 只能采用数值方法模拟具有自由液面的黏性流体的非稳态流动过程. 通常储箱内液体的大幅晃动是由储箱受到激励而产生的. 当激励频率进入共振区时, 液体振动的幅度突然增长并可能远远超过线性理论正确性的极限. 实验表明[73], 在具有光滑壁面储箱的共振区内, 甚至在很小的储箱振幅下, 明显地出现非线性的流体动力学效应, 如共振激励频率与液体振动幅度的关系、液体自由表面独特的旋转以及波形剖面的非对称性等. 这些强非线性效应仅仅在比较大的液体振幅 (超过储箱半径的 25%) 下才出现. 当液体振幅小于储箱半径的 15% 时, 线性理论给出良好的结果. 在非常小的激励幅度或液体黏性很大时没有非线性效应. 在研究液体的大幅晃动问题时, 一般假设储箱壁是刚性的. 这一假设的合理性来自如下事实, 即具有实际意义的液体固有振动频率远远小于弹性壳体–储箱的固有频率. 特别是液体的基阶振动是非对称振动, 它产生作用于储箱的横向力和力矩, 因而具有头等重要的意义.

6.4.1　横向激励下二维液体大幅晃动研究

当充液储腔受到外激励而做加速度运动时, 将激起储液腔内液体的晃动, 晃动的幅度与外激励的幅度和频率以及外激励的方向密切相关. Muto 等采用长 0.8m、宽 01.m、高 0.6m 及充液深度 0.3m 的扁长方体试验模型研究了横向激励下二维液体大幅晃动问题[61]; 用慢速摄影的方法拍下了第一阶和第三阶共振情况下的波形图 (自由液面形状) 如图 6.1 所示.

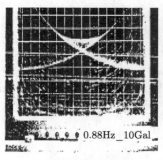
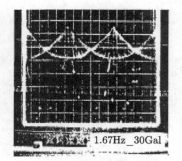

(a) 第一阶晃动模态　　　　　　　　(b) 第三阶晃动模态

图 6.1　第一阶和第三阶晃动模态的自由液面形状

为了验证 ALE 描述下 Patrov-Galerekin 流线迎风有限元方法的精度和效率, 作者采用与上述相同的物理模型进行数值仿真研究: 二维刚性储腔宽度为 0.8m, 液深为 0.3m, 假设液体为水 (运动学黏性系数 $\nu = 10^{-6} \text{m}^2/\text{s}$, 密度 $\rho = 10^3 \text{kg/m}^3$); 受到水平横向的正弦激励: $f_1^* = Ag \sin(2), f_2^* = -g$; 其中重力加速度 $g = 9.8 \text{m/s}^2$, f 和 A 分别表示激励的频率和无量纲振幅, t 表示时间. 根据无旋流动和线性波动理论可解析算出二维储腔中液体的第 k 阶共振频率为 (见第 5 章):

$$f_k = \sqrt{\frac{gk}{\pi L} \text{th}\left(\frac{k\pi h}{L}\right)} \tag{6.16}$$

其中, L 和 h 分别是储腔的宽度和充液深度; th$(\cdot)$ 是双曲正切函数. 式 (6.16) 计算出第一价和第三阶共振频率分别为 0.898Hz 和 1.71Hz. Muto 等采用试验方法所测得当 $A = 0.01$ 时的第一阶共振频率为 0.88Hz; 当 $A = 0.03$ 时的第三阶共振频率为 1.67Hz. 本节算例所采用的外激励频率和激励幅值见表 6.1.

表 6.1　横向激励参数

晃动模态	外激励频率 (f)	外激励幅值 (Ag)
1	0.89Hz	0.01g
3	1.67Hz	0.03g

数值仿真计算中采用 256(16 × 16) 个四边形四结点等参数单元, 时间步长取为

$\Delta t = \pi/30$.

图 6.2 和图 6.3 为数值模拟分别得到的不同时刻第一阶晃动模态和第三阶晃动模态的自由液面形状. 从所得到的第一阶模态自由液面形状可观察出: 当相对波高较小时, 自由液面形状可近似用线性理论描述, 而当相对波高较大时, 液面则呈现出强烈的非线性特征. 从所得到的第三阶模态自由液面形状可以清楚地看出共振时驻波的三个节点. 通过比较可以看出数值结果和图 6.1 中的试验结果有较好的吻合.

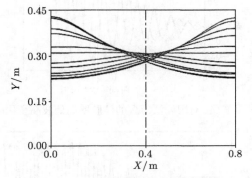

图 6.2 第一阶晃动模态的自由液面形状

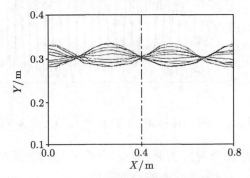

图 6.3 第三阶晃动模态的自由液面形状

图 6.4 是采用经典的 ALE 分步有限元方法所得到的储腔左右壁面处自由液面波高的时间变化历程 (最大波幅达到储腔特征尺度的 55%); 而图 6.5 是在经典的 ALE 有限元方法的基础之上增加了迎风格式所得到的储腔左右壁面处自由液面的相对波高时间变化历程 (为了与有关文献加以比较, 在数值模拟中从第十个周期开始改为自由晃动, 由于水的黏性非常小, 自由晃动时波高没有明显的变化). 两种方法采用了相同的网格和时间步长. 但将二者的数值结果同 Muto 等[61] 的试验结果和 Huerta 等[52] 的数值计算结果比较, 可以得到如下结论: 在水平激励的作用下, 晃动的幅度越来越大, 且波峰值明显比波谷值增加快, 两个结果都显现出了非线性

的特征, 但图 6.5 比图 6.4 明显地更接近于 Muto 等的试验结果和 Huerta 等的数值计算结果. 这也证明了 ALE 迎风有限元方法比经典的 ALE 分步有限元方法精度更高, 稳定性更好. 并且作者比 Huerta 等采用了更少的网格, 在网格自动更新的方法上也大大减少了计算量.

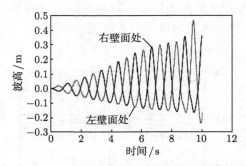

图 6.4   采用 ALE 有限元法得到的储腔壁面处波高变化时间历程

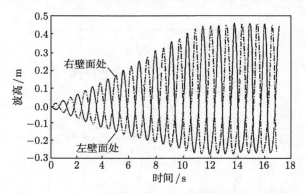

图 6.5   采用 ALE 迎风有限元法得到的储腔壁面处波高变化时间历程

图 6.6 是第三阶模态所对应的储腔左右壁面处自由液面相对波高时间变化历程, 从图中可清楚地观察出多个模态的叠加效应.

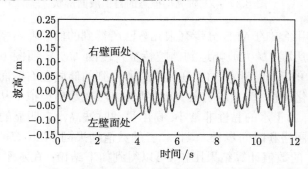

图 6.6   第三阶晃动模态自由液面相对波高时间变化历程

数值算例表明, ALE 迎风有限元方法在求解带自由液面的大幅晃动问题时是十分有效的. ALE 描述能够精确地跟踪自由液面, 避免网格纠缠; 迎风格式能够克服大幅晃动问题中对流扩散效应, 提高了数值结果的精度和稳定性.

6.4.2　俯仰激励下二维液体大幅晃动研究

6.4.1 节对储腔中液体受横向激励下大幅晃动问题的数值仿真, 但在实际问题中外激励的形式是很复杂的. 文献 [160] 中采用 MAC 方法对俯仰激励下二维液体大幅晃动问题进行了研究, 并进行了试验研究. 本节将 ALE 运动学描述引入到 Navier-Stokes 方程中, 推导了俯仰激励下液体大幅晃动数值模拟计算公式; 对方形储腔中液体大幅晃动问题, 采用 ALE 分步迎风有限元方法进行数值模拟计算, 对结果进行了比较分析, 揭示了俯仰激励下液体大幅晃动问题的非线性现象.

物理模型如图 6.6 所示, 充液储腔受到外部激励力, 从而绕某固定点做定轴运动. φ, Ω, ε 分别是储腔绕该点做定轴旋转运动时的旋转角度、角速度、角加速度. 记 A, F 分别代表外激励幅值和频率, 则可假设俯仰角的变化为

$$\varphi = A\sin(2\pi F t) \tag{6.17}$$

则

$$\Omega = 2\pi F A\cos(2\pi F t) \tag{6.18}$$

$$\varepsilon = -4\pi^2 F^2 A \sin(2\pi F t) \tag{6.19}$$

在图 6.7 中, XOY 为固定坐标系, xoy 为连体坐标系. 这里, u, v 分别是速度在 x 轴方向和 y 轴方向的分量; B_x 和 B_y 分别是单元液体受到的体积力在 x 轴方向和 y 轴方向的两个分量; ν 是运动学黏性系数; 绝对速度 v_a 和相对速度 v_r 之间有下面的关系:

$$v_a = v_r + v_e \tag{6.20}$$

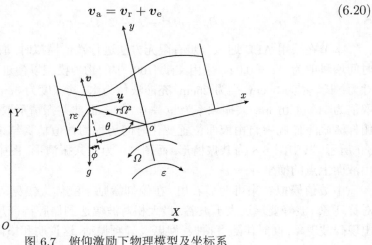

图 6.7　俯仰激励下物理模型及坐标系

其中, v_e 是牵连速度, 它由下列公式确定:

$$v_e = v_0 + \omega \times r \tag{6.21}$$

其中, r 是质点的矢径; v_0 是运动系某点的平动速度; ω 是相对该点转动角速度. 其次, 绝对加速度 a_a 和相对加速度 a_r 之间有下列公式:

$$a_a = a_r + a_e + a_c \tag{6.22}$$

其中, a_e 和 a_c 分别是牵连加速度和柯利奥利 (Coriolis) 加速度.

它们的表达式分别是

$$a_a = \frac{\mathrm{d}v_0}{\mathrm{d}t} + \frac{\mathrm{d}\omega}{\mathrm{d}t} \times r + \omega \times (\omega \times r) \tag{6.23}$$

$$a_c = 2(\omega \times v_r) \tag{6.24}$$

虚拟外力即为 $f - a_e - 2(\omega \times v_r)$, 分量形式为

$$B_x = r\Omega^2 \sin\theta + r\varepsilon \cos\theta + 2v\Omega - g\sin\phi \tag{6.25}$$

$$B_y = -r\Omega^2 \cos\theta + r\varepsilon \sin\theta - 2u\Omega - g\cos\phi \tag{6.26}$$

其中, ϕ、Ω、ε 分别是旋转角度、角速度、角加速度. θ 如图 6.7 所示是 r 和 y 轴正方向的夹角. (x, y) 是所研究的点的坐标. 而

$$r\sin\theta = -x \tag{6.27}$$

$$r\cos\theta = y \tag{6.28}$$

分别代入式 (6.26)、式 (6.25) 得

$$B_x = x\Omega^2 + y\varepsilon + 2v\Omega - g\sin\phi \tag{6.29}$$

$$B_y = y\Omega^2 - x\varepsilon - 2u\Omega - g\cos\phi \tag{6.30}$$

本节在采用 ALE 迎风分步有限元方法进行数值模拟时, 取 600 个四边形单元, 时间增量取为 $\Delta t = 0.02\mathrm{s}$, 采用文献 [160] 中的物理模型以便进行比较分析. 储腔尺寸为: 长、宽为 50cm, 高为 25cm, 充液液体为水, 其深度为 5cm. 数值模拟中, 参数取值为 $A = 0.016\mathrm{m}$, 共振频率为 $F = 0.77\mathrm{Hz}$, 而非共振情形取频率为 $F = 0.89\mathrm{Hz}$. 俯仰激励下储腔中自由液面位置变化时间历程的数值仿真结果分别如图 6.8 和图 6.9 所示, 其中图 6.8 为共振情形, 而图 6.9 为非共振情形, 图中 $x = 0.15\mathrm{m}$ 表示自由液面上点的横坐标.

由数值模拟结果可明显看出, 在俯仰激励下液体大幅晃动具有非常明显的非对称现象 (波峰要远远大于波谷, 最大相对波幅达到储腔特征尺度的 26%), 很容易出现碎波现象, 同时伴随有拍振、跳跃及异频振动. 这说明和横向激励下液体大幅晃

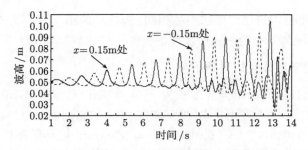

图 6.8 俯仰激励下自由液面的变化 (共振情况)

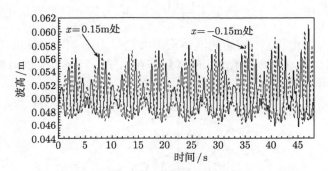

图 6.9 俯仰激励下自由液面的变化 (非共振情况)

动相比, 在俯仰激励下液体大幅晃动呈现出更丰富非线性现象. 从波高变化的时间历程看出, 共振情况下可激发高阶晃动模态, 并显示有驻波情形出现, 而随着激励时间的增加 (譬如 13s), 波形发生严重变化并出现强非线性特征. 非共振情况下, 拍振现象非常明显. 需要指出的是, 以上算例中充液深度为浅水情形, 而这种情形要比深水情形呈现出更为复杂的非线性现象, 因此对算法要求有较高的精度和稳定性. 本节所得结果与文献 [160] 的结果基本吻合.

6.5 三维液体非线性大幅晃动算例与结果分析

对于二维液体大幅晃动问题的数值仿真研究已有不少结果, 尽管很多作者由于计算机存储及速度的限制仍热衷于两维自由面问题的研究, 但更多的待求问题需要全三维分析技术. 但是由于问题的复杂性, 要达到三维自由面问题的完善有效求解方法这一目的还有待时日[54,148]. 事实上, 现实中大多数流体都是三维的, 因此对二维方法所花费的努力与现实情况很不相称. 即使现代计算机硬件技术有了很大发展, 但研究工作仍然将遇到很多挑战; 首先也是最重要的工作是将移动网格技术推广到三维问题中, 这在自由或运动边界上将遇到极大困难. 在工程实际中根据不同的工况需要, 储液腔体的几何形状不尽相同; 圆柱形储箱具有广泛的应用. 本小节以圆筒形储腔中液体晃动为例进一步研究三维液体大幅晃动动力学.

6.5.1　横向激励下液体大幅晃动研究

算例　设无顶盖圆筒形储腔半径为 $r_0 = 0.25$m, 充液深度 (沿 oz 方向)$h_0 = 0.05$m, 初始时刻液体处于静止状态, 受到横向 (沿 ox 方向) 激励 $\bar{f}^* = (A\sin(2\pi f), 0, -g)$, 其中 $A = 0.02$m/s^2, $f = 0.802$Hz, $g = 9.8$m/s^2; 运动学黏性系数取为 $\nu = 10^{-6}$m^2/s. 其中激励频率采用线性近似理论中的基阶频率由文献 [161] 中的公式给

出: $f = \dfrac{1}{2\pi}\sqrt{\dfrac{g\xi}{r_0}\text{th}\left(\xi\dfrac{h_0}{r_0}\right)}$, ξ 满足 $\dfrac{\text{d}J_1(\xi)}{\text{d}\xi} = 0$, J_1 为第一类贝塞尔函数. 储腔及其

内部液体初始为静止状态. 初始的液体构形被划分为 504(即 84×6) 个八结点六面体等参单元, 679(即 97×7) 个结点; 网格划分在水平内及竖直平面内的投影图如图 6.10 和图 6.11 所示.

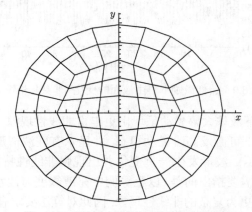

图 6.10　网格划分在水平面内的投影图

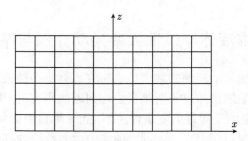

图 6.11　网格划分在图竖直平面内的投影图

数值模拟结果示于图 6.12∼ 图 6.15; 图 6.12 给出了储腔左、右壁面处的自由液面位置变化时间历程; 图 6.13 给出了沿激励方向 (沿 ox 轴方向) 作用在储腔上

的晃动力 F_x 及绕轴 oy 轴方向的晃动力矩 M_y 的变化时间历程; 图 6.14 给出了沿激励方向 (沿 oy 轴方向) 作用在储腔上的晃动力 F_x 及绕轴 oy 轴方向的晃动力矩 M_x 的变化时间历程; 图 6.15 给出了不同时刻自由液面形状.

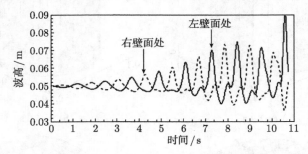

图 6.12 储腔左、右壁面处的自由液面位置变化时间历程

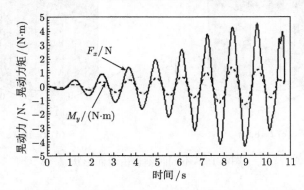

图 6.13 液体作用在储腔壁上面内晃动力 F_x(沿 ox 轴) 及晃动力矩
M_y(沿 oy 轴) 变化的时间历程

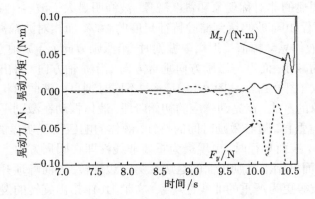

图 6.14 液体作用在储腔壁上面外晃动力 F_y(沿 oy 轴)
及晃动力矩 M_x(沿 ox 轴) 变化的时间历程

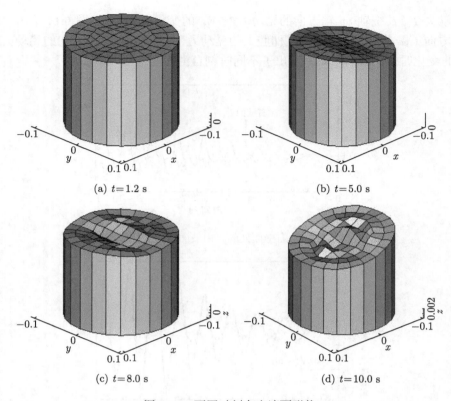

图 6.15　不同时刻自由液面形状

从数值模拟结果可以看到: 三维液体非线性晃动问题蕴藏着极其丰富的非线性现象, 从图 6.12 可明显看到当经历一段时间历程后液体晃动出现迫振现象, 波幅显现出非常明显的非对称现象和跳跃现象, 波峰明显大于波谷; 当波幅达到其极限值时 (时间历程 10s, 波幅达到储腔特征尺度的 16%, 而相对波幅高度达到 80%). 图 6.13 表明当液体晃动幅值接近极限振副时, 沿激励方向 (沿 x 轴方向) 上的晃动力将发生明显的减小, 而沿与激励方向垂直方向 (沿 y 轴方向) 将出现明显的压力响应且急剧增大 (图 6.14). 从图 6.15 所示的不同时刻自由液面形状可以观察到自由液面旋转现象的产生, 在晃动响应的初始阶段, 液体振动在激励平面上产生一个节径与激励方向垂直, 随着激励时间的持续, 液体的响应出现明显的非线性, 当液体振幅接近 0.16 液面半径时, 出现最为重要非线性即在圆周方向上出现不稳定晃动, 液体晃动平面开始沿激励平面的这边或另一边旋转, 进而峰顶开始剧烈变形而破坏并出现碎波等更为严重的非线性现象. 文献 [161] 指出旋转的发生可通过实验观察或利用记录仪记载 y 轴方向是否有明显增大的压力响应出现, 并且指出: 旋转的方向 (顺时针或逆时针) 具有随机性. 利用数值模拟方法得到的结果与实验结论完全吻合, 这种旋转现象是三维液体大幅晃动在三维空间中出现的一种典型分岔现象, 其发生条件与激励频率、激励幅值以及液体的黏性效应有密切关系. 当频率远离基频或激励非常小的激励幅度或者液体黏性很大时没有上述的出现非线性效应. 这些数值模拟结果与第 5 章利用弱非线性摄动理论所得到的液体旋转晃动的相关定性描述也基本保持一致. 此外, 本小节采用数值模拟所得到的圆柱腔中液体大幅晃动强非线性现象如碎波、旋转及拍振等也与文献 [161] 中如图 6.16 所示的试验结果相一致.

图 6.16　圆柱形储腔中液体大幅晃动试验结果

通过对以上的数值模拟结果进行比较分析可得出如下结论:

(1) 极限振幅的概念. 由图 6.12 可知当晃动幅度等于 0.16 半径时, 峰顶开始剧烈变形而破坏. 这是因为液体微粒的纵向加速度不可能超过质量场的加速度. 这些结论和二维情形中晃动达到极限振幅时将趋于稳态振动有明显的区别. 此外, 极限振幅的概念还与充液深度有关, 计算表明随着充液比的增加, 极限振幅也有相应的增加.

(2) 压力响应及分叉. 通过观察图 6.13~ 图 6.15 可得出: 当出现碎波及旋转现象时, 沿着和激励方向垂直方向有冲击型的压力响应分量出现. 此时波的运动是一种极复杂的复合运动并伴随有分叉现象的出现; 此时可把压力响应是否在 oy 轴方向上出现突然明显增大的冲击型压力作为晃动稳定性的判据. 模拟结果表明: 严重的非线性现象的产生与激励幅度、频率、液体黏性有密切关系, 当激励幅度非常小或液体黏性特别大时, 没有出现非线性效应.

6.5.2 俯仰激励下液体大幅晃动研究

本小节采用 ALE 有限元方法求解储腔中的三维液体受俯仰激励下的大幅晃动问题并揭示其非线性特性. 所采用的物理模型如图 6.17 所示, 充液储腔受到外部俯仰激励力, 从而绕某固定点做定轴运动. θ、ω、ε 分别是储腔绕该点做定轴旋转运动时的旋转角度、角速度、角加速度. 记 A、F 分别代表激励幅值和频率, 则可假

设设俯仰角的变化为

$$\theta = A\sin(2\pi Ft) \tag{6.31}$$

从而有

$$\omega = 2\pi AF\cos(2\pi Ft) \tag{6.32}$$

$$\varepsilon = -4\pi^2 F^2 A\sin(2\pi Ft) \tag{6.33}$$

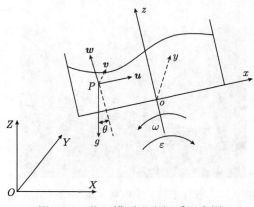

图 6.17　物理模型及坐标系示意图

在示意图 6.17 中, XOY 为固定坐标系, xoy 为连体坐标系. 这里, u、v 和 w 分别是液体内部任一点 P 的速度在 x 轴方向、y 轴方向和 z 轴方向的分量.

由动力学知识可知, 任一质点 P 的绝对速度 $\boldsymbol{v}_a$ 和相对速度 $\boldsymbol{v}_r$ 之间有下面的关系:

$$\boldsymbol{v}_a = \boldsymbol{v}_r + \boldsymbol{v}_e \tag{6.34}$$

其中, $\boldsymbol{v}_e$ 是牵连速度, 它由如下公式确定:

$$\boldsymbol{v}_e = \boldsymbol{v}_0 + \boldsymbol{\omega} \times \boldsymbol{r} \tag{6.35}$$

其中, $\boldsymbol{r}$ 是质点的矢径; $\boldsymbol{v}_0$ 是运动系某点的平动速度; $\boldsymbol{\omega}$ 是相对该点转动角速度.

其次, 绝对加速度 $\boldsymbol{a}_a$ 和相对加速度 $\boldsymbol{a}_r$ 之间有下列公式:

$$\boldsymbol{a}_a = \boldsymbol{a}_r + \boldsymbol{a}_e + \boldsymbol{a}_c \tag{6.36}$$

其中, $\boldsymbol{a}_e$ 和 $\boldsymbol{a}_c$ 分别是牵连加速度和柯利奥利加速度, 它们的表达式分别是

$$\boldsymbol{a}_e = \frac{\mathrm{d}\boldsymbol{v}_0}{\mathrm{d}t} + \frac{\mathrm{d}\boldsymbol{\omega}}{\mathrm{d}t} \times \boldsymbol{r} + \boldsymbol{\omega} \times (\boldsymbol{\omega} \times \boldsymbol{r}) \tag{6.37}$$

$$\boldsymbol{a}_c = 2(\boldsymbol{\omega} \times \boldsymbol{v}_r) \tag{6.38}$$

虚拟外力为 $\boldsymbol{f}^* = \boldsymbol{f} - \boldsymbol{a}_e - 2(\boldsymbol{\omega} \times \boldsymbol{v}_r)$, 若用分量表示可设

$$\boldsymbol{f}^* = (f_1^*, f_2^*, f_3^*) \tag{6.39a}$$

$$\boldsymbol{f} = (f_1, f_2, f_3) \tag{6.39b}$$

$$\boldsymbol{a}_0 = \frac{\mathrm{d}\boldsymbol{v}_0}{\mathrm{d}t} = (a_0, a_{02}, a_{03}) \tag{6.39c}$$

$$\boldsymbol{\omega} = (0, \dot{\theta}, 0) \tag{6.39d}$$

$$\dot{\boldsymbol{\omega}} = (0, \ddot{\theta}, 0) \tag{6.39e}$$

$$\boldsymbol{r} = (x, y, z) \tag{6.39f}$$

则有

$$f_1^* = (f_1 - a_{01})\cos\theta + (f_3 - a_{03})\sin\theta - z\ddot{\theta} - x\dot{\theta}^2 - 2w\dot{\theta} \tag{6.40}$$

$$f_2^* = f_2 - a_{02} \tag{6.41}$$

$$f_3^* = -(f_1 - a_{01})\sin\theta + (f_3 - a_{03})\cos\theta + x\ddot{\theta} + z\dot{\theta}^2 + 2u\dot{\theta} \tag{6.42}$$

本节数值仿真采用的储腔模型尺寸为: 圆筒形储腔半径 $r = 50\mathrm{cm}$, 充液深度为 $h = 50\mathrm{cm}$; 数值模拟中参数取值为 $A = 0.02\mathrm{m/s^2}$, 激励频率取固有频率 $F = 0.93\mathrm{Hz}$. 模拟结果如图 6.18、图 6.19 所示. 其中图 6.18 为俯仰激励下储腔左、右壁面处自由液面变化的时间历程, 图 6.19 为晃动力及晃动力矩变化的时间历程. 在图 6.19 中 F_x、F_y 分别表示沿 x 轴、y 轴方向的晃动力, M_x、M_y 分别表示绕 x 轴、y 轴的晃动力矩.

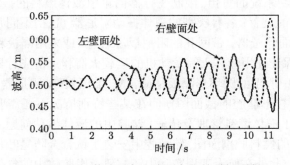

图 6.18　俯仰激励下自由液面变化的时间历程

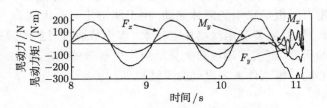

图 6.19　晃动力及晃动力矩变化的时间历程

由数值模拟结果可明显看出, 在俯仰激励下三维液体大幅晃动具有非常明显的非对称现象 (波峰要远远大于波谷), 很容易出现碎波现象, 随着时间历程的增加, 波高变化极不稳定且具有跳跃现象发生, 最大波高可达到储腔半径的 30%. 从晃动力及晃动力矩的时间变化历程可看出, 随着时间历程的增加, 波幅陡然增大并且在某一时刻, F_y、M_x 突然出现并且急剧增大从而呈现严重的非线性变化; 与横向激励下的情形类似, 此时自由液面的晃动将发生分岔现象, 出现明显的面外晃动模态, 自由液面发生剧烈旋转. 这些力学现象将形成耦合从而出现更加复杂的诸如自由液面混沌等非线性力学现象, 这说明在俯仰激励下, 液体大幅晃动呈现出更加丰富非线性现象.

6.6　带防晃隔板储腔中液体大幅晃动数值模拟

以上研究表明: 根据外激励频率及腔体的几何形状不同, 液体自由面可能会产生诸如面外晃动、旋转、非规则拍振、伪周期运动及混沌等复杂的非线性运动, 由此所产生的晃动力及晃动力矩对整体系统动力学具有显著影响. 液体复杂晃动所带来的主要困难在于如何有效估计液动压力、晃动反作用力及反作用力矩[123~125]. 航天工程中, 推进剂的晃动问题是十分重要的研究课题, 液体燃料晃动对航天器姿态稳定性、轨道稳定性及燃料储腔的结构稳定有重要影响. 特别是对于大型航天器, 液体燃料与其他结构质量之比越来越大, 液体晃动和姿态控制系统的耦合将越来越明显. 为减轻控制系统的负担, 限制飞行器储箱中液体燃料的振动, 在工程实践中广泛地应用专门的装置: 各种类型的液体振动阻尼器 (包括不同几何形状的刚性及柔性阻尼板、液面浮子器、带网孔的阻尼板等装置) 或采用隔板将大型储腔分隔成小腔体, 它们是保证使用液体火箭发动机的运载火箭和宇宙飞行器稳定性的有效手段之一. 图 6.20 中所示的圆环形隔板是最常见的一种振动阻尼器 (图中所示为带多层环形阻尼板圆柱形储腔的截面图), 而在某些特别情况下还需要考虑具有复杂内部装置 (主要用于液体燃料管理及传输) 储腔中的液体晃动问题, 图 6.21 所示为某型号卫星所携带的燃料腔剖面图, 储液腔中安装了钛合金防晃叶片及用于燃料管理的一些复杂装置. 此外在航天工程实际中还需要考虑腔体中的气体和液体的耦合动力学问题 (如微重环境下需要采用沉降气压对液体燃料进行再定位管理等). 要用数值方法模拟带有隔板储箱中的液体晃动, 由于储箱几何形状复杂, 需要精心设计有限元网格的布置, 且需要利用网格加密技术. 本小节通过对加入隔板的储腔中的三维晃动问题的研究, 证实了隔板对大晃动所产生有效的阻尼效果. 数值模拟结果揭示了一些重要的三维液体大幅晃动的晃动机理.

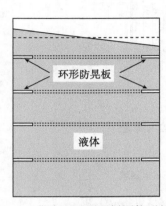

图 6.20 带多层环形隔板圆柱形储腔截面图

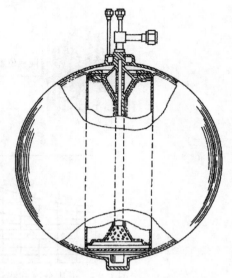

图 6.21 新一代储腔示意图

本小节以单层环形阻尼板为例, 储腔物理模型如图 6.22 所示, 防晃隔板上的网格划分示意图如图 6.23 所示. 在数值仿真模拟中采用 624 个八节点六面体单元, 节点数为 873 个, 整体网格构型如图 6.24 所示; 其中各个参数的物理意义如下: e 为肋板的厚度 (取为 0.005m), w 为肋板的宽度, d 为肋板距静液面的高度, 本小节对不同的隔板位置即 d 值进行了数值模拟计算. 为了进行对比分析, 储腔尺寸及充液深度的取值和 6.5.1 节中算例相同.

对于带隔板储腔中的液体大幅晃动数值仿真问题, 在进行有限元网格更新时采用如图 6.25 所示的分区式表示方式比较方便, 即隔板以下的流体区域采用 Euler 描述, 而隔板以上的流体区域采用 ALE 描述. 此外, 对于储液较深的无隔板储腔也可以采用这种分区式的描述方式, 这样设计的网格更新方案可以减少网格更新的计算量, 从而提高计算效率.

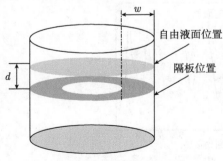

图 6.22 环形防晃隔板示意图

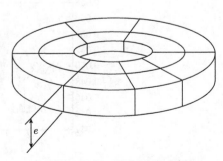

图 6.23 隔板网格划分示意图

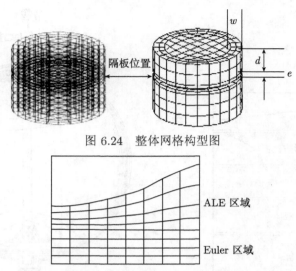

图 6.24　整体网格构型图

图 6.25　采用分区式描述方式进行网格更新示意图

图 6.26 和图 6.27 分别给出了当 $d = 0.024$m 及 $d = 0.031$m 时, 储腔左、右壁面上的自由液面变化的时间历程. 图 6.28 和图 6.29 分别给出了不同时刻带隔板储腔中液体晃动的瞬时速度场矢量图.

从以上加入隔板储腔中液体晃动的数值模拟结果可得出如下结论:

(1) 通过比较 6.5.1 节中的图 6.12 和与本小节的图 6.26 可以看出: 不加隔板时最大液面高度达到 0.09m, 加入隔板后为 0.057m($d = 0.024$m), 波幅降低 37%.

(2) 比较图 6.26 和图 6.27 可知: 越靠近自由液面, 防晃效果越明显. 当 $d = 0.024$m 时, 最大液面高度为 0.057m; 而当 $d = 0.031$m 时, 最大液面高度为 0.062m.

(3) 从图 6.28 和图 6.29 的速度矢量图可明显看出: 加入隔板后, 在隔板附近产生极其复杂的流体运动, 明显出现速度间断面从而产生涡旋、尾流而耗散液体的功能. 以上是加入隔板后产生阻尼效应而降低由晃动所产生的荷载的主要机理.

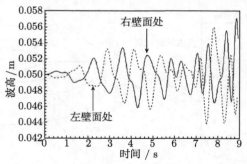

图 6.26　加入隔板后波高响应时间历程 ($d = 0.024$m)

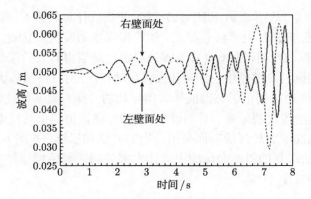

图 6.27　加入隔板后波高响应时间历程 ($d = 0.031$m)

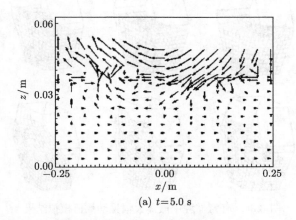

(a) $t = 5.0$ s

图 6.28　加入隔板后流体域速度场矢量图 ($d = 0.024$m, $t = 5$s)

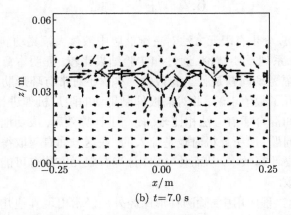

(b) $t = 7.0$ s

图 6.29　加入隔板后流体域速度场矢量图 ($d = 0.024$m, $t = 7$s)

　　值得注意的是, 从图 6.26 和图 6.27 所示的数值计算结果看, 虽然加入隔板后波高有明显降低, 但仍然是非线性晃动 (如迫振现象的发生). 因此, 为了达到最佳防晃效果, 防晃板的几何形状、位置设置等问题也是值得研究的课题.

　　本小节采用圆柱形储腔中三维液体大幅晃动算例, 对三维液体大幅晃动动力学进行了数值仿真研究, 揭示了三维液体大幅晃动的一些重要非线性特性; 对于复杂腔体除在前处理阶段需要采取有针对性的措施外, 在数值模拟过程中还需要在自由液面跟踪、储腔曲壁面处理等方面采用特别的方法加以解决. 图 6.30 给出了采用 ALE 有限元方法得到的斜壁面储腔中液体大幅晃动的数值模拟结果, 有关方面的详细内容可参考文献 [146].

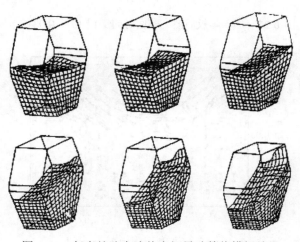

图 6.30　　任意储腔中液体大幅晃动数值模拟结果

6.7　注　　记

　　本章利用 ALE 分步有限元方法对三维储腔中液体大幅晃动问题进行了数值模拟求解, 得出了一系列重要结论. 通过和实验结果比较, 证明本章所发展的数值方法对求解三维大幅晃动问题是行之有效的. 本章还对带有环形肋板复杂腔体中的液体晃动问题进行了数值求解, 并对隔板抑制晃动的阻尼机理进行了研究. 虽然本章采用分步方法和混合插值方法相比较, 提高了计算效率, 成功地模拟了三维真实液体的大幅晃动问题, 但所耗机时也是惊人的, 在这方面有望取得进展的是采用并行技术进一步提高计算效率, 从而使 ALE 分步有限元方法有可能在模拟三维大幅晃动领域更有成效.

　　此外, 在实际工程应用中, 除圆柱形储腔外还经常出现其他几何形状的储液容器. 常见的储腔类型有球形储腔、椭球储腔、扇形圆柱形储腔、卧式圆柱形储腔、环形储腔、Cassini 储腔等. 目前, 适用于一般三维问题的基于固体模型的网格生成技术已日臻完善, 因此当腔体几何形状比较复杂时, 在数值模拟前处理阶段如借助一些商用软件进行网格生成可大大提高计算效率, 图 6.31 所示为采用 Ansys 软件对 Cassini 储腔进行前处理所得到的网格划分截面图 (其中图 6.31(a) 表示三角形单元, 图 6.31(b) 表示四边形单元). 复杂腔体中的液体大幅晃动问题的研究是目前亟待解决的问题, 需要在算法设计、计算机编程、并行计算机技术的应用及线性代数求解器等方面加强探索研究.

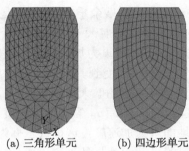

(a) 三角形单元   (b) 四边形单元

图 6.31 不同几何形状的单元网格划分效果图

如前所述, 与 MAC 方法相比, VOF 方法的优点是计算存储量小、利于三维问题的计算, 缺点是不易得到精确的液面位置. 有众多学者对此方法进行了改进并使得其得到广泛的应用. 图 6.32 给出了采用 VOF 方法并借助于 Fluent 大型软件数值模拟了组合外激励下水平放置的带多层隔板储腔中液体自由液面晃动流动现象[162]. 最新的研究成果包括文献 [134] 采用改进的 VOF 方法成功地数值模拟出了三维液体大幅晃动中的撞顶、碎波及飞溅现象, 如图 6.33 所示.

图 6.32 组合外激励下带多层隔板储腔中液体流动现象

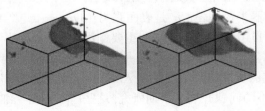

图 6.33 三维液体大幅晃动飞溅现象

第 7 章　微重力环境下液体非线性晃动动力学

液体晃动是一种振荡运动, 按其恢复力的性质可分为两类: 一类是微重力环境下的晃动问题, 其恢复力是表面张力与残余重力; 另一类是常重或超重晃动问题, 其恢复力是重力或惯性力. 对于基于具有航天工程背景的研究来说, 在空间轨道上运动的质点从理论上说处于失重状态, 即重力加速度与轨道加速度相抵消. 但对实际航天器来说, 除了受重力的作用外, 还受到其他外力的作用, 而且航天器也不是严格意义下的质点. 因此, 在轨道上运行的航天器内各质点, 严格来说, 并不处于零重状态, 其残余的重力加速度 $g = g_L - a_0 (a_0$ 为实际加速度, g_L 为引力加速度) 的值在 $10^{-1} g_0 \sim 10^{-6} g_0$ (g_0 为地面重力加速度), 这种状态称为微重状态. 因此, 在轨道上运动的航天器内液体燃料的晃动运动是处于微重力环境之中. 在微重力环境中, 热和浓度的非均匀系统中浮力对流极大地减弱、密度或浓度非均匀系统的分层现象基本消失、由于重力平衡所要求的压力梯度极大地减少. 这样, 在地球重力作用下被掩盖了的许多次极过程可以在微重力环境中突出地变为主要过程, 特别是各种表面和界面过程显得十分重要. 因此, 微重力环境为研究物理、化学、生物系统中流体的运动规律提供了新的机遇. 深入认识微重力环境中的物质运动规律, 将是进一步利用微重力条件的基础. 刚性容器中液体晃动的线性化理论已发展的相当完善并应用于工程设计中, 然而对于具有不同几何形状的储腔中液体非线性晃动问题至今仍然吸引着众多学者的关注, 特别是微重力环境下液体的非线性晃动问题, 至今还没有得到很好的解决. 常重力场中重力使液体沉向容器底部; 当重力减弱时, 液体可能以不可预知的方式出现在容器内的任何位置; 微重力场中的液体晃动动力学会出现与常重力场下的不同问题. 这些问题包括液体在容器内的再定位以及移动和管理, 因为此时重力几乎为零. 在微重力场中, 表面张力变为主导力, 由重力与毛细力比率得出的 Bond 数 (Bond 数表示为 $B_0 = gR^2/(\sigma/\rho)$, 其中 g 是等效重力加速度 (cm/s^2), R 是容器半径 (cm), σ 是表面张力 (dyn/cm 或者 $10^{-5}N/cm$), ρ 是液体密度 (g/cm^3)) 对自由液面的特性起到重要作用. 对于远远小于 1 的小 Bond 数, 毛细力占主导, 此时容器内自由液面不再是平坦的, 而是围绕容器侧壁上升呈弯月状. 美国西南研究院的资深航天工程专家 Abramson 对低重力和零重力状态下关于流体行为的一系列不同问题开展了早期研究; 这些问题包括毛细体系的力学和热力学, 低温容器内的热传递和能量输运机制, 毛细流体静力学, 低重力晃动及低 g 环境下的流体管理等一些相关问题[76,163].

微重力环境下液体非线性晃动数值模拟研究中具有挑战性的工作涉及三维自由面上的微分几何理论. 三维问题中需要相容地计算界面处法向及切向矢量并能有效地考虑自由面曲率 (如毛细力) 效应; 涉及复杂几何理论、接触线物理机理理论等内容, 这些问题的解决与二维问题相比要复杂得多.

7.1 微重力环境下静液面数值仿真

微重力环境下, 液体燃料管理中最重要的问题之一是首先需要确定液体燃料界面的形状和位置. 由于篇幅所限, 本节仅考虑微重力环境下对称腔体中静液面形状的数值仿真问题, 有关方面的详细内容可参考文献 [164]~[167].

7.1.1 液体界面及接触线上的基本量

表面张力现象是微重力下流体的重要特性. 在有气体与液体共存的区域, 气、液交界面上存在一薄层, 通常称为表面层. 表面层的定性微观图片表明, 在密度低的气体一方, 表面分子受到指向液体的侧向吸引力, 而在气体方向上吸引力较小. 因此, 表面层受到张力, 使得表面面积达到与物质的质量、容器约束以及外力相适应的最小程度. 表面张力就是表面层这一特性的一种度量. 在通常情况下, 如果腔体比较大, 而液体表面张力与质量力 (如重力、离心惯性力等) 或其他作用力 (如气动阻力、光压、地磁等) 相比较又很小时, 则可忽略不计; 然而, 在失重或微重 (低加速) 条件下, 表面张力对液体运动的动力学特性有显著的影响, 成为必须研究的重要作用力. 表面张力的大小与液体所接触介质的物理性质有关. 在液体自由面 (气、液交界面), 表面张力随温度和气体压力的增加而减小. 在临界点, 表面张力为零. 高斯 (Gauss) 于 1830 年提出了表述表面张力的基本原理. 当前, 在工程技术上仍应用着高斯原理: 沿着两种不同介质 i 与 j 的接触面产生表面张力, 具有势 $\varPi$ 且等于接触表面积 $S_{ij}(i, j = 1, 2, 3, i \neq j)$ 与对应的表面张力系数 α_{ij} 的乘积 (这里 $\alpha_{ij} = \alpha_{ji}$); 如果用 1、2、3, 分别表示刚体、液体、气体三种介质, 则得

$$\varPi = \alpha_{12} S_{12} + \alpha_{13} S_{13} + \alpha_{23} S_{23} \qquad (7.1)$$

关于表面张力的详细讨论可参考第 1 章相关内容. 由于表面张力与液体晃动的作用, 液面在接近储箱壁的地方会产生弯曲, 液面与储箱壁交成一条封闭曲线, 称为接触线. 被湿润的固面与自由面之间的夹角成为接触角 (或湿润角), 记为 θ_c, 如图 7.1 所示. 图中, S_f 表示气体、液体交界面; S_w 为液体、腔体交界面; S_0 为气体与腔体的交界面; γ_c 为接触线; e 为在与 S_f 相切平面内接触线的单位法线矢量; e_1 为在与 S_w 相切平面内接触线的单位法线矢量. 设刚体、液体、气体三相接触并处于平衡状态. 接触线的静平衡应满足

$$\alpha_{13} = \alpha \cos \theta_c + \alpha_{12} \tag{7.2a}$$

上式也可表示为

$$\sigma \cos \theta_c = \sigma_0 - \tilde{\sigma} \tag{7.2b}$$

上式通常称为 Dupré-Yong 条件, 其中 σ、$\tilde{\sigma}$、σ_0 分别是界面 S_f、S_w、S_0 上的表面张力系数; Ω 是流体域 (或流体占的体积). 当温度和气体压力不变时, 表面张力系数 σ、$\tilde{\sigma}$、σ_0 均为常数, 在这种条件下, 式 (7.2) 等价于 $\theta_c = \mathrm{const.}$ 或当我们考虑图 7.1 所示的具体几何条件时, 利用界面上的势能及流体体积变分并根据 Lagrange 乘子方法可得到以下方程:

$$\int_{S_f} [-\sigma(k_1 + k_2) + \rho \varPi + c]\, \boldsymbol{n} \cdot \delta \boldsymbol{x} \mathrm{d}S_f + \int_{\gamma_c} [\sigma(\boldsymbol{n} \cdot \boldsymbol{n}_1) + (\tilde{\sigma} - \sigma_0)]\boldsymbol{e}_1 \cdot \delta \boldsymbol{x} \mathrm{d}\gamma_c = 0$$

其中, c 是常数, 而 k_1、k_2 是界面 S_f 的主曲率; 由此分别得到 Laplace 条件 $p_0 - p = \sigma(k_1 + k_2)$(其中 $p_0 = \mathrm{const.}$ 为气体中的压力, p 为液体中的压力) 及在接触线 γ_c 上成立的如下恒等式:

$$\sigma(\boldsymbol{n} \cdot \boldsymbol{n}_1) + (\tilde{\sigma} - \sigma_0) = 0, \quad 在 \ \gamma_c \ 上$$

因为 $\boldsymbol{n} \cdot \boldsymbol{n}_1$ 为流体所形成接触角 γ_c 的余弦, 所以可以发现上式和方程 (7.2b) 是等价的; 假设 $\alpha = (\sigma_0 - \sigma)/\sigma$ 为给定值, 便得到

$$\cos \theta_c = \boldsymbol{n} \cdot \boldsymbol{n}_1, \quad 在 \ \gamma_c \ 上 \tag{7.3}$$

其中, $\boldsymbol{n}$、$\boldsymbol{n}_1$ 分别是 S_f、S_w 在 γ_c 处单位法线矢量如图 7.1 所示.

7.1.2　方形储腔中静液面平衡基本方程与边界条件

对矩形储腔, 在液体静表面的最低点置坐标系 $oxyz$, 假设沿 y 方向储腔尺度足够大, 则液体静表面形状与 oy 轴方向无关, 从而把问题进一步简化为二维问题, 如图 7.2 所示.

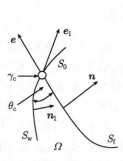　　　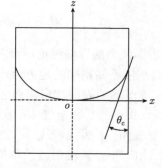

图 7.1　接触线处示意图　　　图 7.2　方形储腔中静液面极坐标系示意图

微重环境下液体静表面是由表面张力及液体与固壁交界处的接触角 θ_c 所决定的; 假设其形状为

$$z = z(x) \tag{7.4}$$

跨越液体自由面压力满足如下的 Laplace 公式:

$$p_0 - p = \sigma k \tag{7.5}$$

其中, p_0 是气压; p 是自由面正下的液体压力; σ 是表面张力系数; k 是液体自由面中曲率并且对于二维情况下有

$$k = z_{xx}/(1 + z_x^2)^{3/2} \tag{7.6}$$

由于质量力有势, 因此液体静压力 p 可表示为

$$p = -\rho g z + C \tag{7.7}$$

其中, C 是常数; g 是液体单位质量所受的体积力. 根据式 (7.4)~ 式 (7.6) 并结合条件 $z(0) = 0, z_x(0) = 0$, 并选取储腔宽的一半 l 为特征长进行无量纲化, 可得如下无量纲方程:

$$\frac{Z_{XX}}{(1 + Z_X^2)^{3/2}} = N_{\text{Bo}} Z + Z_{XX}(0) \tag{7.8}$$

其中, 无量纲数 $N_{\text{Bo}} = \rho g l^2/\sigma$ 是 Bond 数或称为邦德数, 无量纲量 $Z = z/l, X = x/l$. 因静液面最低点在坐标原点处并且静液面关于 Z 旋转对称, 则有如下边界条件:

$$Z(0) = 0 \tag{7.9}$$

$$Z_X(0) = 0 \tag{7.10}$$

在微重力情形下静液面还应满足自由液面与腔壁壁面交界处接触角 θ_c 不变这一接触条件, 按照无量纲量表示这一条件就有

$$Z_X(1) = \cot(\theta_c) \tag{7.11}$$

求解满足初边值条件 (7.9)、(7.10) 和 (7.11) 的非线性微分方程 (7.8) 即能得到静液面形状. 本节简要介绍分别采用龙格库塔法和迭代法计算两维储腔中静液面形状的一般步骤和一些基本结论.

7.1.3 方形储腔中静液面形状数值模拟

1. 龙格库塔法

在一定邦德数和接触角条件下静液面形状是确定的, 把 $Z_{XX}(0)$ 作为一个预

设的参数求解方程 (7.8), 计算出接触角 α 并将其与给定值比较, 若差值小于精度 ε 就可认为其结果满足边界条件. 若计算值 α 大于给定值则将 $Z_{XX}(0)$ 增加任一小量, 反之则将 $Z_{XX}(0)$ 较少任一小量; 再次求解方程 (7.8), 若两次求解的接触角与给定值差异号且大于精度 ε 则将增加或减少于 $Z_{XX}(0)$ 的小量减为一半. 这样不断地修正 $Z_{XX}(0)$ 直到计算得到的接触角满足精度要求. 使用这种方法时预设的 $Z_{XX}(0)$ 范围不能太大, 否则斜率增加很快就容易溢出; 同样为了避免计算溢出, 每次增加给 $Z_{XX}(0)$ 的小量也不能太大. 采用该方法分别数值模拟出在邦德数等于 1 及 20 而接触角取不同值的静液面形状如图 7.3 所示.

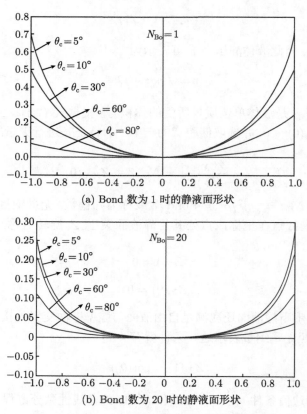

(a) Bond 数为 1 时的静液面形状

(b) Bond 数为 20 时的静液面形状

图 7.3　不同 Bond 数对应的静液形状

2. 迭代法

根据方程 (7.8) 可得

$$\frac{\mathrm{d}}{\mathrm{d}X}\left(\frac{Z_X}{(1+Z_X^2)^{1/2}}\right) = N_{\mathrm{Bo}}Z + Z_{XX}(0) \tag{7.12}$$

即

$$d\left(\frac{Z_X}{(1+Z_X^2)^{1/2}}\right) = (N_{\mathrm{Bo}}Z + Z_{XX}(0))dX \tag{7.13}$$

在区间 [0,1] 上对上式积分并考虑到边界条件 $Z_X(0) = 0, Z_X(1) = \cot(\theta_{\mathrm{c}})$ 可得

$$Z_{XX}(0) = \cos(\theta_{\mathrm{c}}) - N_{\mathrm{Bo}}\int_0^1 Z dX \tag{7.14}$$

在区间 $[0,x]$ 上对式 (7.13) 积分得

$$\frac{ZX}{(1+Z_X^2)^{1/2}} = N_{\mathrm{Bo}}\int_0^x Z dX + Z_{XX}(0)X \tag{7.15}$$

将式 (7.14) 代入式 (7.15) 可得

$$\frac{Z_X}{(1+Z_X^2)^{1/2}} = N_{\mathrm{Bo}}\int_0^x Z dX + X\left(\cos(\theta_{\mathrm{c}}) - N_{\mathrm{Bo}}\int_0^1 Z dX\right) \tag{7.16}$$

令

$$Q_1 = X\left(\cos(\theta_{\mathrm{c}}) - N_{\mathrm{Bo}}\int_0^1 Z dX\right) \tag{7.17}$$

$$Q_2 = N_{\mathrm{Bo}}\int_0^x Z dX \tag{7.18}$$

将式 (7.17)、式 (7.18) 代入式 (7.16) 后整理得

$$Z_X = (Q_1(x) + Q_2(x))/\sqrt{1 - (Q_1(x) + Q_2(x))^2} \tag{7.19}$$

在区间 $[0,x]$ 上对上式积分得

$$Z(X) = \int_0^x (Q_1(x) + Q_2(x))/\sqrt{1 - (Q_1(x) + Q_2(x))^2} dX \tag{7.20}$$

由此得到求解 $Y(X)$ 的迭代公式:

$$Q_1^{(n)}(x) = X\left(\cos(\theta_{\mathrm{c}}) - N_{\mathrm{Bo}}\int_0^1 Y_n dX\right) \tag{7.21}$$

$$Q_2^{(n)}(x) = N_{\mathrm{Bo}}\int_0^x Y_n dX \tag{7.22}$$

$$Z_{(n+1)} = \int_0^x (Q_1^{(n)}(x) + Q_2^{(n)}(x))\Big/\sqrt{1 - (Q_1^{(n)}(x) + Q_2^{(n)}(x))^2} dX \tag{7.23}$$

对于失重情况有 $N_{\mathrm{Bo}} = 0$, 则由式 (7.17)、式 (7.18) 及式 (7.20) 得到

$$Z(X) = (l/\cos\theta) \cdot (1 - \sqrt{1 - X^2 \cdot \cos^2\theta_{\mathrm{c}}}) \tag{7.24}$$

对于常重情况则有 $N_{\mathrm{Bo}} = \infty$, 将式 (7.8) 两边除以 N_{Bo} 并让 N_{Bo} 趋向无穷大就得到

$$Z(X) = 0 \tag{7.25}$$

　　对于微重情况有 $0 < N_{\mathrm{Bo}} < \infty$, 则可以用式 (7.24) 或式 (7.25) 作为迭代的初始值 Y_0 进行迭代计算; 数值计算过程中发现当接触角一定时, 邦德数越小此迭代法收敛得越快. 例如, 当接触角分别为 5° 和 15°, 而邦德数为 1 时两种情形下只需迭代 8 次即可达到 10^{-5} 的精度, 计算效率令人满意; 但当邦德数等于 7.5 时, 则分别需要迭代 139 和 111 次才能达到 10^{-5} 的精度, 计算机耗时较长; 数值实验表明当邦德数较大时采用龙格库塔法比较方便易行. 图 7.4 给出了接触角分别为 5° 和 15° 时, 用迭代法数值仿真出的矩形腔中邦德数较小情况下的静液面形状.

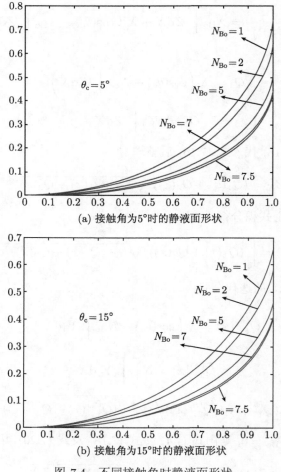

(a) 接触角为5°时的静液面形状

(b) 接触角为15°时的静液面形状

图 7.4　不同接触角时静液面形状

7.1.4 轴对称储腔中静液面平衡基本方程与边界条件

对于轴对称储腔, 根据以上的讨论可知在考虑表面张力的情况下自由液面上的流体动压力满足如下 Laplace 公式:

$$p_0 - p = \sigma k \tag{7.26}$$

其中, σ 是气、液分界面张力系数; k 是分界面中曲率.

考虑如图 7.5 所示坐标系 $oxyz$, 假设静液面形状为

$$z = z(x, y) \tag{7.27}$$

由于质量力有势, 从而流体静压力 p 为

$$p = C - \rho g z \tag{7.28}$$

其中, C 是常数; g 是单位质量所受到的体积力. 将式 (7.27) 和式 (7.28) 带入式 (7.26) 并且将旋转椭球的高度的一半 h 取为特征长度进行无量纲化可得到如下无量纲方程:

$$N_{\text{Bo}} Z = K + C \tag{7.29}$$

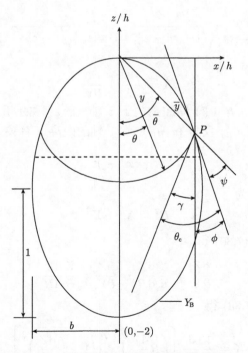

图 7.5 旋转椭球腔内静液面形状示意图

其中, 无量纲数 $N_{\mathrm{Bo}} = \rho g h^2/\sigma$ 为邦德数, 而 $Z = z/h, K = k \cdot h$. 接触条件要求流体自由面与腔壁交接处的接触角保持不变即

$$\theta_{\mathrm{c}} = \mathrm{const.} \tag{7.30}$$

此外要求自由液面下的流体体积应保持不变, 也称为填充比条件即

$$\int_{\tau} \mathrm{d}\tau = \mathrm{const.} \tag{7.31}$$

以上所得到的式 (7.29)、式 (7.30) 和式 (7.31) 便是微重环境下对称储腔中静液面的平衡方程.

根据储腔的旋转对称性进行如下坐标变换, 参考如图 7.5 所示, 对方程式 (7.27) 所代表的曲面设其沿法向的单位矢量为 $\boldsymbol{n}$, 则有

$$\boldsymbol{n} = (\boldsymbol{e}_z - Z_x \boldsymbol{e}_x - Z_y \boldsymbol{e}_y)/\sqrt{1 + Z_x^2 + Z_y^2} \tag{7.32}$$

其中, $\boldsymbol{e}_x$、$\boldsymbol{e}_y$、$\boldsymbol{e}_z$ 是单位矢量, 其下标表示所指定的沿坐标轴方向的分量, 且有

$$z_x = \frac{\partial z}{\partial x}, \quad z_y = \frac{\partial z}{\partial y}$$

若令

$$\xi = z_x/\sqrt{1 + z_x^2 + z_y^2}, \quad \zeta = z_y/\sqrt{1 + z_x^2 + z_y^2} \tag{7.33}$$

则中曲率可表示为

$$K = \frac{\partial \xi}{\partial X} + \frac{\partial \zeta}{\partial Y} \tag{7.34}$$

其中, $X = x/h, Y = y/h$, 由于储腔是关于 z 轴旋转对称的, 所以静液面相对 z 轴也是旋转对称的即 $z(x, y)$ 仅与 (x, y) 点到 z 轴的距离 r 有关. 令

$$r^2 = x^2 + y^2 \tag{7.35}$$

其对应的无量纲方程为

$$R^2 = X^2 + Y^2 \tag{7.36}$$

其中, $R = r/h$, 由式 (7.36) 得

$$\frac{\partial Z}{\partial X} = \frac{X}{R}\frac{\mathrm{d}Z}{\mathrm{d}R}, \quad \frac{\partial Z}{\partial Y} = \frac{Y}{R}\frac{\mathrm{d}Z}{\mathrm{d}R} \tag{7.37}$$

将式 (7.37) 代入式 (7.34) 得

$$K = \frac{1}{R}\frac{\mathrm{d}}{\mathrm{d}R}\left[\left(R\frac{\mathrm{d}Z}{\mathrm{d}R}\right)\bigg/\sqrt{1 + \left(\frac{\mathrm{d}Z}{\mathrm{d}R}\right)^2}\right] \tag{7.38}$$

将式 (7.38) 代入式 (7.29) 得

$$N_{\text{Bo}}Z = \frac{1}{R}\frac{\text{d}}{\text{d}R}\left[\left(R\frac{\text{d}Z}{\text{d}R}\right)\bigg/\sqrt{1+\left(\frac{\text{d}Z}{\text{d}R}\right)^2}\right] + C \tag{7.39}$$

如图 7.5 所示作如下变换:

$$r = y(\theta)\sin(\theta), \quad z = -y(\theta)\cos(\theta) \tag{7.40}$$

即用 $y = y(\theta)$ 表示静液面形状, 则对应式 (7.40) 的无量纲方程为

$$R = Y(\theta)\sin(\theta), \quad Z = -Y(\theta)\cos(\theta) \tag{7.41}$$

其中 $Y = y/h$, 将式 (7.41) 代入式 (7.39) 得

$$Y'' = \frac{2Y^2 + 3Y'^2}{Y} - \frac{Y'}{Y^2}\cot(\theta)(Y^2 + Y'^2) + \frac{1}{Y}(N_{\text{Bo}}Y\cos(\theta) - C)(Y^2 + Y'^2)^{3/2} \tag{7.42}$$

其中, Y'、Y'' 是 Y 对 θ 的一、二阶导数, 此外, 中曲率在极坐标系中可表示为

$$K = (Y^2 + 2Y'^2 - YY'')/(Y^2 + Y'^2)^{3/2} \tag{7.43}$$

当 $\theta = 0$ 时根据对称性可知 $Y'(0) = 0$, 再由式 (7.43) 则得到

$$Y''(0) = Y_0(1 - Y_0^* K_0) \tag{7.44}$$

其中, $Y_0 = Y(0), K_0 = K(0)$, 将式 (7.44) 代入式 (7.42) 得

$$C = N_{\text{Bo}}Y_0 + 2K_0 \tag{7.45}$$

将式 (7.45) 代入式 (7.42) 可得静液面的二阶非线性常微分方程:

$$Y'' = \frac{2Y^2 + 3Y'^2}{Y} - \frac{Y'}{Y^2}\cot(\theta)(Y^2 + Y'^2) + \frac{1}{Y}(N_{\text{Bo}}(Y\cos(\theta) - Y_0) - 2K_0)(Y^2 + Y'^2)^{3/2} \tag{7.46}$$

根据图 7.5 所示可得

$$\tan(\psi) = -\bar{Y}(\bar{\theta})/\bar{Y}'(\bar{\theta}) \tag{7.47}$$

由于

$$\bar{Y}(\bar{\theta}) = \frac{2b^2\cos(\bar{\theta})}{\sin(\bar{\theta})^2 + b^2\cos(\bar{\theta})^2} \tag{7.48}$$

将式 (7.48) 代入式 (7.47) 得到

$$\psi = \arctan\left(\frac{\cos(\bar{\theta})(\sin(\bar{\theta})^2 + b^2\cos(\bar{\theta})^2)}{\sin(\bar{\theta})^3 - b^2\cos(\bar{\theta})^2\sin(\bar{\theta}) + 2\sin(\bar{\theta})\cos(\bar{\theta})^2}\right) \tag{7.49}$$

而

$$\gamma = \arctan\left(\frac{\bar{Y}'\sin(\bar{\theta}) + \bar{Y}\cos(\bar{\theta})}{\bar{Y}\sin(\bar{\theta}) - \bar{Y}'\cos(\bar{\theta})}\right) \tag{7.50}$$

从图 7.5 中易知接触角 θ_c 满足如下关系:

$$\theta_c = \gamma + \phi = \gamma + \theta - \psi \tag{7.51}$$

将式 (7.49)、式 (7.50) 代入式 (7.51) 得

$$\begin{aligned}\theta_c = {} & \arctan\left(\frac{\bar{Y}'\sin(\bar{\theta}) + \bar{Y}\cos(\bar{\theta})}{\bar{Y}\sin(\bar{\theta}) - \bar{Y}'\cos(\bar{\theta})}\right) + \bar{\theta} \\ & - \arctan\left(\frac{\cos(\bar{\theta})(\sin(\bar{\theta})^2 + b^2\cos(\bar{\theta})^2)}{\sin(\bar{\theta})^3 - b^2\cos(\bar{\theta})^2\sin(\bar{\theta}) + 2\sin(\bar{\theta})\cos(\bar{\theta})^2}\right)\end{aligned} \tag{7.52}$$

如果旋转对称储腔是球形, 则只需把这里的 b 换成 1 即可; 如果旋转对称储腔是圆柱形则有

$$\phi = 0, \quad \theta_\chi = \arctan\left(\frac{\bar{Y}'\sin(\bar{\theta}) + \bar{Y}\cos(\bar{\theta})}{\bar{Y}\sin(\bar{\theta}) - \bar{Y}'\cos(\bar{\theta})}\right)$$

设液体的体积是 V_1, 腔的体积是 V_0, 则充液比 $\beta = V_1/V_0$, 边界条件为

$$\theta_c = \text{const.} \tag{7.53}$$

$$\beta = \text{const.} \tag{7.54}$$

由此可知, 静液面形状可由式 (7.46) 及边界条件 (7.52)、(7.53)、(7.54) 确定.

7.1.5 轴对称储腔中静液面形状数值模拟

将 Y_0、K_0 看作参数, 采用下列方式修正 Y_0、K_0: 预测初值 Y_0、K_0, 计算 $\bar{Y}$, 通过比较 $\bar{Y}$ 与 $Y_B(\bar{\theta})$ 寻找静液面与腔壁的交点; 找到交点后计算出接触角 θ_c 并与给定值比较, 如果两者差值小于精度 ε, 则所得到的静液面已满足接触角条件. 当不满足精度要求时, 若接触角计算值 θ_c 大于给定值, 则增大 K_0 任一小量 ΔK_0; 反之减小 K_0 任一小量 ΔK_0; 若两次计算的接触角 θ_c 与给定值的差值异号且大于精度 ε, 则将步长折半为 $\Delta K_0/2$ 并修正 K_0, 直至满足接触角条件.

满足接触角条件后进一步计算充液比 β 并将其与给定值比较, 若其差值小于精度 ε, 则所得到的静液面已满足全部边界条件. 不满足精度要求时, 若计算值 β 大于给定值则增加 Y_0 任一小量 ΔY_0; 反之减小 Y_0 任一小量 ΔY_0. 若两次计算的充

液比 β 与给定值差异号且大于精度 ε 则将步长折半为 $\Delta Y_0/2$, 每计算一个完整的静液面修正一次 K_0; 每满足一次接触角条件修正一次 Y_0, 直至计算出满足两个边界条件的静液面. 当储腔是圆柱时只需要满足接触角条件, 这种算法同样适合只是更为简单. 用这种算法求解的球腔和圆柱腔中的静液面如图 7.6 所示.

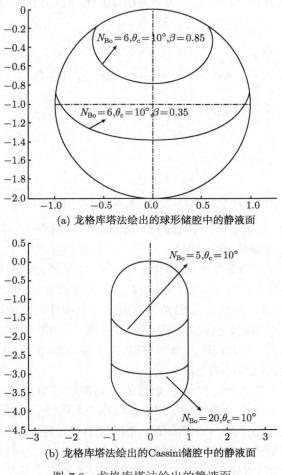

(a) 龙格库塔法绘出的球形储腔中的静液面

(b) 龙格库塔法绘出的Cassini储腔中的静液面

图 7.6   龙格库塔法绘出的静液面

7.1.6   数值模拟静液面形状的打靶法

打靶法将边值问题转化为初值问题; 而对于积分初值问题来说, 有许多有效的算法程序如 Runge-Kutta 算法程序、Gears 算法程序以及 Episode 算法程序可以利用[168]. 本小节简要介绍打靶算法在数值模拟微重环境下静液面形状方面的应用.

假设一个含有参数 $\boldsymbol{V}$ (向量) 的非线性微分方程须满足边界条件 $F(\boldsymbol{V}) = 0$ (超

越方程组), 引入牛顿迭代法求解参数 V, 迭代关系式为 $V_k + 1 = V_k - F(V_k)/$
$(\partial F/\partial V)_k$, $(\partial F/\partial V)_k$ 可用 $[F(V_k + \Delta V_k) - F(V_k)]/\Delta V_k$ 近似代替, 其中 ΔV_k
相对 V_k 是小量. 当相邻的两次 V 的差值小于精度 ε 时认为迭代收敛, 求解方程
结束. 求解非线性微分方程的这种方法也称为打靶法.

令 $\tau = \theta/\bar{\theta}$, 则旋转对称储腔中的静液面满足的微分方程可以写为如下一阶常
微分方程组:

$$\dot{Y}_1 = Y_4 Y_2$$
$$\dot{Y}_2 = Y_4 \left[\frac{2Y_1^2 + 3Y_2^2}{Y_1} - \frac{Y_2}{Y1^2} \cot(Y_4\tau)(Y_1^2 + Y_2^2) \right.$$
$$\left. + \frac{1}{Y_1}(N_{\mathrm{Bo}}(Y_1 \cos(Y_4\tau) - Y_0) - 2K_0)(Y_1^2 + Y_2^2)^{3/2} \right]$$
$$\dot{Y}_3 = 0$$
$$\dot{Y}_4 = 0$$

其中,

$$Y_1 = Y, \quad Y_2 = Y', \quad Y_3 = K_0, \quad Y_4 = \bar{\theta}$$

应用打靶法时, 如果旋转对称储腔不是圆柱形, 此时令 $V = (Y_0, K_0, \bar{\theta})$ 为方
程系统参数所组成的向量, 而 $F(V) = 0$ 是由腔壁接触条件式 (7.34)、接触角为常
数、充液比为常数这三个条件组成的超越方程组. 如果储腔为圆柱形, 充液比对静
液面形状无影响, 可以令 $Y_0 = 1$, 而 $V = (K_0, \bar{\theta})$ 为参数向量, 而 $F(V) = 0$ 是由腔
壁接触条件 $(\bar{Y}(\bar{\theta}) = 1/\sin(\bar{\theta}))$、接触角为常数这两个条件组成的超越方程. 用打靶
法求解的旋转对称椭球腔、柱腔、球腔、Cassini 储腔 (球腔和柱腔的组合体) 中的
静液面如图 7.7 所示、图 7.8 所示. 其中图 7.7(a) 和图 7.7(c) 中的箭头所指向的水
平线表示和自由液面相对应的充液高度.

由于静液面的平衡微分方程是非线性的, 龙格库塔法和打靶法都没有绝对的把
握在初次预设初值 V 就能达到收敛, 即必须根据个人的经验将预设的初值 V 设定
于一定的范围方能最后求解. 龙格库塔法不能收敛很可能是因为预设的初值没有
满足静液面与腔壁的接触条件, 用于增减 V 的小量 ΔV 设定得过大也可能使问题
不收敛. 打靶法对初值设定的要求比龙格库塔法有过之而无不及, 特别是当充液比
很大时, 预设的 V 值只有在很小的一个范围才能使问题收敛, 而这只有靠不断尝
试积累经验才能最后求解问题. 虽然两种方法都能求解静液面, 但数值实践表明打
靶法求解静液面的速度显然要快得多, 某些情况下只需要十几个迭代步骤即可达到
10^{-8} 的精度; 而龙格库塔法是逐步增减 ΔV 以使预设的 V 渐渐靠近 V 的真值, 当
问题对 V 比较敏感以至 ΔV 必须取足够小时, 计算速度就会比打靶法慢得多. 龙
格库塔法另外一个缺点是当接触角很小 (如小于 4°) 时无法求解静液面, 而打靶法

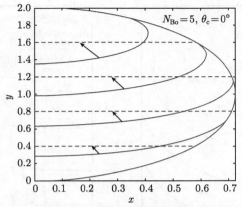

(a) 打靶法绘出的旋转对称椭球形储腔中的静液面

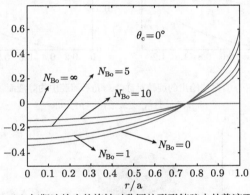

(b) 打靶法绘出的旋转对称圆柱形形储腔中的静液面

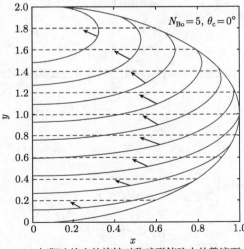

(c) 打靶法绘出的旋转对称球形储腔中的静液面

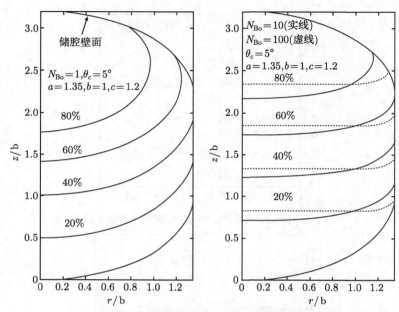

(d) 打靶法绘出的旋转对称Cassini形储腔中的静液面

图 7.7　打靶法绘出的静液面

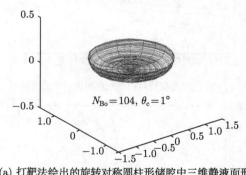

(a) 打靶法绘出的旋转对称圆柱形储腔中三维静液面形状

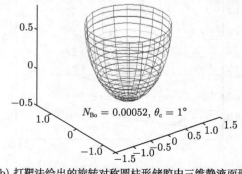

(b) 打靶法绘出的旋转对称圆柱形储腔中三维静液面形状

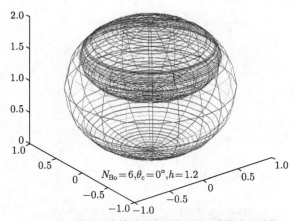

(c) 打靶法绘出的旋转对称球形储腔中三维静液面形状

图 7.8 打靶法绘出的三维静液面形状

不存在这个问题, 即使接触角为 0° 同样可以求解静液面. 两种算法有时候可以互为补充.

7.2 空间曲面上的基本微分量

在对三维液体大幅晃动数值仿真方面, 即使现代计算机硬件技术有了很大发展, 但研究工作仍然将遇到很多挑战. 首先也是重要的工作是将移动网格技术推广到三维问题中, 这在边界上非常具有挑战性. 其次的挑战性涉及三维自由面上的微分几何理论, 特别是在对微重力三维液体大幅晃动数值仿真方面, 需要探讨如何相容地计算法向及切向矢量并能有效地考虑自由面曲率 (如毛细力) 以及表面张力效应, 这些内容和两维问题相比要复杂得多.

为了推导自由液面上表面张力的有限元数值计算公式, 以下简要介绍空间曲面微分几何的相关理论; 有关内容的进一步详细介绍可参考附录一和相关文献.

1. 曲面上的局地坐标系以及一阶基本量

在曲面上任一点, 建立如图 7.9 所示的局地坐标系, 图 7.9 中, u、v 为坐标参数; r_1、r_2、n 分别定义如下:

$$r_1 = \frac{\partial r}{\partial u} \tag{7.55}$$

$$r_1 = \frac{\partial r}{\partial v} \tag{7.56}$$

$$n = \frac{r_1 \times r_2}{|r_1 \times r_2|} \tag{7.57}$$

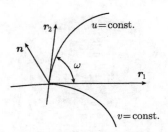

图 7.9　曲面上的参数坐标系

其中, r 是曲面上任一点的位置矢量, 则有如下表达式:

$$\mathrm{d}r = \frac{\partial r}{\partial u}\mathrm{d}u + \frac{\partial r}{\partial v}\mathrm{d}v = r_1\mathrm{d}u + r_2\mathrm{d}v$$

$$\mathrm{d}s^2 = \mathrm{d}r^2 = (r_1\mathrm{d}u + r_2\mathrm{d}v)^2 = r_1^2\mathrm{d}u^2 + 2r_1r_2\mathrm{d}u\mathrm{d}v + r_2^2\mathrm{d}v^2$$

其中, $\mathrm{d}s$ 是弧长微分. 定义曲面的一阶基本量如下:

$$E = r_1^2 \tag{7.58a}$$

$$F = r_1 \cdot r_2 \tag{7.58b}$$

$$G = r_2^2 \tag{7.58c}$$

从而可得到如下公式:

$$\mathrm{d}s^2 = E\mathrm{d}u^2 + 2F\mathrm{d}u\mathrm{d}v + G\mathrm{d}v^2 \tag{7.59}$$

考察特征量 $EG - F^2$, 则对实曲面上 u 和 v 任意的实值该特征量必为正实数. 这可简要说明如下: 因为 $\sqrt{E}$ 和 $\sqrt{G}$ 为矢量 r_1 和 r_2 的模, 两矢量间的夹角用 ω 表示, 则有

$$F = \sqrt{EG}\cos\omega$$

从而可知 $EG - F^2$ 为正实数. 记

$$H^2 = EG - F^2$$

并假设 H 表示上式取方根时的正根.

参数曲线 $v = \mathrm{const.}$ 上的微元长度可由式 (7.59) 令 $\mathrm{d}v = 0$ 得到 $\sqrt{E}\mathrm{d}u$, 从而可知沿参数曲线 $v = \mathrm{const.}$ 的单位切向量为

$$a = \frac{1}{\sqrt{E}}\frac{\partial r}{\partial u} = E^{-\frac{1}{2}}r_1$$

同理可得到参数曲线 $u = \text{const.}$ 上的微元长度为 $\sqrt{G}\mathrm{d}v$, 而沿该参数曲线的单位切实量为

$$b = \frac{1}{\sqrt{G}}\frac{\partial r}{\partial v} = G^{-\frac{1}{2}}r_2$$

经过空间曲面上任一点的两参数曲线间的夹角余弦为

$$\cos\omega = a \cdot b = \frac{r_1 \cdot r_2}{\sqrt{EG}} = \frac{F}{\sqrt{EG}}$$

从而得到

$$\sin\omega = \sqrt{\frac{EG - F^2}{EG}} = \frac{H}{\sqrt{EG}}$$

及

$$\tan\omega = \frac{H}{F}$$

又

$$\sin\omega = |a \times b| = \frac{1}{\sqrt{EG}}|r_1 \times r_2|$$

则有

$$|r_1 \times r_2| = H$$

空间曲面上任一点的法矢量与经过改点的切线垂直从而也同时垂直于矢量 r_1 和 r_2, 所以也必然平行于矢量 $r_1 \times r_2$, 规定该方向为法矢量的正向; 定义和法矢量平行的单位矢量为

$$n = \frac{r_1 \times r_2}{|r_1 \times r_2|} = \frac{r_1 \times r_2}{H}$$

上式也称为曲面的单位发矢量.

2. 曲面局地坐标系中的二阶基本量

定义向量的二阶导数如下:

$$r_{11} = \frac{\partial^2 r}{\partial u^2}, \quad r_{12} = \frac{\partial^2 r}{\partial u \partial v}, \quad r_{22} = \frac{\partial^2 r}{\partial v^2}$$

则二阶基本量定义为

$$L = n \cdot r_{11}, \quad M = n \cdot r_{12}, \quad N = n \cdot r_{22}$$

并记

$$T^2 = LN - M^2$$

此时 $LN - M^2$ 并不总是取正值.

借助二阶基本量, 曲面在任一点处的法曲率可表示为

$$k_n = \frac{L\mathrm{d}u^2 + 2M\mathrm{d}u\mathrm{d}v + N\mathrm{d}v^2}{E\mathrm{d}u^2 + 2F\mathrm{d}u\mathrm{d}v + G\mathrm{d}v^2}$$

主曲率 k (取值为 k_1, k_2) 所满足的方程为

$$H^2 k^2 - (EN - 2FM + GL)k + T^2 = 0$$

中曲率可表示为

$$J = k_1 + k_2 = \frac{1}{H}(EN - 2FM + GL)$$

Gauss 曲率表示为

$$K = k_1 \cdot k_2 = \frac{T^2}{H^2}$$

3. 曲面上与闭曲线 C 有关的矢向量 (图 7.10)

设 C 为曲面上任一闭曲线, 在该曲线上任一点, 设 m 为和曲面相切而与曲线 C 垂直的单位矢量 (规定正向为由曲线 C 所包围的区域内部指向外部), t 为曲线的单位切向量 (指向为曲线的正向). m, t, n 形成右手系, 从而有

$$m = t \times n, \quad t = n \times m, \quad n = m \times t \tag{7.60}$$

假设曲线 C 上弧长微元的长度为 $\mathrm{d}s$, 则沿着曲线正向位移为 $\mathrm{d}r = t\mathrm{d}s$.

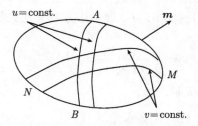

图 7.10   闭曲线及有关矢量示意图

4. 局地坐标系中标量函数的梯度及矢量函数的散度

考虑标量函数 $\phi(u, v)$, 定义该函数在曲面上任一点 P 的梯度为一矢量, 其方向为曲面上 P 点处函数 $\phi(u, v)$ 的最大增量方向, 其值为最大变化率, 表示为 $\nabla\phi$, 可以推导出梯度算子 ∇ 的微分表达式为

$$\nabla = \frac{1}{H^2}r_1\left(G\frac{\partial}{\partial u} - F\frac{\partial}{\partial v}\right) + \frac{1}{H^2}r_2\left(\frac{\partial}{\partial v} - F\frac{\partial}{\partial u}\right) \tag{7.61}$$

当参数坐标线为正交时, 有

$$\nabla = \frac{1}{E}r_1\frac{\partial}{\partial u} + \frac{1}{G}r_2\frac{\partial}{\partial v} \tag{7.62}$$

对于任一矢量函数, 定义其在局地坐标系中的散度为

$$\mathrm{div}\boldsymbol{F} = \nabla \cdot \boldsymbol{F} = \frac{1}{H^2}\boldsymbol{r}_1 \cdot \left(G\frac{\partial \boldsymbol{F}}{\partial u} - F\frac{\partial \boldsymbol{F}}{\partial v}\right) + \frac{1}{H^2}\boldsymbol{r}_2 \cdot \left(\frac{\partial \boldsymbol{F}}{\partial v} - F\frac{\partial \boldsymbol{F}}{\partial u}\right) \tag{7.63}$$

设向量函数 $\boldsymbol{F}$ 在局地坐标系中的分量表示为

$$\boldsymbol{F} = P\boldsymbol{r}_1 + Q\boldsymbol{r}_2 + R\boldsymbol{n} \tag{7.64}$$

经过一系列繁杂的推证, 可得散度的以下计算公式:

$$\mathrm{div}\boldsymbol{F} = \frac{1}{H}\left[\frac{\partial}{\partial u}(HP) + \frac{\partial}{\partial v}(HQ)\right] - JR \tag{7.65}$$

其中, J 是曲面的中曲率.

以下给出在曲面论中有着重要应用背景的空间曲面上的散度定理:

定理　设定义在某一曲面上的任一向量函数 $\boldsymbol{F}$, C 是曲面上的任一闭曲线, 则有下面公式成立:

$$\iint \mathrm{div}\boldsymbol{F}\mathrm{d}S = \oint_C \boldsymbol{F} \cdot \boldsymbol{m}\mathrm{d}s - \iint J\boldsymbol{F} \cdot \boldsymbol{n}\mathrm{d}S \tag{7.66}$$

证明　因为曲面上的面积微元 $\mathrm{d}S = H\mathrm{d}u\mathrm{d}v$, 则在曲线 C 所包围的曲面上计算方程 (7.66) 左端的定积分有

$$\iint \mathrm{div}\boldsymbol{F}\mathrm{d}S = \iint \left[\frac{\partial}{\partial u}(HP) + \frac{\partial}{\partial v}(HQ)\right]\mathrm{d}u\mathrm{d}v - \iint JR\mathrm{d}S$$
$$= \int [HP]|_N^M \mathrm{d}v + \int [HQ]|_B^A \mathrm{d}u - \iint JR\mathrm{d}S$$

其中, N、M 是曲线 $v = \mathrm{const.}$ 与曲线 C 的交点; B、A 是曲线 $u = \mathrm{const.}$ 与曲线 C 的交点. 如果指定 $\mathrm{d}u$ 在 B、A 点的变化沿着曲线 C 的正向, 指定 $\mathrm{d}v$ 在 N、M 变化沿着曲线 C 的正向, 则可进一步得到

$$\iint \mathrm{div}\boldsymbol{F}\mathrm{d}S = \oint HP\mathrm{d}v - \oint HQ\mathrm{d}u - \iint JR\mathrm{d}S$$

接下来考虑沿曲线 C 正向的线积分 $\oint \boldsymbol{F} \cdot \boldsymbol{m}\mathrm{d}s$; 显然有 $R\boldsymbol{n} \cdot \boldsymbol{m} = 0$ 以及 $\boldsymbol{m}\mathrm{d}s = \boldsymbol{t} \times \boldsymbol{n}\mathrm{d}s = \mathrm{d}\boldsymbol{r} \times \boldsymbol{n}$, 故有

$$\oint \boldsymbol{F} \cdot \boldsymbol{m}\mathrm{d}s = \oint (P\boldsymbol{r}_1 + Q\boldsymbol{r}_2) \cdot (\boldsymbol{r}_1\mathrm{d}u + \boldsymbol{r}_2\mathrm{d}v) \times \frac{(\boldsymbol{r}_1 \times \boldsymbol{r}_2)}{H}$$

通过计算可得到在以上积分式被积函数中 $\mathrm{d}u$ 的系数为

$$\frac{1}{H}(P\boldsymbol{r}_1 + Q\boldsymbol{r}_2) \cdot (F\boldsymbol{r}_1 - E\boldsymbol{r}_2) = -HQ$$

dv 的系数为

$$\frac{1}{H}\left(P\boldsymbol{r}_1 + Q\boldsymbol{r}_2\right) \cdot \left(G\boldsymbol{r}_1 - G\boldsymbol{r}_2\right) = HP$$

所以有

$$\oint \boldsymbol{F} \cdot \boldsymbol{m}\mathrm{d}s = \oint HP\mathrm{d}v - \oint HQ\mathrm{d}u$$

将上式和曲面上三度积分进行比较即得所需结论.

利用以上给出的定理, 可推出在处理表面物理量或几何问题中非常重要的结论.

推论 设 ϕ 为任一标量函数, 在以上所介绍的有关概念的基础上, 有如下重要等式成立:

$$\iint \nabla \phi \mathrm{d}S = \oint \phi \boldsymbol{m}\mathrm{d}s - \iint J\varphi \boldsymbol{n}\mathrm{d}S \tag{7.67}$$

证明 在式中令 $\boldsymbol{F} = \phi \boldsymbol{c}$, 其中, ϕ 为一标量函数, $\boldsymbol{c}$ 为一定常矢量, 代入式 (7.66) 可得

$$\iint \mathrm{div}(\phi \boldsymbol{c})\mathrm{d}S = \oint_C (\phi \boldsymbol{c}) \cdot \boldsymbol{m}\mathrm{d}s - \iint J(\phi \boldsymbol{c}) \cdot \boldsymbol{n}\mathrm{d}S \tag{7.68}$$

根据梯度与散度的恒等式:

$$\mathrm{div}(\varphi \boldsymbol{A}) = \varphi \mathrm{div}\boldsymbol{A} + \boldsymbol{A}\nabla \varphi \tag{7.69}$$

则式 (7.68) 可改写为

$$\iint \nabla \phi \cdot \boldsymbol{c}\mathrm{d}S = \oint_C \phi \boldsymbol{c} \cdot \boldsymbol{m}\mathrm{d}s - \iint J\phi \boldsymbol{c} \cdot \boldsymbol{n}\mathrm{d}S \tag{7.70}$$

又由于上式对任意定常矢量 $\boldsymbol{c}$ 都成立, 从而, 可知式 (7.67) 成立. 推论证毕.

7.3 表面张力的有限元数值计算

ALE 描述下的黏性不可压 Navier-Stokes 方程如下:

$$\frac{\partial u_i}{\partial x_i} = 0 \tag{7.71}$$

$$\rho \left(\frac{\mathrm{d}u_i}{\mathrm{d}t} + c_j u_{i,j} - f_i\right) - \frac{\partial \sigma_{ij}}{\partial x_i} = 0 \tag{7.72}$$

其中, σ_{ij} 是应力张量; ρ、f_i 是流体密度和体力. 下标 ', j' 是对坐标 x_j 的导数.

储腔中液体晃动问题的边界 S 由两种类型的边界构成, 即自由液面边界 S_f 和刚性壁面 S_w; 速度 v_i 和压力 t_i 在边界上的定解条件为

$$u_i = \bar{u}_i, \qquad \text{在 } S_\mathrm{w} \text{ 上}$$
$$t_i = \sigma_{ij} \cdot n_j = \bar{t}_i, \quad \text{在 } S_\mathrm{f} \text{ 上}$$

其中, 符号 "–" 是变量的值在边界上已给定; n_j 是边界上的单位法向量; $\bar{t}_i$ 可写成如下形式:

$$\bar{t}_i = \alpha K n_i + \frac{\partial \alpha}{\partial x_i}$$

或写成

$$\sigma_{ij} \cdot \boldsymbol{n} = \alpha K \boldsymbol{n} + \nabla \alpha \tag{7.73}$$

其中, α 是表面张力系数, 而 $\nabla \alpha$ 则表示当 α 为非均匀情形时在自由面切向的贡献; K 是平均曲率. 在利用有限元方法求解黏性不可压液体非线性晃动问题时, 系统的离散方程可由以下的 Galerkin 积分方程推出:

$$\int \frac{\partial u_i}{\partial x_i} U_k^p \mathrm{d}V = 0 \tag{7.74}$$

$$\int \rho \left(\frac{\mathrm{d}u_i}{\mathrm{d}t} + c_j u_{i,j} - f_i \right) U_k^u \mathrm{d}V - \int \sigma_{ij} \frac{\partial U_k^u}{\partial x_j} \mathrm{d}V + \int_{S_\mathrm{f}} \sigma_{ij} n_j U_k^u \mathrm{d}S = 0, \tag{7.75}$$

其中, U_k^u, U_k^p 分别是速度插值与压力插值函数, 作者采用速度压力的分步格式进行数值求解, 有限元离散方程的详细推导及计算步骤可参考本书第 3 章的有关章节. 但是, 方程 (7.75) 中涉及面积积分项的处理问题, 而由式 (7.73) 可知, 此项即为表面张力对液体晃动的贡献, 以下将详细讨论表面张力的有限元处理方法.

在微重力环境下对三维液体非线性晃动进行数值模拟时, 十分关键的步骤是如何对于考虑表面张力情况下的自由液面进行有限元空间单元数值离散. 考虑表面张力时的空间自由液面有限元数值离散问题即方程 (7.75) 中含面积积分项的计算问题. 由式 (7.73) 有

$$\int_{S_\mathrm{f}} \sigma_{ij} \cdot \boldsymbol{n} U_k^u \mathrm{d}S = \int_{S_\mathrm{f}} (\alpha K \boldsymbol{n} + \nabla \alpha) U_k^u \mathrm{d}S \tag{7.76}$$

由推论可推出

$$\int_{S_\mathrm{f}} (\alpha K \boldsymbol{n} + \nabla \alpha) U_k^u \mathrm{d}S = \int_C \alpha \boldsymbol{m} U_k^u \mathrm{d}\gamma - \int_{S_\mathrm{f}} \nabla_s (\alpha U_k^u) \mathrm{d}S + \int_{S_\mathrm{f}} \nabla \alpha U_k^u \mathrm{d}S$$

$$= \int_C \alpha \boldsymbol{m} U_k^u \mathrm{d}\gamma - \int_{S_\mathrm{f}} \alpha \nabla_s U_k^u \mathrm{d}S + \int_{S_\mathrm{f}} (\nabla \alpha - \nabla_s \alpha) U_k^u \mathrm{d}S, \tag{7.77}$$

而根据张量理论有

$$\nabla \alpha = g^{ij} \frac{\partial \alpha}{\partial x^j} \boldsymbol{e}_i = g^{qr} \frac{\partial \alpha}{x^r} \boldsymbol{e}_q + g^{nn} \frac{\partial \alpha}{\partial x_n} \boldsymbol{e}_n = \nabla_s \alpha + g^{nn} \frac{\partial \alpha}{\partial x_n} \boldsymbol{e}_n \tag{7.78}$$

其中, g^{ij} 是两阶逆变度规张量; x^j 是整体坐标; q, r 是自由液面上当地坐标, 而 n 则表示自由液面的法方向; 又由于 α 是仅仅定义在自由表面上的, 故 $\frac{\partial \alpha}{\partial x_n} = 0$, 将式 (7.78)、式 (7.77) 代入式 (7.76) 有

$$\int_{S_f} \sigma_{ij} \cdot \boldsymbol{n} U_k^u \mathrm{d}S = \int_C \alpha \boldsymbol{m} U_k^u \mathrm{d}\gamma - \int_{S_f} \alpha \nabla_s U_i^u \mathrm{d}S \tag{7.79}$$

$\boldsymbol{m}$ 的几何意义可参考图 7.11 所示, 其中 $\boldsymbol{n}$ 表示自由液面当前单元的法向量, $\boldsymbol{t}$ 表示接触线的切向量, 而 $\boldsymbol{m}$ 和 $\boldsymbol{t}$、$\boldsymbol{n}$ 构成右手系.

由 7.2 节的有关概念知, ∇_s (及 7.2 节中的定义在曲面上的 ∇) 是作用在自由液面上的梯度算子, 推导出 ∇_s 的数值计算公式如下:

$$
\begin{aligned}
\nabla_s \phi &= \frac{1}{E}\left(\frac{\partial x}{\partial \xi}\boldsymbol{i} + \frac{\partial y}{\partial \xi}\boldsymbol{j} + \frac{\partial z}{\partial \xi}\boldsymbol{k}\right)\frac{\partial \phi}{\partial \xi} + \frac{1}{G}\left(\frac{\partial x}{\partial \eta}\boldsymbol{i} + \frac{\partial y}{\partial \eta}\boldsymbol{j} + \frac{\partial z}{\partial \eta}\boldsymbol{k}\right)\frac{\partial \phi}{\partial \eta} \\
&= \left(\frac{1}{E}\frac{\partial x}{\partial \xi}\frac{\partial \phi}{\partial \xi} + \frac{1}{G}\frac{\partial x}{\partial \eta}\frac{\partial \phi}{\partial \eta}\right)\boldsymbol{i} + \left(\frac{1}{E}\frac{\partial y}{\partial \xi}\frac{\partial \phi}{\partial \xi} + \frac{1}{G}\frac{\partial y}{\partial \eta}\frac{\partial \phi}{\partial \eta}\right)\boldsymbol{j} \\
&\quad + \left(\frac{1}{E}\frac{\partial z}{\partial \xi}\frac{\partial \phi}{\partial \xi} + \frac{1}{G}\frac{\partial z}{\partial \eta}\frac{\partial \phi}{\partial \eta}\right)\boldsymbol{k} \\
&= \left(\frac{1}{E}\frac{\partial x^l}{\partial \xi}\frac{\partial \phi}{\partial \xi} + \frac{1}{G}\frac{\partial x^l}{\partial \eta}\frac{\partial \phi}{\partial \eta}\right)\boldsymbol{e}_l
\end{aligned}
\tag{7.80}
$$

其中

$$E = \left(\frac{\partial x^k}{\partial \xi}\boldsymbol{e}_k\right)^2, \quad G = \left(\frac{\partial x^k}{\partial \eta}\boldsymbol{e}_k\right)^2 \tag{7.81}$$

考虑表面张力效应时采用 7.2 节所述的接触角边界条件 (图 7.12):

$$\cos\theta = \boldsymbol{n}_{fs} \cdot \boldsymbol{n}_w, \quad \text{在 } \gamma_c \text{ 上} \tag{7.82}$$

其中, $\boldsymbol{n}_{fs}, \boldsymbol{n}_w$ 分别是 S_f、S_w 在 γ_c 处的单位法线矢量, 如图 7.12 所示. 图中, S_f 是气体、液体交界面; S_w 是液体、刚体交界面, γ_c 是接触线.

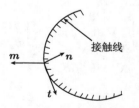
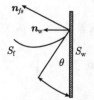

图 7.11　接触线上的几何矢量关系　　　　图 7.12　接触角示意图

7.4　微重力环境下三维液体非线性晃动数值模拟

算例 1　为了验证本文方法的有效性, 对自旋充液储腔起旋过程中液体的非稳态流动进行了数值模拟. 自旋充液腔旋转时, 由非稳态的位置最终到达到稳态平衡位置. 设半充液圆筒形储腔半径 $r_0 = 0.3\mathrm{m}$, 液深 $h_0 = 0.3\mathrm{m}$, 储腔以常角速度 $\omega_0 = 0.6\mathrm{rad/s}$ 绕垂直于水平的中心对称轴自旋. 由于稳态液面形状与液体黏性的大小无关, 计算中取运动学黏性系数 $\nu = 10^{-6}\mathrm{m}^2/\mathrm{s}$, 假设初始液面被一水平盖子盖住, 突然去掉盖子, 则液面由水平开始运动, 直到达到稳态的液面形状. 在计算中, 我们采用六面体等参单元, 其单元总数为 1344, 水平方向上的单元数为 84, 竖直方向上的单元数为 16, 结点总数为 1649. 为验证本文方法的稳定性, 数值实验中还对 504 个单元, 679 个节点这一离散方案进行了数值模拟, 二者结果保持一致, 真实仿真了储腔中的液体起旋过程.

在重力场中, 自旋充液圆筒形储腔内的稳态液面形状为一抛物面, 理论上可求出稳态液面方程为

$$z = \frac{\omega_0^2}{2g}(x^2 + y^2) + h_0 - \frac{\omega_0^2}{4g}r_0^2$$

由上式可求出稳态液面在壁面处的高度为 0.382m; 而采用 ALE 有限元方法对上述问题进行数值模拟所得到的结果如图 7.13~ 图 7.15 所示. 图 7.13 为自由液面形状, 其中图 7.13(a) 所示为初始时刻的自由液面形状, 图 7.13(b) 所示为常重情况下 7.5s 时刻的自由液面形状 (参考图 7.14 可知 7.5s 时刻自由液面基本达到稳态响应), 图 7.13(c) 所示为微重力情况下 4.5s 时刻的自由液面形状. 图 7.14 为自由液面位置随时间的变化历程, 而其中图 7.14(a) 给出了常重力情况下不考虑变面张力时自由液面位置随时间的变化历程, 图 7.14(b) 给出了常重力情况下考虑表面张力时自由液面位置随时间的变化历程. 图 7.15 同时比较了不同重力情况下自由液面位置的变化时间历程. 为考虑表面张力的情形, 邦德数取为 $N_{\mathrm{Bo}} = 23.5$, 接触角假定为 $30°$; 当考虑微重力情况时, 重力加速度 $g = 2 \times 10^{-4}g_0$. 数值模拟结果表明液面随着时间增长趋于稳态, 图 7.14 所给出的壁面处的稳态位置与上述理论预测值相符. 开始时液面出现波动, 液面波动的幅值与液体的黏性的大小有关, 在之前有较大波动幅值, 之后变渐渐趋于零. 和不考虑表面张力的情形相比, 考虑表面张力时自由面将更快的趋于稳态形状.

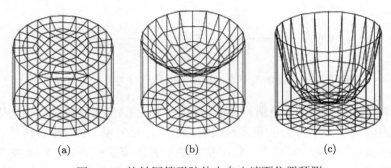

(a)   (b)   (c)

图 7.13 旋转圆筒形腔体中自由液面位置预测

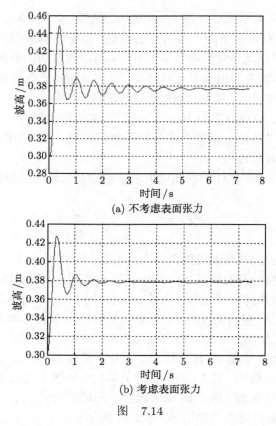

(a) 不考虑表面张力

(b) 考虑表面张力

图　7.14

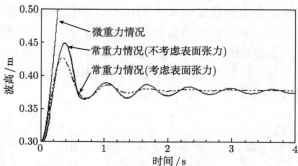

图 7.15　不同情况下自由液面波高变化时间历程的比较

以上数值结果表明了本章所介绍的 ALE 有限元方法在数值模拟考虑表面张力情形下自由液面动力学行为的可靠性及有效性. 计算表明, 在储腔旋转过程中, 一开始自由液面位置有较大的振荡, 但很快将趋于稳态位置. 考察图 7.14 发现：由于表面张力的作用, 考虑表面张力后, 自由液面将更快地趋于稳定状态. 计算表明由于在常重力场中研究问题, 重力及惯性力起着支配地位, 因此表面张力对稳态自由面的影响并不十分明显. 而微重力情况下, 表面张力其支配地位, 自由液面达不到平衡状态.

　　算例 2　　为了进一步考察, 微重力环境下液体非线性晃动动力学特性, 以下进一步开展对微重力环境下液体强迫晃动的数值模拟仿真研究, 取无顶盖的圆筒形储腔的直径为 $d = 2r = 1.31028$cm, 水深 (沿 oz 轴方向) $h = 3.81$cm. 以上数据取自文献 [170] 中的实验参数. 初始时刻液体处于静止状态, 储腔受水平方向的谐强迫激励 (沿 ox 轴方向): $\bar{f}^* = (A\sin(2\pi f), 0, -g)$; $A = 0.0025$m/s^2, $f = 6.5$cps (cycles per second, 表示周/秒或每秒周数). $g = 9.8$m/s^2, 邦德数 $N_{\mathrm{Bo}} = 23.5$, 强迫激励参数取之由实验所得到的旋转分岔域[2]. 运动学黏性系数取为 $\nu = 10^{-6}$m^2/s. 模拟结果如图 7.16~ 图 7.20 所示.

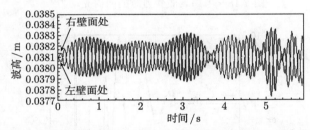

图 7.16　不考虑表面张力时储腔左、右壁面处的自由液面位置变化时间历程

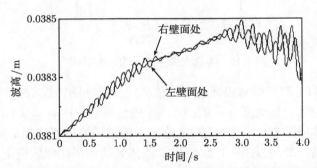

图 7.17　考虑表面张力时储腔左、右壁面处的自由液面位置变化时间历程

　　图 7.16 给出了不考虑表面张力效应时的储腔左、右壁面处波高变化的时间历程; 图 7.17 给出了考虑表面张力效应时的储腔左、右壁面处波高变化的时间历程; 图 7.18 给出了考虑表面张力情形时横向激励 (沿 ox 轴方向) 下液体面内晃动力 (沿 ox 轴方向) 的时变历程; 图 7.19 给出了考虑表面张力情形时横向激励下液体面外晃动力 (沿 oy 轴方向) 的时变历程; 图 7.20 给出了考虑表面张力情形时横向激励下不同时刻的自由液面构形.

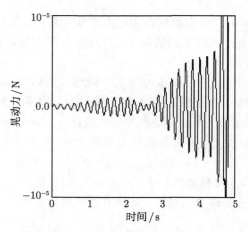

图 7.18　考虑表面张力时的面内晃动力

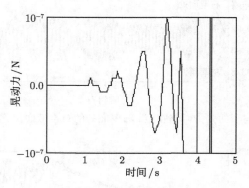

图 7.19　考虑表面张力时的面内晃动力

算例 3　为了研究微重力环境下液体非线性晃动的特性, 在算例 2 的基础上进一步考虑轴向重力加速度 $g = 2 \times 10^{-4} g_0$ 的情形, 其中 $g_0 = 9.8 \mathrm{m/s^2}$. 数值模拟结果如图 7.21 和图 7.22 所示. 图 7.21 给出了微重环境下液体强迫晃动时储腔左、右避免处的波高时变历程; 图 7.22 给出了液体晃动作用在储腔壁上的晃动力时变历程.

从以上数值模拟结果可以看到: 三维液体非线性晃动问题蕴涵着极丰富的非线性现象, 从图 7.16、图 7.17 可明显看到拍振及跳跃现象的出现; 从图 7.17 还可以看出由于表面张力的效应, 此时的液体非线性晃动和不考虑表面张力时的液体晃动有着本质的区别; 随着时间历程的增加, 储腔壁面处的液体不再回到原平衡位置而是沿壁面不断升高, 这说明在晃动一开始, 将有更多液体依附壁面, 从而引起液体晃动质量的降低, 这和实验结果是完全一致的[170]; 这一结果也和微重力情况下液体晃动等效力学模型的晃动质量小于常重力情形下的晃动质量这一结论相吻合.

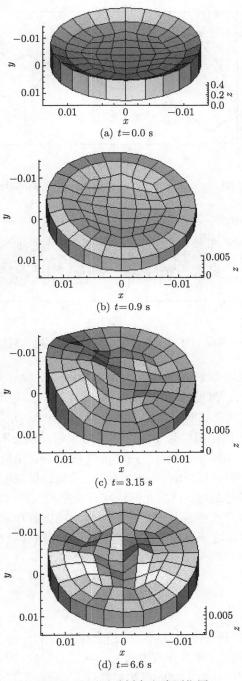

(a) $t=0.0$ s

(b) $t=0.9$ s

(c) $t=3.15$ s

(d) $t=6.6$ s

图 7.20   不同时刻自由液面位置

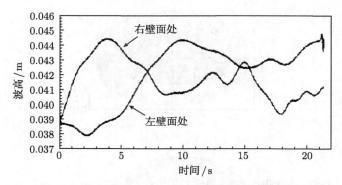

图 7.21　微重力环境下储腔左、右壁面处的自由液面位置变化时间历程

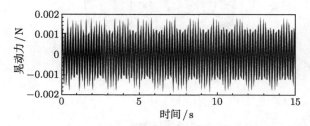

图 7.22　微重力环境下液体强迫晃动面内晃动力时变历程

同时还可以观察到, 当波高到达一定水平后出现不规则晃动, 发生更为严重的非线性现象. 模拟结果表明: 微重力环境下液体非线性晃动仍有旋转分岔现象的出现, 此时, 在 oy 方向上出现突然明显增大的冲击型压力出现 (这和常重环境下的液体晃动分岔现象类似, 数值模拟结果中仅给出了考虑表面张力时的结果如图 7.19 所示). 而图 7.21 则进一步显示: 低重力液体非线性晃动完全呈现发散的特征, 这和常重力环境下的液体非线性晃动有着本质区别. 模拟结果表明, 非线性现象的发生与激励幅值、频率、液体黏性、储腔几何形状有着密切关系. 图 7.20 显示当发生非线性晃动时, 液面出现严重变形从而导致高阶晃动模态并伴随自由液面的破碎; 而图 7.22 则显示微重力环境下在整个液体晃动过程中, 横向晃动力响应表现出随机和混沌特征.

7.5　注　　记

从事计算力学、传热、传质领域中的越来越多的学者及实践者正在解决三维模型问题. 然而, 直到现在, 许多领域中的三维问题的解决并非令人满意, 其中许多工作和尝试只是探索性的, 与实际应用相差甚远. 尽管使用强有力的数值方法可以用来预测三维自由界面运动问题, 但对于具有动力接触线的实际问题建模仍具有显然的挑战性[54,171~174]. 一直以来, 众多学者尝试设计连续模型以便适用于工程分析, 模拟真实的物理过程. 然而所有这些模型在具体实施时都简化为二维情形, 这时真实的接触线变为一点, 在该点处, 接触线运动在理论上可分类为静态的或动态的, 这样的分类使得某一模型的实现变得非常简便. 三维问题中常常是在同一接触线上同时存在着两种极端情形, 更糟的情形是, 当地湿润状态从静态到动态将跨越相当大范围的当地毛细数. 两种液体 (常常是气体和液体) 在固体边界上相遇所形成的静湿润线, 从流体动力学观点方面被描述为几乎停滞的一条固定曲线, 在此曲线上流体力学并不重要, 即被典型的一般关于速度的 Dirichlet 条件完全确定. 静接触角被认为是一种热动力学性质[175], 不过它很可能是不明化学成分和表面结构的复杂函数, 这一性质将导致滞后效应. 动力学湿润线表现为沿固体边界一种流体占据另一流体位置, 这和静态情形相比完全是另一回事. 动态湿润角并不是热动力学性质, 而是各种非平衡过程的复杂相互作用的结果. 首先也是最重要的是围绕着前进或后退的接触线附近的水动力学性态. 这些水动力学同时包括在前进着的流体和后退着的流体力学行为中. 再者是接触线附近的液–液界面上的与表面张力相关的力学现象, 低毛细数情形下常常存在静态湿润力, 由于表面活性物或者是温度梯度的出现有可能引起表面梯度. 最后在三相线附近某处有必要施加某种机制以使得流体沿固面滑移以释放奇异效应 (所谓的旋转运动状态除外[176]).

在为了确定自由面位置时所进行的自由面流动计算分析中应用的数学条件一般是所谓运动表面条件[54]. 在没有蒸发情形下, 运动学条件要求其液面成为依附在接触线上的物质层面. 如果液体不能穿入固体 (常常如此), 必须增加不可穿透条件. 如果两个条件同时满足, 恰恰位于湿润线上的流体速度和湿润线本身的速度应完全一样. 对于二维情形下的稳态流这意味着零速度. 然而, 如果非滑移条件强加到接触线上, 接触线上的流体速度又必须是壁面速度. 人们将这种双值速度现象称为运动学佯谬 — 如 Kisgler[177] 所称, 这样就要求一些流体质点在运动的壁面上滑移. 只有在 180° 接触角情况下, 所有条件才有可能得到同时满足, 这种情形被称为滚动条件[176]. 对于非 180° 接触角的情形, 许多学者采用了几种分别在有限元或差分中得到应用的方案. 最常用的方案是将分析限制在传统的宏观尺度连续介质理论. 该方案通过独特的边界条件消除湿润线上的双值速度现象, 即允许在接触线上滑移 (即湿润线上的液体质点速度和湿润线的速度一样) 而在附近允许部分滑移, 通过实验观察 (或通过经验知识) 以事先设计接触角. 这种方案使得实际湿润过程的数值模拟预测成为可能[178], 然而这一方案也存在无法预知的缺陷. 实践表明: 求解接触条件所需要的网格细分的工作量是惊人的, 三维情形更是如此, 这使得所假定的接触角的精确性令人怀疑, 因为接触角在微观上可能明显不同. 采用另一种方案可以避免在假想接触线上施加完全滑移, 即通过 Galerkin 加权余量法的弱形式[4] 或者采用塌陷单元的优势以产生接触线上的重合结点[179]. 在二维情形下这种方案虽然表现良好, 但其极大地削弱了围绕接触线附近流体域中的网格收敛性, 而且沿三维接触线进行网格生成和操作将带来极大困难, 因此也难以实现 (也许采用塌陷单元能够在接触线上产生双值速度).

另两种方案在此值得一提. 其中一种涉及接触线上专门的边界条件, 即事先假定接触角和当地滑移流动, 但强制一亚微观静态角并且系统地细化网格进行局部分析[180~182]. 这种方案对小毛细数效果良好, 但对大毛细数不适用. 上述的强制限制条件影响了这种方案在三维问题中的良好应用前景. 第二种方案寻求解决动力湿润线的亚微观物理学问题, 在宏观计算中考虑当地空气位移机理的精细模型, 并尝试对宏观流动建立实际的边界条件. 有文献将这种方案用于实际的边界条件但在处理三维中的网格扭曲问题时遇到巨大挑战[183].

本章主要介绍了 ALE 有限元方法在微重力环境下三位液体非线性晃动动力学数值仿真研究方面的应用, 在揭示微重力液体晃动瞬态响应特性方面, 其他数值方法也取得了不断进展. 有大量文献报道了 VOF 方法在这方面的研究进展, 图 7.23 显示了采用该方法模拟航天器入轨阶段使液体燃料再定位对球腔中微重力液体施加沉降加速度 $g = 3.27 \times 10^{-6} g_0$ 后液体瞬态变化过程的数值模拟仿真结果, 根据对称性图中只给出了截面图[76]. 文献 [44] 采用光滑粒子流体动力学 (SPH) 方法数值模拟了微重力环境下航天器发动机点火阶段液体强非线性流动特性 (图 7.24). 需要指出的是, 在航天工程中为了真实模拟微重力环境下的液体燃料晃动对控制系统的影响, 就必须建立更为精确的等效力学模型; 而将 CFD 方法与分析方法和试验方法相结合是最终解决这一难题的有效途径, 有关内容将在第 8 章进一步论述.

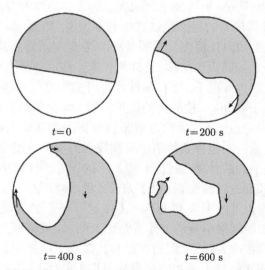

$t=0$　　　　　　　　　　$t=200$ s

$t=400$ s　　　　　　　　$t=600$ s

图 7.23　微重力环境下液体再定位过程仿真结果

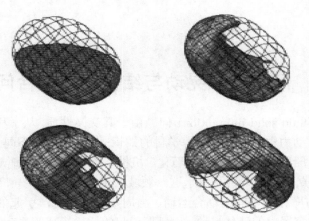

图 7.24　微重力液体非线性流动特性仿真结果

第8章　液体大幅晃动与结构运动耦合问题研究

　　流固耦合 (fluid-solid interaction) 问题由于其交叉性质, 从学科上涉及流体力学、固体力学、动力学、计算力学等学科的知识; 从技术上与不同工程领域, 如土木、航空航天、船舶、动力、海洋、石化、机械、核动力、地震地质、生物工程等都均有联系, 有众多学者一直从事于这一领域的研究[33,77,135,184~199]. 比较典型的例子有: 水库与库存水之间的耦合运动、由周期运动的海洋引起的近海岸结构的振动、运动着的容器内的液体晃动、由风振引起的桥梁桁架的振动等. 上面列举的四个例子可分成两类: 在前两个例子中, 结构可以被视为弹性体, 而液体被视为带有自由液面的势流, 此外, 这类耦合运动的能量主要来自诸如像地震等这样的外部激励; 另一方面, 在后两个例子中, 由于结构的变形与其刚体运动相比而言可以被忽略掉, 因此结构可被模型化为弹簧支撑着的刚体, 在这种情况下, 振动能量主要来自常常由涡旋引起的液体本身的运动. 对于从事动力学与控制研究的学者来说, 在应用多体系统建模方法对经历大的、非线性运动的机械系统 (包括充液系统) 进行动力学建模时, 大部分情况下可以忽略弹性变形; 如果需要考虑来自内部液体的晃动载荷, 当液体容器的变形与刚体运动相比较小时, 上述简化也可以应用到液体容器壁即将其假设为刚性容器而忽略液体容器变形[33,135,184~187]. 这里还特别提出另一种情形, 流体运动将抑制结构运动而不是像前面提到的那样对结构运动起激励作用, 这种抑制效应在实际工程中被用来通过设计某种装置而对结构运动起到控制作用; 在这种情况下同样要考虑液体的自由液面效应[188~192]. 在以上这些流固耦合运动中非线性特性是明显的: 不仅液体运动方程是非线性的, 而且耦合运动的特性将随着结构振动的幅值的不同而变化; 因此必须考虑结构与液体之间的接触面的有限位移; 此外, 自由液面也是引起非线性效应的重要因素. 基于以上论述, 本章内容仅涉及液体大幅晃动与刚性结构运动耦合动力学问题; 国内外有众多学者在流固耦合分析、液弹耦合 (包括与储罐变形、地基变形及支撑结构变形相关联的液固耦合动力学研究) 研究方面取得了不断的研究进展并且有大量的文献进行了相关报道; 由于篇幅所限本书将不涉及这方面的内容, 有兴趣的读者可进一步参考文献[77]、[193~199].

　　本章推导了一种基于 ALE 描述下的带有自由液面不可压液体与运动结构非线性耦合问题的一种有限元数值计算方法. 在时间域上采用分步格式计算, 这种方法与混合插值方法比较其优点是速度和压力可使用同阶线性插值, 给数值计算带来很大方便. 将所得到的方法应用到结构与调谐式液体阻尼器 (tuned liquid damper,

TLD) 装置之间的耦合问题, 数值计算结果验证了本文所推导的方法.

8.1 流体域及结构运动基本方程

8.1.1 液体大幅晃动的 ALE 有限元数值离散方程

第 3 章中利用 Galerkin 加权余量方法已推导出 Navies-Stokes 方程的分步有限元数值离散方程及其计算步骤如下:

计算中间速度 $\tilde{u}_i^{n+1}$:

$$M_{\alpha\beta}^{n+1}\tilde{u}_{\beta i}^{n+1} = M_{\alpha\beta}^n u_{\beta i}^n - \Delta t\left[B_{\alpha\beta}^n u_{\beta i}^n + \frac{1}{\rho}C_{\alpha\beta i}^n p_\beta^n + D_{\alpha i\beta j}^n u_{\beta j}^n - F_{\alpha i}^{n+1} - \hat{E}_{\alpha i}^{n+1}\right] \tag{8.1}$$

计算压力 $p^{n+1(m+1)}$:

$$A_{\alpha\beta}^{n+1}p_\beta^{n+1} = -\frac{\rho}{\Delta t}C_{\alpha\beta i}^{n+1}\tilde{u}_{\beta i}^{n+1} + A_{\alpha\beta}^n p_\beta^n + \hat{Q}_\alpha^{n+1} - \hat{Q}_\alpha^n \tag{8.2}$$

计算速度 $u_i^{n+1(m+1)}$:

$$M_{\alpha\beta}^{n+1}u_{\beta i}^{n+1} = M_{\alpha\beta}^{n+1}\tilde{u}_{\beta i}^{n+1} - \frac{\Delta t}{\rho}[C_{\alpha\beta i}^{n+1}p_\beta^{n+1} - C_{\alpha\beta i}^n p_\beta^n] \tag{8.3}$$

在以上公式中

$$M_{\alpha\beta}^{(e)} = \int_{V^e}\phi_\alpha\phi_\beta \mathrm{d}V$$

$$B_{\alpha\beta}^{(e)} = \int_{V^e}\phi_\alpha\phi_{\beta,j}c_j^n \mathrm{d}V$$

$$C_{\alpha\beta i}^{(e)} = \int_{V^e}\phi_\alpha\phi_{\beta,i}\mathrm{d}V$$

$$D_{\alpha i\beta j}^{(e)} = \int_{V^e}\phi_{\alpha,j}\nu(\phi_{\beta,j}\delta_{ij} + \phi_{\beta,i})\mathrm{d}V$$

$$F_{\alpha i}^{(e)} = \int_{V^e}\phi_\alpha f_i\mathrm{d}V$$

$$\hat{E}_{\alpha i}^{(e)} = \int_{S^e}\phi_\alpha\bar{t}_i\mathrm{d}S$$

$$A_{\alpha\beta}^{(e)} = \int_{V^e}\phi_{\alpha,i}\phi_{\beta,j}\mathrm{d}V$$

$$\hat{Q}^{(e)} = \int_{S^e}\phi_\alpha\rho\dot{v}_i n_i\mathrm{d}S$$

其中, α, β 是单元的结点数; $i, j(= 1, 2, 3)$ 是空间的维数; v_i 是耦合界面上的结构的运动速度; $\bar{t}_i$ 是边界上给定的压力值.

8.1.2　储腔的运动方程

由振动理论可知, 结构的运动方程为

$$m\dot{v} + cv + k\delta = X \tag{8.4}$$

其中, δ 是结构运动的位移分量,

$$\delta = [\delta_1, \delta_2, \theta]^{\mathrm{T}} \tag{8.5}$$

其中, δ_1 和 δ_2 分别是沿坐标轴 x_1 和 x_2 方向上直线运动的位移分量; θ 是绕结构质心的转动. m、c 和 k 分别表示质量矩阵、阻尼矩阵和刚度矩阵. X 是流体域与结构接触面上的应力合力:

$$X = [X_1, X_2, M]^{\mathrm{T}} \tag{8.6}$$

8.2　耦合系统液–固接触面约束条件

8.2.1　接触面上的约束条件

流体域与结构的接触面上的结点坐标满足.

(1) 相容条件:

$$u = T^{\mathrm{T}} v \tag{8.7}$$

$$\dot{u} = T^{\mathrm{T}} \dot{v} + A\dot{\theta}^2 \tag{8.8}$$

其中, T、A 是接触面上的几何关系变换矩阵, 8.2.2 节将详细推导. θ 是储腔绕其质心的转角.

(2) 平衡条件:

$$X + Tf = 0 \tag{8.9}$$

从式 (8.7) 不难看出, 在接触面上, 网格结点的运动应满足条件:

$$w = T^{\mathrm{T}} v \tag{8.10}$$

8.2.2　触面上的几何关系变换矩阵

考虑储腔的二维运动 (图 8.1), 其中, S_{w} 表示储腔的刚性壁面, V 表示初始时刻的流体域, 不失一般性, 设储腔的质心 G 为坐标原点. 则, G 的位移向量及作用在 G 上的集中力可分别表示为如式 (8.5)、式 (8.6) 所示的形式. 假定 C 为储腔壁面 S_{w} 上的任一结点, 并设 C 的初始坐标为

$$\bar{x}^c = [\bar{x}_1^c, \bar{x}_2^c]^{\mathrm{T}} \tag{8.11}$$

而 C 的位移向量可表示为

$$d^c = [d_1^c, d_2^c]^{\mathrm{T}} \tag{8.12}$$

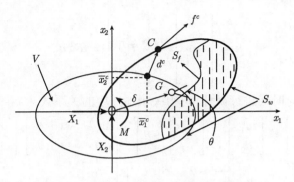

图 8.1   图充液储腔壁面上位移及力向量

设作用在结点 C 上的结点力向量为

$$\boldsymbol{f}^c = [f_1^c, f_2^c]^{\mathrm{T}} \tag{8.13}$$

位移矢量 $\boldsymbol{\delta}$ 和 $\boldsymbol{d}^c$ 之间的关系为

$$\left[\begin{array}{c} d_1^c \\ d_2^c \end{array}\right] = \left[\begin{array}{c} \delta_1 \\ \delta_2 \end{array}\right] + \left[\begin{array}{cc} \cos\theta - 1 & -\sin\theta \\ \sin\theta & \cos\theta - 1 \end{array}\right] \left[\begin{array}{c} \bar{x}_1^c \\ \bar{x}_2^c \end{array}\right] \tag{8.14}$$

对式 (8.14) 两端对时间进行微分, 可以得到关于速度的关系式:

$$\left[\begin{array}{c} u_1^c \\ u_2^c \end{array}\right] = \left[\begin{array}{c} \dot{d}_1^c \\ \dot{d}_2^c \end{array}\right] = \left[\begin{array}{c} \dot{\delta}_1 \\ \dot{\delta}_2 \end{array}\right] + \dot{\theta} \left[\begin{array}{cc} -\sin\theta & -\cos\theta \\ \cos\theta & -\sin\theta \end{array}\right] \left[\begin{array}{c} \bar{x}_1^c \\ \bar{x}_2^c \end{array}\right]$$

$$= \left[\begin{array}{ccc} 1 & 0 & -L_2^c \\ 0 & 1 & L_1^c \end{array}\right] \left[\begin{array}{c} \dot{\delta}_1 \\ \dot{\delta}_2 \\ \dot{\theta} \end{array}\right] \tag{8.15}$$

或写成如下等价的形式:

$$\boldsymbol{u}^c = \boldsymbol{T}_{\mathrm{c}}^{\mathrm{T}} \boldsymbol{v} \tag{8.16}$$

其中:

$$\boldsymbol{T}_{\mathrm{c}}^{\mathrm{T}} = \left[\begin{array}{ccc} 1 & 0 & -L_2^c \\ 0 & 1 & L_1^c \end{array}\right] \tag{8.17}$$

$$L_1^c = \bar{x}_1^c \cos\theta - \bar{x}_2^c \sin\theta \tag{8.18}$$

$$L_2^c = \bar{x}_1^c \sin\theta + \bar{x}_2^c \cos\theta \tag{8.19}$$

从而, 在液固耦合界面上有 (即式 (8.7)):

$$
\boldsymbol{u} = \begin{bmatrix} \vdots \\ \boldsymbol{u}^c \\ \vdots \end{bmatrix} = \begin{bmatrix} \vdots \\ \boldsymbol{T}_c^{\mathrm{T}} \\ \vdots \end{bmatrix} = \boldsymbol{T}^{\mathrm{T}} \boldsymbol{v} \tag{8.20}
$$

将式 (8.15) 两端对时间进行微分, 可得关于加速度的关系式:

$$
\begin{bmatrix} \dot{u}_1^c \\ \dot{u}_2^c \end{bmatrix} = \begin{bmatrix} \ddot{d}_1^c \\ \ddot{d}_2^c \end{bmatrix} = \begin{bmatrix} \ddot{\delta}_1 \\ \ddot{\delta}_2 \end{bmatrix} + \ddot{\theta} \begin{bmatrix} -\sin\theta & -\cos\theta \\ \cos\theta & -\sin\theta \end{bmatrix} \begin{bmatrix} \bar{x}_1^c \\ \bar{x}_2^c \end{bmatrix}
$$
$$
+ \dot{\theta} \begin{bmatrix} -\cos\theta & \sin\theta \\ -\sin\theta & -\cos\theta \end{bmatrix} \begin{bmatrix} \bar{x}_1^c \\ \bar{x}_2^c \end{bmatrix}
$$
$$
= \begin{bmatrix} 1 & 0 & -L_2^c \\ 0 & 1 & L_1^c \end{bmatrix} \begin{bmatrix} \ddot{\delta}_1 \\ \ddot{\delta}_2 \\ \ddot{\theta} \end{bmatrix} - \begin{bmatrix} L_1^c \\ L_2^c \end{bmatrix} \dot{\theta}^2 \tag{8.21}
$$

仿式 (8.20) 的推导可得到式 (8.8).

另一方面, 根据 $\boldsymbol{X}$ 为在液固接触面上 $\boldsymbol{f}^c$ 的合力这一事实, 可推导出式 (8.9):

$$
\boldsymbol{X} = -\sum_c \boldsymbol{T}_c \boldsymbol{f}^c = -\begin{bmatrix} \cdot & \cdot & \cdot & \boldsymbol{T}_c & \cdot & \cdot & \cdot \end{bmatrix} \begin{bmatrix} \vdots \\ \boldsymbol{f}^c \\ \vdots \end{bmatrix} = -\boldsymbol{T}\boldsymbol{f} \tag{8.22}
$$

假设储腔做小角度转动, 则有如下近似公式:

$$
\sin\theta \approx 0, \quad \cos\theta \approx 1 \tag{8.23}
$$

因此, 在以上公式中, 用 $\bar{x}_i^c$ 代替 L_i^c, 可知 $\boldsymbol{T}_c$ 为常系数矩阵. 此外, 和 θ 有关的项将消失. 所以, 可得到如下线性化关系式:

$$
\begin{bmatrix} u_1^c \\ u_2^c \end{bmatrix} = \begin{bmatrix} 1 & 0 & -\bar{x}_2^c \\ 0 & 1 & \bar{x}_1^c \end{bmatrix} \begin{bmatrix} \dot{\delta}_1 \\ \dot{\delta}_2 \\ \dot{\theta} \end{bmatrix} \tag{8.24}
$$

$$
\begin{bmatrix} \dot{u}_1^c \\ \dot{u}_2^c \end{bmatrix} = \begin{bmatrix} 1 & 0 & -\bar{x}_2^c \\ 0 & 1 & \bar{x}_1^c \end{bmatrix} \begin{bmatrix} \ddot{\delta}_1 \\ \ddot{\delta}_2 \\ \ddot{\theta} \end{bmatrix} \tag{8.25}
$$

8.3　液–固耦合系统动力学方程

将式 (8.1)~ 式 (8.3) 对整个单元进行集合, 为方便推导流固耦合问题的系统方程, 写成矩阵形式得

$$M^{n+1}\tilde{u}_i^n = M^n u_i^n - \Delta t \left[B^n \delta_{ij} + D_{ij})u_j^n - \frac{1}{\rho}C_i p^n - E_i \right] \tag{8.26}$$

$$M^{n+1}p^{n+1} = -\frac{\rho}{\Delta t}C_i^{n+1}\tilde{u}_i^{n+1} + A^n p^n + Q^{n+1} - Q^n \tag{8.27}$$

$$M^{n+1}u_i^{n+1} = M^{n+1}\tilde{u}_i^{n+1} - \frac{\Delta t}{\rho}(C_i^{n+1}p^{n+1} - C_i^n p^n) \tag{8.28}$$

在计算速度时, 在液固耦合边界上面应考虑速度耦合边界条件:

$$u = T^{\mathrm{T}}v \tag{8.29}$$

其中, v 是耦合边界上的结构运动速度; T^{T} 是几何关系矩阵.

结构的运动方程可写为

$$m\dot{v} + cv + k\delta = X \tag{8.30}$$

在液固耦合界面上可推导出:

$$X = -TF = -\int_S n \cdot [\phi]\mathrm{d}S \cdot p \tag{8.31}$$

其中, $n = \{n_1\ n_2\ n_3\}^{\mathrm{T}}$ 是壁面上的法向矢量; F 是等效结点力; $[\phi]$ 是插值函数矩阵. 在耦合界面上, 由方程 (8.27) 可求得

$$p^{n+1} = (M^{n+1})^{-1}\left[-\frac{\rho}{\Delta t}C_i^{n+1}\tilde{u}_i^{n+1} + A^n p^n + Q^{n+1} - Q^n \right] \tag{8.32}$$

注意到在耦合界面上有

$$Q^{n+1} = \int_S \rho[\phi]^{\mathrm{T}}n^{\mathrm{T}}\mathrm{d}S \cdot \dot{v} = \rho T^{\mathrm{T}} \cdot \dot{v} \tag{8.33}$$

将式 (8.31)、式 (8.32)、式 (8.33) 代入结构运动方程式 (8.30) 并整理可得

$$[m + \rho T(M^{n+1})^{-1}T^{\mathrm{T}}]\dot{v} + cv + k\delta$$
$$= -\left[(M^{n+1})^{-1}\left(-\frac{\rho}{\Delta t}C_i^{n+1}\tilde{u}_i^{n+1} + M^n p^n - Q^n \right) \right] \tag{8.34}$$

结构运动方程可用 Newmark 方法求解. 系统耦合方程 (8.26), 方程 (8.27), 方程 (8.28), 方程 (8.34) 可利用迭代方法求解.

8.4 数值计算、分析与结论

调频液体阻尼器 TLD 是一种结构被动控制装置, 它主要依靠液体的晃动来吸收并耗散结构的振动能量, 达到结构减振的目的. TLD 首先应用于人造卫星和潜

艇, 以抑制卫星的颤振和稳定潜艇的晃动[189~192]. 20 世纪 80 年代以来, TLD 作为一种有效实用的结构减振装置, 用于控制柔性小阻尼及结构的风振反应如日本横滨海港和川奇空港塔; 在我国, TLD 也已经用在一些实际的建筑物上并取得了令人满意的减振效果[192]. 本节算例取自文献 [135] 中的实验模型即所谓的 TLD 结构问题, 物理模型如图 8.2 所示, 各参数见表 8.1, 容器中的水深为 4cm, 结构即振动台的初始位移为 0.275cm; 计算结果如图 8.3、图 8.4、图 8.5、图 8.6 所示. 图 8.3 为

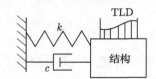

图 8.2　TLD 结构耦合系统模型

表 8.1　TLD 结构耦合系统模型参数

总质量 m	弹簧刚度 k	阻尼系数 c	容器尺寸	固有周期
$7.71 \times 10^2 \mathrm{kg}$	$1.74 \times 10^4 \mathrm{kg/s^2}$	$0.70 \mathrm{kg/s}$	$30(h) \times 40(w) \times 50(d) \mathrm{cm}$	$1.3 \mathrm{s}$

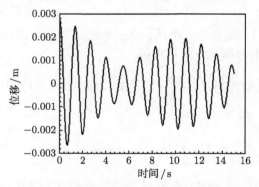

图 8.3　结构水平位移变化的时间历程

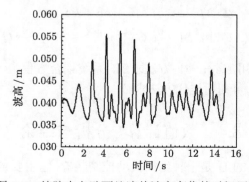

图 8.4　储腔中左壁面处液体波高变化的时间历程

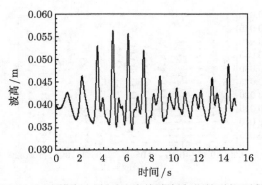

图 8.5 储腔中右壁面处液体波高变化的时间历程

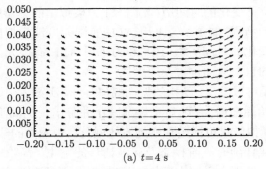

(a) $t=4$ s

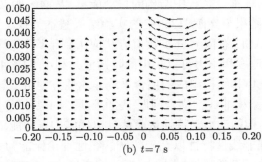

(b) $t=7$ s

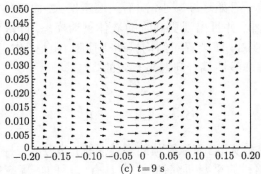

(c) $t=9$ s

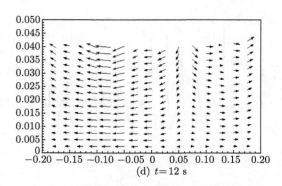

(d) $t=12$ s

图 8.6　储腔内液体不同时刻的自由液面形状及速度场

模拟出的结构水平位移变化的时间历程, 图 8.4 为模拟出的容器中液体在容器左壁面处波高变化的时间历程, 图 8.5 为采用 ALE 有限元方法模拟出的容器中液体在容器右壁面处波高变化的时间历程, 图 8.6 为采用 ALE 有限元方法模拟出的容器中液体在不同时刻的自由液面位置及速度场.

　　从以上计算结果可以看出：结构的振动幅值一开始逐渐减小, 随后又缓慢增大; 而液体波高则一开始逐渐增大, 随后又逐渐减小并且出现更高阶的液体晃动模态. 而从速度场的变化模拟结果可清楚观察到流体域及自由液面的非线性响应特征, 显示出自由液面的变化伴随有高阶模态及碎波情形的发生. 高阶晃动模态的出现自意味着液体的晃动消耗耦合系统中结构的振动能量, 从而表明 TLD 装置对结构振动有抑制作用, 计算结果与文献 [135] 中的实验结果基本一致.

　　本章将所得到 ALE 有限元分步数值方法应用到结构与调谐式液体阻尼器装置之间的耦合问题, 速度和压力可以采用同阶插值并利用 ALE 描述跟踪自由液面; 运用迭代方法求解液体和结构组成的耦合系统非线性方程组, 最后利用所推导的方法模拟计算了 TLD 结构非线性耦合问题; 这种阻尼器主要依靠刚性容器中的浅水液体的运动来改变结构的动力学特性进而达到消耗结构振动能量的目的, 低深度液体的晃动问题具有强非线性特性以至于传统的线性理论无能为力. 仿真结果表明：充液储腔的振动幅值一开始逐渐减小, 随后又缓慢增大; 而液体波高则一开始逐渐增大, 随后又逐渐减小, 并且出现更高阶的液体晃动模态, 即液体的晃动消耗结构的振动能量, 从而表明 TLD 装置对结构振动有抑制 (阻尼) 作用. 计算结果表明了本章方法对数值求解非线性耦合问题是有效的.

8.5　注　　记

　　储液罐或储液腔系统 (含充液腔体的多体系统) 动力学与控制一直是动力学与控制学科及其交叉学科的重要研究领域, 它具有广泛的工程应用背景和重要的理论研究价值. 在航空航天工业中, 充液腔类系统动力学与控制始终是航天器总体设计所关心的核心问题之一[1~9]. 随着大型航天器的出现和更严格的定向要求的提出, 晃动动力学的分析和控制已成为许多宇航飞行器分析中的标准组成部分. 尽管大多数的工作针对航空航天工业, 但储液罐动力学与控制仍可应用在工业/制造业 (充液储罐的运动)、民用工程 (地震)、汽车工程 (燃料运输车), 以及船舶动力学中. 在制造业中, 大部分工作都基于 1-g 环境下的横向运动引起的液体晃动问题; 目前储液箱生产线大都采用计算流体力学分析方法来解释和缓解液体晃动效应. 在罐装汽车行业中, 必须要对液化气体、石油、化学制剂等的大型液体运输罐进行晃动分析[185,200], 其大部分研究工作都基于圆柱形储罐内液体晃动的横向和摇摆效应. 在航海领域, 船舶被用来运输大量的液体, 因此容易受到液体晃动效应的影响. 大体积液体的晃动运动在船舶稳定性和结构完整性上有着显著效应. 关于储液罐液体晃动的另一个重要研究领域是地震响应分析[201,202], 由地震引起的地面运动会在液体储罐内引起液体的晃动运动从而导致储罐的损坏或破裂.

从建模技术的角度看, 晃动问题的大部分工作可以分为两方面: 流体动力学建模和等效力学模型. 流体动力学建模可以分成两类即解析方法和计算流体动力学方法. 流体动力学建模的更一般方法是基于 Navier-Stokes 方程的数值仿真方法. 然而, 由于这种方法需要大量的计算并且具有跨学科的特点, 采用计算流体动力学方法研究晃动液体和刚体耦合系统动力学方面的研究成果鲜有报道. 为了便于读者了解这方面的进展情况, 以下分几个方面作一简要介绍.

8.5.1　车载储液罐系统动力学研究

在动态机动过程中大振幅晃动对油罐车转弯和滑动稳定性的影响非常严重, Strandberg[203] 研究了带或不带挡板和隔膜的横向振动罐模型的液体晃动力; 液体力对倾覆和滑动的影响通过计算机简化车辆模型 (无滚动、无偏斜) 来衡量. 当液体的相对运动作用于储液罐壁时, 罐内液体大幅晃动会导致由质心绝对位移以及大倾覆力所引起的大倾覆力矩. 由于晃动负载的动态特性, 装载液体货物车辆的制动性能会退化. 对于罐车设计参数的估计, 发掘高效精确的模拟方法可以为优化车辆的动力学特性提供宝贵的工具. 然而对部分充液车辆的数值模拟至今仍然是一个很复杂的问题, 它要求不同研究领域的理论交叉和一些先进方法的集成. 对于车辆动力学来说, 多体系统方法是最合适的有效方法, 其已经成为车辆工程中的标准分析工具[185]. 另外, 液体晃动的模型化是流体动力学研究领域的一部分; 由于求解流体运动方程的困难和自由液面的存在, 建立晃动流体的一个准确和有效的模型仍然很具有挑战性. 对于罐车的动力学数值模拟来说, 流体动力学和多体系统的耦合使得问题变得更加复杂. Stednitz[185] 应用了带有线性立方弹簧和阻尼器的三维摆模型来模拟液体晃动动力学. 由于未知数的个数少, 基于等效刚体模型的流体动力学建模方法具有直接与车辆模型一体化集成的优势, 并且所需要的计算量少. 然而对于复杂几何形状的储罐, 建立晃动等效模型的技术还不成熟; 此外, 建立考虑反映阻尼和非线性效应的等效模型是非常困难的. 因此, 用等效刚体模型模拟载有液体货物车辆动力学特性的方法受到极大限制.

　　流体动力学建模的更一般方法是基于 Navier–Stokes 方程的数值仿真方法. 然而, 由于这种方法需要大量的计算并且具有跨学科的特点, 采用计算流体动力学方法研究晃动液体和刚体耦合系统动力学方面的研究成果鲜有报道. Sankar 等[186]在油罐车动力学的应用中得到了以计算流体力学和多体系统为基础的晃动液体和刚体结构的数值解. 然而, 对求解具有自由液面边界条件 Navier–Stokes 方程非常有效的有限差分方法和相当费时的粒子算法将导致惊人的大运算量. 对于车辆动力学复杂工程系统的建模和仿真, 由功能分解得到的子系统模块化方法由于其高度的灵活性和并行建模能力而被专家应用[187].

　　模块化仿真的概念基于把复杂的动力学系统分成子系统的想法, 这种想法通过相应工程领域及子系统易于转换和修饰的特点达到系统的独立和并行建模. 为了连接子系统, 需要定义输入和输出变量; 总体系统的解由连接器和调度器所构成, 它们连接了子系统的输入和输出并控制数据传输和数据整合[204]. 为了考虑多体系统和刚性容器内液体晃动的耦合效用, 总体系统可以被分为一个包含液体容器的刚体子系统和一个液体子系统 (图 8.7). 文献 [185] 利用以上方法, 将车辆组件被模型化为一个多体系统, 液体晃动动力学特征通过求解自由表面下的非稳态不可压缩的 Navier–Stokes 方程得到并采用改进的 VOF 方法跟踪自由液面. 为了分析整个系统的动力学性态, 在把动力学系统分解成子系统时应用了模块化仿真的概念. 刚体和流体子系统由不同的软件代码来模拟, 这些代码在模拟运行期间通过输入和输出变

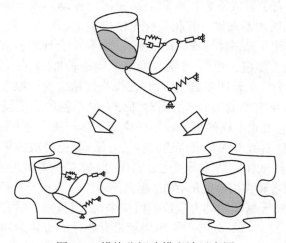

图 8.7　模块分解建模方法示意图

量的转化发生耦合, 通过算例仿真试验验证了此方法的有效性, 得到的刹车机动过程储液罐液面形状及速度场变化过程如图 8.8 所示.

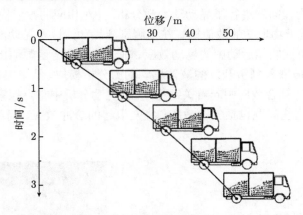

图 8.8 刹车机动过程储液罐液面形状及速度场

8.5.2 船载储液罐系统动力学研究

通过考虑海浪对船舶的影响发现, 实际上波浪诱导的船舶运动能引起流体震荡共振. 这可能导致船舶局部的明显结构负荷, 并对船舶整体运动有重要的影响. 当水压跳跃或行波出现时, 极高冲击压力可能发生在油轮罐壁和船载储液罐上; 如果没有横向隔板, 纵向的液体晃动比横方向的更加严重. Ye 和 Birk[205] 测量了在纵轴方向被冲击突然加速时, 不同长径比 $(L/2R)$ 水平充液圆柱罐的液体压力; 得到了不同类型的压力时间经历, 结果表明压力图像随着充液比而改变; 充液比和储液罐的长径比严重地影响了储液罐最终的压力峰值; 对于某些值的长径比, 作用在储液罐上的压力呈现出水锤或加速液柱特征, 这取决于施加的冲击载荷相对于压力瞬态响应所持续的时间. 对于其他值的长径比, 储液罐最终压力响应是液体动压的函数. 这种变化还造成最大峰值压力位置由罐的底部冲击向罐顶移动. 在一些情况下, 罐顶部压力比底部冲击大两倍.

为了准确描述船舶动力学和液体晃动之间的流体加载和耦合作用, 从事该领域研究的工作人员一直致力于开发出有效的数值方法以精确描述流体载荷以及船舶与液体晃动的耦合动力学. Faltinsen 等[206] 应用离散模态系统方法研究液体自由液面和其储罐之间的相互作用所导致的不同类型的运动学和动力学特性; 他们应用线性时间域分析方法描述作用在船舶上的水动力载荷. 耦合大系统方程体系包括描述整体船舶刚体运动的联合方程以及描述晃动力学的方程, 由此可揭示出复杂的流固耦合动力学现象.

文献 [207] 对船载液体的强非线性晃动流动以及与船舶运动的耦合效应进行

了实验和数值观测. 在实验中观察到了剧烈晃动流, 并用两个不同的数值方法: 有限差分法、光滑粒子流体动力学 SPH 方法, 对剧烈晃动流进行了模拟 (图 8.9、图 8.10). 针对几个物理问题进行了晃动动力学分析, 并对相应的数值模型进行了描述. 这项研究表明, 基于物理学的数值格式在预测剧烈晃动流以及晃动冲击压力时是至关重要的. 为了研究船舶运动中的晃动效应、基于脉冲响应函数 (IRF) 的船舶运动计算机模拟程序被嵌入到所开发的液体晃动动力分析模块. 结果表明, 晃动引起的力和力矩非线性在耦合效应中起着关键作用; 在晃动分析中重点探索了所关注的几个物理学问题: 这些问题包括气泡效应、气穴引起的缓冲效应、局部波破碎、飞溅以及水弹性.

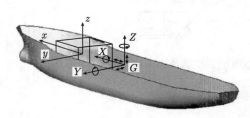 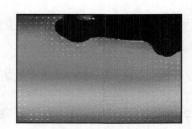

图 8.9　物理模型及坐标系统　　　　　图 8.10　复杂自由液面形状

8.5.3　充液航天器固–液–控耦合动力学研究

在建立航天器动力学模型中, 常常假定某一非线性子系统的动力学行为能被一线性模型代替, 传统方法在研究航天器中储腔中液体晃动问题时就采用了上述思想. 虽然液体晃动问题从本质上说是一非线性问题, 但过去无论在理论分析或是在实验方面, 都采用晃动的等效力学模型法来预测耦合充液航天器的动力学行为. 所有关于液体晃动问题的线性分析都基于以共同假设, 即液体自由液面运动的幅度要远远小于容器的特征尺寸. 因此线性耦合航天器模型只有在外部扰动很小或航天器的运动频率远离液体晃动频率时才有效. 由于在航天器设计条件方面的限制, 要同时满足以上两个条件是相当困难的, 所以, 有必要对线性晃动模型的有效性进行评估从而建立更完善的充液航天器动力学模型. 此外, 要完成长时间及复杂的飞行任务, 现代大型航天器需要携带更多的发动机液体燃料. 航天器在变轨、交会、对接及装配过程中, 液体推进剂可能会产生剧烈的晃动; 而此时, 航天器高精度机动性能的要求又必须保证对系统自由度进行高精度控制、完成姿态镇定及目标跟踪等控制目的. 因此要预测燃料晃动动力学及其对完整航天器系统的影响, 建立液体晃动的精确模型进而建立合理的刚–液–控耦合系统模型就显得极其重要.

欧洲航天局 (European Space Agency, ESA) 著名学者 Mancuso[208] 指出: 当航天器携带可观质量的液体燃料时, 在研究交会对接机动中, 必须考虑液体晃动效应对控制系统的影响, 否则将出现严重的漂移现象. 美国洛克希德 · 马丁公司 (Lockheed-Martin) 先进技术中心资深精确制导与控制专家 Banerjee[209] 撰文指出, 当今在对多体–柔性体耦合系统的动力学研究方面已取得令人注目的进展, 目前在对充液复杂航天器的动力学研究中, 应把多体–液体晃动–控制耦合系统动力学研究问题, 特别是液体非线性晃动建模问题作为优先课题. 1989 年, Peterson 和 Crawley[210] 曾在美国 Sandia 国家实验室的一份研究报告中指出, 充液航天器系统在外界激励幅值较大时本质上是一个非线性耦合动力学系统, 其中会产生十分复杂的动力学现象, 必须建立相应的全系统耦合的非线性模型和分析方法. 在适中的晃动幅度范围内, 对大多数充液量情况中液体晃动相似于一非线性软弹簧 (基频随着晃动的幅值增加而降低), 在大幅晃动情况下, 显现出更加复杂的液体谐波运动. 储腔的横向运动不再仅仅产生液体的横向平面运动, 此时还将产生与横向运动相耦合的面外模态运动, 进而会形成具有单一周期的旋转运动、多周期的旋转运动、混沌周期运动. 分析表明, 对于不同的重力环境下, 在考虑了液体运动的毛细力后, 将会观察到更加复杂的液体非线性运动. 虽然非耦合情况下的液体非线性晃动也许可以预测耦合系统中液体子系统的动力学行为, 但必须认识到, 不能把非耦合情况下的液体非线性晃动动力学行为叠加到线性航天器动力学行为上并以此来确定液体–航天器耦合系统的动力学行为. 如果试图这样做则完全是基于线性的思想. 嵌入到大系统或非线性系统中的某一子非线性系统和一完全孤立的非线性系统所表现出来的动力学行为可能大相径庭. 正因为如此, 当涉及有限幅液体非线性晃动问题时, 就必须发展耦合模型来预测航天器运动的动力学行为. 线性液体晃动模型或非耦合情况下的非线性晃动模型将不能准确预测液体–航天器耦合系统的动力学行为. 对于常重力情况下的液体–结构耦合系统的动力学研究, 已有少量文献报道. 研究表明: 耦合系统在本质上是非线性的. 然而, 前人的研究只限于某些特列, 这些结果对于发展和建立液体–航天器耦合系统的模型几乎没有参考价值. 在这里, 特别值得注意的重要问题是: ① 在什么情况下液体–航天器耦合系统 (可用非量纲参数来表征) 需要考虑液体的非线性晃动模型? ② 当研究耦合非线性系统动力学行为时, 液体晃动模型中的哪些因素是对于准确预测耦合系动力学行为必不可少的? ③ 对于液体晃动来说, 耦合非线性晃动与非耦合情况下的液体非线性晃动有何区别? 文献 [210] 从理论分析与试验验证两个方面对上述问题给出答案, 研究中采用如图 8.11 所示的充液航天器简化物理模型, 借助非线性多尺度方法对固–液耦合系统进行了深入细致的研究. 关于液体–航天器非线性耦合动力学的重要结论如下:

(1) 线性模型的航天器运动当与其内充液体晃动运动相耦合时, 如果液体晃动频率与航天器频率接近, 将显示强非线性动力学行为.

(2) 液体–航天器非线性耦合运动的动力学行为只能由耦合解析模型预测. 线性耦合模型或非耦合假设下的非线性模型所预测的动力学行为与观测结果大相

径庭.

(3) 液体–航天器耦合非线性运动所展示的谐运动类型在非耦合情形下的液体非线性运动中没有出现. 即使系统中的某一子系统是线性的耦合非线性系统, 叠加原理不成立. 非耦合非线性系统忽略了内共振效应, 因此将不能准确预测耦合系统中的这一现象的发生.

(4) 在所有 Bond 数情形下, 对流非线性起着重要的作用, 对于在 60~100 范围内的 Bond 数情形, 液体–航天器耦合非线性模型中必须考虑表面张力效应.

(5) 频率比在 0.6~1.2 范围内、质量比在 0.1~0.2 范围内, 耦合系统的非线性现象尤其强烈. 对于线性模型所预测出的接近线性一阶及二阶的特征频率, 相应的耦合非线性行为特别明显.

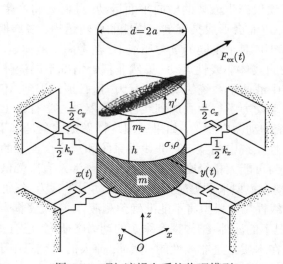

图 8.11　刚–液耦合系统物理模型

航天器在轨运行期间, 燃料晃动及消耗将改变卫星的惯量矩阵参数, 这种参数的不确定性影响了建模的精度, 而控制系统的传统设计方法是基于系统的数学模型而进行的, 从而不能很好地处理参数的不确定性和未建模动态. 近年来, 大量研究采用多种自适应与鲁棒控制分析了不确定非线性系统的控制策略, 自适应控制是一种处理不确定系统的有效方法, 它能通过在线估计处理系统的参数不确定性, 可用于有未知惯量阵参数的航天器姿态跟踪控制[211~216]. 文献 [211] 通过建立简化的充液航天器运动模型 (图 8.12), 根据准 Lagrange 原理建立航天器固–液–控耦合系统如下形式的动力学方程:

$$F = m_f a(\ddot{\theta} + \ddot{\psi}) \sin\psi + mb\dot{\theta}^2 + m_f a(\dot{\theta} + \dot{\psi})\cos\psi + (m + m_f)(\dot{v}_x + \dot{\theta}v_z) \quad (8.35)$$

$$f = (m + m_f)(\dot{v}_z - \dot{\theta}v_x) + m_f a(\ddot{\theta} + \ddot{\psi})\cos\psi + mb\ddot{\theta} - m_f a(\dot{\theta} + \dot{\psi})\sin\psi \quad (8.36)$$

$$M + bf = (I + mb^2)\ddot{\theta} + mb(\dot{v}_z - \dot{\theta}v_x) \tag{8.37}$$

$$0 = (I_f + m_f a^2)(\ddot{\theta} + \ddot{\psi}) + m_f a(\dot{v}_x + \dot{\theta}v_z)\sin\psi + m_f a(\dot{v}_z - \dot{\theta}v_x)\cos\psi + \varepsilon\dot{\psi} \tag{8.38}$$

并采用自适应控制方法对单输入单输出 (single-input, single-output, SISO) 及多输入 (横向及俯仰调节器) 多输出 (multi-input, multi-output, MIMO) 液体晃动–航天器耦合动力学系统的稳定性及跟踪问题进行了研究. 研究表明, 充液航天器固–液–控耦合动力学系统具有非最小相位特征即零态动力学本质上具有不稳定性 (如图 8.13 所示为充液航天器耦合动力学系统的中心平衡点和鞍点平衡点).

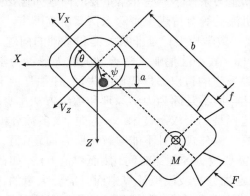

图 8.12 充液航天器–液体晃动等效力学模性示意图

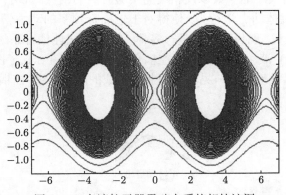

图 8.13 充液航天器零动态系统相轨迹图

8.6 结 语

充液容器是许多多体系统的主要构件, 如航天器、运输罐、液化天然气储存罐等. 目前, 多体动力学的基本理论在整个系统动力学中并没有考虑到液体晃动动力学的影响. 此外, 目前的多体动力学程序还不能有效处理带有液体储罐的动力学系统. 等效力学模型已用于模拟运输罐、航天器和液体储罐中的液体运动. 这些模型对于模拟液体的线性动力学行为非常有效; 但是, 对于非线性行为, 应该使用非线性模型, 如球摆或复合摆模型. 现代非线性动力学理论有助于我们对于不同参数类型和非线性共振条件下自由液面运动的进一步理解. 目前大多数已发表的文献主要致力于对于确定性系统的研究; 应进一步加强对一些随机性问题的研究. 当激发谱密度超过一定限度时, 会存在其他晃动模态, 液体也可能会表现出不同的响应特征, 如大振幅晃动、液面分离等; 这个问题可以通过研究液体表面运动的随机分叉来进一步深入了解. 微重力条件下一些非常重要的问题如包括热毛细流动、界面现象、g-颤振诱导和随机流动等有待进一步深入探索研究[131].

　　"建模"(创建物理和数学模型) 是非常关键和基础的问题, 重点是液体燃料非线性动力学行为的建模. 宾夕法尼亚大学著名的航天器动力学与控制专家 Likins 曾撰文指出: 过去曾经发生的付出昂贵代价的失误, 往往是由于我们对力学系统没有建立合理的数学模型, 而不是因为力学原理和数学方法本身的应用问题[217]. 一般来说, 建模技术的选择是一个权衡技术. 一方面, 大多数分析模型提供了动力学的准确描述, 但是需要大量公式而且不能够解决所有问题; 另一方面, CFD 模型具有较高的精确度而且需要较少的配比时间. 然而数值方法, 如计算流体力学难以纳入对动力学系统的稳定性分析或模拟计算中而且需要大量的计算资源. 等效力学模型简单并可纳入到稳定性分析、控制器设计流程以及固体系统模拟中, 但他们的准确性是一个与所采用的参数以及相关的实验有关的函数. 此外, 这些模型通常只能解释主导阶的流体动力学行为, 使得对于较高阶频率的动力学行为可能难以把握. 从力学意义上说, 现代航天器是一多体–液–控非线性耦合系统 (某些情况下甚至需要建立刚 (体)–液 (体)–柔 (体)–控耦合系统模型 (图 8.14); 图 8.15 则为带柔性附件充液航天器及液体燃料晃动和控制所组成的刚–柔–液–控耦合系统简化物理模型.

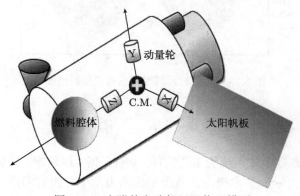

图 8.14　多附件充液航天器物理模型

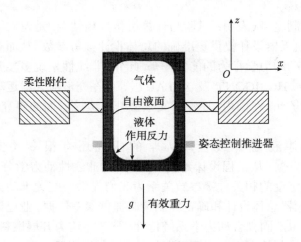

图 8.15　充液航天器液–固–控全耦合简化物理模型

　　要确定等效力学模型的参数是一困难和棘手的问题, 其中需要良好的液体晃动试验设备及先进的数据分析方法. 为了验证液体燃料旋转晃动的等效摆、等效转子模型, 位于美国得克萨斯州圣安东尼奥的西南研究所 (SwRI-Southwest Research Institute) 专门设有全尺寸燃料腔的 NASA 旋转晃动实验装置 (SSTR-Spining Slosh Test Rig)[218]. 然而地面实验不能真实反映空间中燃料晃动的真实特性. 为此, NASA 实施了由亚特兰蒂斯号航天飞机 (Space Shuttle Atlantis) 承担的代号为 "使命 STS-84" 的飞行任务, 完成了空间在轨液体晃动实验[219]. 此外, 为了在轨进行微重环境下液体晃动动力学研究, 2005 年美国航天局与荷兰空间研究中心 (Dutch National Aerospace Center-NLR) 还专门发射了液体晃动试验与检验专用卫星 Sloshsat FLEVO (Facility for Liquid Experimentation and Verification in Orbit)[220]. 实验对特殊环境的严格要求及昂贵代价, 使得随着计算机技术的快速发展而不断得到改进的计算机仿真技术在航天器设计中的应用越来越受到重视. 在多体–液体–控制系统非线性耦合问题中, 叠加原理失效, 必须探讨全场求解耦合方程的途径, 这就使求解方程的规模加大. 需针对耦合系统方程的特性, 有针对性地探索、研究和改进一些求解器. 重视计算机符号推导方法的应用研究, 一方面要在计算机硬件上下工夫, 另一方面也要在计算方法 (计算的分区、网格生成技术、区域内的搭接等)[221]、计算机软件 (数据交换、计算的协调等) 等方面做工作. 探索具体问题与诸如多体动力学的 ADAMS 软件、动力学问题的有限元 DYNA3D 软件、系统控制仿真的 MATLAB/Simulink 软件、计算流体动力学的 FLUENT 软件等大型软件的接口技术[209,221]. 虽然计算流体动力学仿真可为航天器的总体设计提供有价值的参考依据, 但它有明显的不足之处: 其在计算方法及程序设计上的复杂性以及计算方法实现上的不稳定性使其在航天器设计中预测液体燃料晃动与姿态机动耦合效应的实际应用受到限制. 实践表明: 试验与计算机仿真相结合, 是建立等效力学模型的有效途径; 可为航天器设计提供更准确的总体设计参考参数, 从而有效提高预测充液航天器姿态机动动力学行为的能力[222]. 此外, 非线性系统多参数复杂分岔数值仿真软件 AUTO、HOMCONT 及 XPPAUT 等已在充液航天器运动稳定性及分岔研究中得到应用[223]. 在国内, 还没有文献公开报道这方面的研究进展, 尤其值得重视.

对航天器刚–液–控非线性动力学的研究还有很多关键问题亟待解决[67,68,72,163,224~228]. 从工程设计角度看, 开展对非线性动力学分析的目的, 是根据导致系统不稳定性的相关关键参数关系为我们提供一些关于动力学系统的本质机理, 从而为航天器总体设计和确定控制策略提供参考依据. 业已证明等效力学摆模型可以有效模拟液固耦合动力学系统特性[223,229], 这为开展燃料晃动–航天器耦合系统动力学与控制的研究奠定了重要的基础. 分析表明: 此时, 刚–液–控耦合系统本质上是一欠驱动系统 (含调节器数目少于系统自由度的非线性系统). 而对欠驱动系统的研究是非线性控制研究领域的一个重要课题. 目前, 欠驱动控制的一些研究成果已应用到欠驱动航天器动力学中, 其中自适应控制方法、滑模控制方法及 Lyapunov 控制方法得到了成功应用[225,230]. 非线性自适应控制技术在航天器液体晃动补偿方面的应用研究是一崭新研究领域; 在所发表文献中, 还没有发现有关考虑液体晃动效应、更为实用的描述航天器质心运动和姿态运动相互耦合的多自由度动力学模型研究成果的报道[231]. 这对于深刻把握这类问题的耦合机理和预测这样系统的重要动力学现象尤其是非线性动力学现象十分不利. 其中一些具有重要和挑战意义问题的解决将对面向新一代航天器动力学及控制开发新技术以确保系统性能尤为关键. 总之, 问题的重要性与复杂性表明, 它对于从事该领域研究工作的广大科研人员而言, 既是重大的机遇, 又是严峻的挑战[232].

参 考 文 献

[1] George K B. An Introduction to Fluid Dynamics [M]. Cambridge: Cambridge University Press, 2000.

[2] 吴望一. 流体力学 [M]. 北京: 北京大学出版社, 1981.

[3] Hirsch C. Numerical Computation of Internal and External Flows [M]. Volumes 1&2. New York: John Wolery & Sons, 1998.

[4] 章本照. 流体力学中的有限元方法 [M]. 北京: 机械工业出版社, 1986.

[5] Zienkiewicz O C, Taylor R L, Nithiarasu P. The Finite Element Method for Fluid Dynamics [M]. 6th ed. London: Elsevier, 2006.

[6] Zienkiewicz O C, Taylor R L, Zhu J Z. The Finite Element Method: Its Basis and Fundamentals [M]. 6th ed. London: Elsevier, 2005.

[7] Chung T J. 流体动力学的有限元分析 [M]. 张二骏, 龚崇准, 王栏等译. 北京: 电子工业出版社, 1980.

[8] Hannani S K, Stanislas M, Dupont P. Incompressible Navier-Stokes equations with SUPG and GLS formulations-A comparison study [J]. Computer Methods in Applied Mechanics and Engineering, 1995, 124: 153–170.

[9] Taylor C, Hood P. A numerical solution of the Navier-Stokes equations using the finite element technique [J]. Computers & Fluids, 1973, 1: 73–100.

[10] Sani R L, Gresho P M, Lee R L, et al. The cause and cure of the spurious pressures generated by certain FEM solutions of the incompressible Navier-Stokes equations: Part 1 [J]. International Journal of Numerical Methods in Fluids, 1981(1): 17–43.

[11] Babuska I. The finite element method with Lagrange multipliers [J]. Numerical Mathematics, 1973, 20: 179–192.

[12] Hughes T J, Franca L P, Balestra M. A new finite element formulation for computational fluid dynamics: V. Circumventing the Babuska-Brezzi condition [J]. Computer Methods in Applied Mechanics and Engineering, 1986, 59: 85–99.

[13] Zienkiewica O C, Gallagher R H, Hood P. Newtonian and Non-Newtonian viscous incompressible flow. Temperature induced flows. Finite element and Application, *In*: Whiteman J R. The Mathematics of Finite Elements and Applications (MAFELAP 1975) [C]. London: Academic Press, 1976.

[14] Christie I, Griffith O F, Mitchell A R, et al. Finite element methods for second-order differential equation with significant first-order derivatives [J]. International Journal of Numerical Methods in Engineering, 1976, 10: 1389–1396.

[15] Heinrich J C, Huyakorn P S, Mitchell A R, et al. An "upwind" finite element scheme for two-dimensional convective transport equation [J]. International Journal of Nu-

merical Methods in Engineering, 1977, 11: 131–143.

[16] Brooks A N, Hughes T J R. Streamline upwind/Petrov-Galerkin formulations for convection dominated flows with particular emphasis on the incompressible Navier-Stokes equations [J]. Computer Methods in Applied Mechanics and Engineering, 1982, 32: 199–259.

[17] Hughes T J R, Tezduyar T E. Finite element methods for first-order hyperbolic systems with particular emphasis on the compressible Euler equations [J]. Computer Methods in Applied Mechanics and Engineering, 1984, 45: 217–284.

[18] Johnson C, Navert U, Pitharanta J. Finite element methods for linear hyperbolic problems [J]. Computer Methods in Applied Mechanics and Engineering, 1984, 45: 285–312.

[19] Johnson C, Saranen J. Streamline diffusion methods for the incompressible Euler and Navier-Stokes equations [J]. Mathematics of Computation, 1986, 47: 1–18.

[20] 刘儒勋, 舒其望. 计算流体力学的若干新方法 [M]. 北京: 科学出版社, 2003.

[21] Hansbo P. The characteristic streamline diffusion method for convection-diffusion problems [J]. Computer Methods in Applied Mechanics and Engineering, 1992, 96: 239–253

[22] Devloo P, Oden J T, Strouboulis T. Implementation of an adaptive refinement technique for the SUPG algorithm [J]. Computer Methods in Applied Mechanics and Engineering, 1987, 61: 339–358.

[23] Hansbo P, Johnson C. Adaptive finite element methods for compressible flow using conservation variables [J]. Computer Methods in Applied Mechanics and Engineering, 1991, 87: 267–280.

[24] 徐国群, 张国富. 不可压 Navier-Stokes 方程组的 SUPG 有限元数值解 [J]. 空气动力学报, 1991, 9: 236–241.

[25] 曾江红. 多腔充液自旋系统动力学与液体晃动三位非线性数值研究 [D]. 北京: 清华大学航天航空学院博士学位论文, 1996.

[26] 王立纲, 范西俊. SUPG 方法解粘弹性流动问题 [J]. 水动力学研究与进展 (A), 1996, 11(1): 52–57.

[27] 岳宝增, 彭武, 王照林. ALE 迎风有限元法研究进展 [J]. 力学进展, 2005, 35(1): 21–29.

[28] 岳宝增, 彭武. 黏性流体大幅晃动的 ALE 迎风有限元方法 [J]. 北京理工大学学报, 2005, 36(2): 35–41

[29] Hughes T J R, Franca L P, Hulbert G M. A new finite element formulation for computational fluid dynamics: VIII. The Galerkin/least squares method for advective—diffusive equations [J]. Computer Methods in Applied Mechanics and Engineering, 1989, 73: 173–189.

[30] Droux J J, Hughes T J R. A boundary integral modification of the Galerkin least squares formulation for the Stokes problem [J]. Computer methods in Applied Me-

chanics and Engineering, 1994, 113: 173–182.

[31] Franca L P, Frey S L. Stabilized finite element methods: II. The incompressible Navier-Stokes equation [J]. Computer methods in Applied Mechanics and Engineering, 1992: 99: 209–233.

[32] Hayashi M, Hatanaka K K, Kawahara M. Lagrangian finite element method for free surface Navier-Stokes flow using fractional step methods [J]. International Journal for Numerical methods in Fluids, 1991, 13(7): 805–840.

[33] 岳宝增. 微重环境下储腔类液体大晃动以及液固耦合动力学研究 [R]. 上海: 上海交通大学, 2000.

[34] Chorin A J. Numerical solution of the Navier-Stokes equation [J]. Mathematics of Computation, 1968, 22(104): 745–762.

[35] Donea J G, Giuliani S, Laval H. Finite element solution of the unsteady Navier-Stokes equations by a fractional step method [J]. Computer Methods in Applied Mechanics and Engineering, 1982, 32(1): 53–73.

[36] Ramaswamy B, Kawahara M. Arbitrary Lagrangian-Eulerian finite element method for unsteady, convective, incompressible viscous free surface fluid flow [J]. International Journal for Numerical Methods in Fluids, 1987, 7: 053–1075.

[37] Soulaimani A, Saad Y. An arbitrary Lagrangian-Eulerian finite element method for solving three-dimensional free surface flow [J]. Computer Methods in Applied Mechanics And Engineering, 1998, 162: 79–106.

[38] Amsden A A, Harlow F H. A simplified MAC technique for incompressible fluid flow calculations [J]. Journal of Computational Physics, 1970, 6(2): 322–325.

[39] Harlow F H, Welch J E. Numerical calculation of time-dependent viscous incompressible flow of fluid with free surface [J]. Physics of Fluids, 1965, 8(12): 2182–2189.

[40] Partom I S. Application of the VOF method to the sloshing of a fluid in a partially filled cylindrical container [J]. International Journal of Numerical Method in Fluids, 1987, 7(6): 535–550.

[41] Hirt C W, Nichols B D. Volume of fluid (VOF) method for dynamics of free boundaries [J]. Journal of Computational Physics, 1981, 39(1): 201–225.

[42] 王士敏. 充液系统的 Hamilton 结构与液体的大幅晃动的数值模拟 [D]. 北京: 清华大学航天航空学院博士学位论文, 1991.

[43] Gingold R A, Monaghan J J. Smoothed particle hydrody namics theory and application to non-spherical star [J]. Royal Astronomical Society, Monthly, Notices, 1977, 181: 375–389.

[44] Grayson G D. Computational design approach to propellant settling [J]. Journal of Spacecraft and Rockets, 2003, 40: 193–200.

[45] 张健, 陆利蓬, 刘恩洲. SPH 方法在溃坝流动模拟中的应用 [J]. 自然科学进展, 2006, 10: 1320–1330.

[46] Oñate E, Garcia J, Idelsohn S R. Ship Hydrodynamics [M]. Hoboken: Encyclopedia of Computational Mechanics, Wiley, 2004.

[47] Noh W F. A time dependent two space dimensional coupled Eulerian—Lagrangian code [J]. Methods in Computational Physics, 1964, 3: 117–179.

[48] Hirt C W, Aesden A A, Cook H K. An arbitrary Lagrangian-Eulerian method for all flow speeds [J]. Journal of Computational Physics, 1974, 14: 76–85.

[49] Liu W K, Hu Y K. ALE finite elements with hydrodynamic lubrication for metal forming [J]. Nuclear Engineering and Design, 1992, 138: 1–10

[50] Hughes T J R, Liu W K, Zimmerman T K. Lagrangian-Eulerian finite element formulation for incompressible viscous flows [J]. Computer Methods in Applied Mechanics and Engineering, 1981, 29: 329–349.

[51] Liu W K, Chang H, Belytschko T. Arbitrary Lagrangian-Eulerian Petrov-Galerkin finite elements for nonlinear continua [J]. Computer Methods in Applied Mechanics and Engineering, 1988, 68(3): 259–310.

[52] Huerta A, Liu W K. Viscous flow with large free surface motion [J]. Computer Methods in Applied Mechanics and Engineering, 1988, 69(3): 277–324.

[53] Hughes T J R, Liu W K, Zimmerman T K. Lagrangian-Eulerian finite element formulation for viscous flows [J]. Computer Methods in Applied Mechanics and Engineering, 1981, 29: 329–349.

[54] Cairncross R A, Schunk P R, Baer T A, et al. A finite element method for free surface flows of incompressible fluids in three dimensions [J]. International Journal for Numerical Methods in Fluids, 2000, 33: 375–403

[55] 岳宝增, 李俊峰. 三维液体非线性晃动及其复杂现象 [J]. 力学学报, 2002, 34(6): 949–955.

[56] Zhang Q, Hisaada T. Analysis of fluid-structure interaction problems with structural bulkling and large domain changes by ALE finite element method [J]. Computer Methods in Applied Mechanics and Engineering, 2001, 190: 6341–6357.

[57] Kuhl E. An arbitrary Lagrangian-Eulerian finite element approach for fluid-structure interaction phenomena [J]. International Journal for Numerical methods in Engineering, 2003, 57(1): 117–142.

[58] Gadala M S, Wang J. ALE formulation and its application in solid mechanics [J]. Finite Element in Analysis and Design, 1998, 167: 33–55.

[59] 岳宝增. ALE 有限元方法研究及其应用 [J]. 力学与实践, 2002, 24(2): 7–11.

[60] Liu W K, Belytschko T, Chang H. An arbitrary Lagrangian-Eulerian finite element method for path-dependent materials [J]. Computer Methods in Applied Mechanics and Engineering, 1986, 58: 227–245.

[61] Muto K, Kasai Y, Nakahara M, et al. Experimental tests on sloshing response of a water pool with submerged blocks [C]. In: Brown S J. Proceedings of the 1985

Pressure Vessels and Piping Conference 98–7 (Fluid-Structure Dynamics). New York: American society of Mechanical Engineers, 1985: 209–214.

[62] Liu W K, Chang H G. Efficient computational procedures for long-time duration fluid-structure interaction problems [J]. Journal of Pressure Vessel Technology, 1984, 106: 317–322.

[63] Liu W K, Gvildys J. Fluid structure interaction of tanks with an eccentric core barrel [J]. Computer Methods in Applied Mechanics and Engineering, 1986, 58: 51–77.

[64] Huerta A, Liu W K. Viscous flow structure interaction [J]. Journal of Vessel Technology, 1988, 110: 15–21.

[65] Hughes T J R, Brooks A N. A theoretical framework for Petrov-Galerkin methods with discontinuous weighting functions: Application to the streamline-upwind procedure [M]. *In*: Gallagher R H, Norrie D H, Oden J T, et al. Finite Elements in Fluids. New York: Wiley, 1982: 47–65.

[66] Ibrahim R A. Liquid Sloshing Dynamics: Theory and Application [M]. Cambridge: Cambridge University Press, 2005.

[67] 马兴瑞, 王本利, 苟兴宇. 航天器动力学–若干问题进展及应用 [M]. 北京: 科学出版社, 2001.

[68] 王照林, 刘延柱. 充液系统动力学 [M]. 北京: 科学出版社, 2002.

[69] Yu Y S, Ma X R, Wang B L. Multi-dimensional modal analysis of liquid nonlinear sloshing in right circular cylindrical tank [J]. Applied Mathematics and Mechanics (English Edition), 2007, 28(8): 1007–1018.

[70] 陈新龙, 杨涤, 翟坤. 充液航天器液体晃动问题解析求解方法研究 [J]. 哈尔滨工业大学学报, 2008, 40(7): 1013–1016.

[71] Utsumi M. Low-gravity slosh analysis for cylindrical tanks with hemiellipsoidal top and bottom [J]. Journal of Spacecraft and Rockets, 2008, 45(4): 813–821.

[72] 曲广吉. 航天器动力学工程 [M]. 北京: 中国科学技术出版,2000.

[73] 米基谢夫 Γ И. 宇宙飞行器实验法 [M]. 夏正昕, 吴天城, 杨志钦等译. 北京: 《强度与环境》编辑部, 1980.

[74] 包光伟. 自旋液体晃动 Pfeiffer 方法的分析 [J]. 力学学报, 1993, 25(6): 738–743.

[75] 黄圳圭. 大型航天器动力学与控制 [M]. 北京: 国防工业出版社, 1991.

[76] Abramson H N. Dynamic behavior of liquids in moving containers [R]. 1966, NASA SP-106 (extensively revised and updated by Dodge F T, SWRI, Technology Report, 2000)

[77] Ibrahim R A, Pilipchuk V N. Recent Advances in Liquid Sloshing Dynamics [J]. Appl Mech Rev, 2001, 54(2): 133–199.

[78] Biswal K C, Bhattacharyya S K, Sinha P K. Dynamic response analysis of a liquid-filled cylindrical tank with annular baffle [J]. Journal of Sound and Vibration, 2004, 274: 13–37.

[79] Dong K, Qi N M, Wang X L, et al. Dynamic influence of propellant sloshing estimation using hybrid: Mechanical analogy and CFD [J]. Transaction of Japan Aero Space Science, 2009, 52(177): 144–151.

[80] 岳宝增, 王照林, 李俊峰. 带有弹性隔板的圆柱形储箱内液体的晃动问题 [J]. 清华大学学报, 1997, 37: 26–28.

[81] 李俊峰, 鲁异, 宝音贺西, 等. 储箱内液体小幅晃动的频率和阻尼计算 [J]. 工程力学, 2005, 22(6): 87–90.

[82] Henderson D M, Miles J W. Surface-wave damping in a circular cylinder with a fixed contact line [J]. Journal of Fluid Mechanics, 1994, 275: 285–299.

[83] 王为, 李俊峰, 王天舒. 航天器储箱内液体晃动阻尼研究 (一): 理论分析 [J]. 宇航学报, 2005, 26(6): 687–692.

[84] Baoyin H X, Li J F, Gao Y F. Damping Computation of liquid sloshing in containers aboard spacecraft [J]. ACTA Mechanica Sinica, 2003, 19(2): 189–192.

[85] Takahara H, Kimura K. Parametric vibration of liquid surface in rectangular tank subjected to pitching excitation: 2nd Report, Symmetric modes [J]. Trans JSME C, 1997, 63(610): 1861–1868.

[86] 尹立中, 邹经湘, 王本利. 俯仰运动圆柱储箱中液体的非线性晃动 [J]. 力学学报, 2000, 32(3): 280–290.

[87] Yin L Z, Wang B L, Ma X R. The nonlinear sloshing of liquid in tank with pitching [J]. Journal of Applied Mechanics, 1999, 66: 1032–1034.

[88] Komatsu K. Nonlinear slosh analysis of liquid in tanks with arbitrary geometries [J]. International Journal of Nonlinear Mechanics, 1987, 22(3): 193–207.

[89] 李青, 王天舒, 马兴瑞. 纵向参数激励下平动刚–液耦合系统稳定性 [J]. 力学学报, 2010, 42(3): 529–534.

[90] 苟兴宇, 王本利. 液固纵向耦合系统的受迫响应 [J]. 振动工程学报, 1998, 11(2): 159–164.

[91] Penney W G, Price A T. Finite periodic stationary waves in a perfect liquid [J]. Phil Tran Royal Society (Londan), 1952, 244A: 254–284.

[92] Debnath L. Nonlinear water waves [M]. Boston: Academic Press, 1994.

[93] Faltinsen O M, Rognebakke O F, Timolha A N. Resonant three dimensional nonlinear sloshing in a square2base basin [J]. Journal of Fluid Mechanics, 2003, 487: 1–42.

[94] Faltinsen O M, Rognebakke O F, Lukovsky I A, et al. Multidimensional modal analysis of nonlinear sloshing in a rectangular tank with finite water depth [J]. Journal of Fluid Mechanics, 2000, 407: 201–234.

[95] 余延生, 马兴瑞, 王本利. 圆柱储箱液体非线性晃动的多维模态分析方法 [J]. 应用数学和力学, 2007, 28(8): 901–911.

[96] 余延生, 马兴瑞, 王本利. 利用多维模态理论分析圆柱储箱液体非线性晃动 [J]. 力学学报, 2008, 40(2): 261–266.

[97] Dalzell J F. Exploratory studies of liquid behavior in randomly excited tanks: lateral excitation [R]. SWRI, Technology Report 2 (Contract NAS8–20319), 1967.

[98] Sakata M, Kimura K, Utsumi M. Non-stationary random responses of an elastic circular cylindrical liquid storage container to a simulated earthquake excitation [C]. Transaction of the 11th International Conf Structure Mechanics in Reactor technology, 1991, K, K 35/6: 571–576.

[99] Utsumi M, Kimura K, Sakata M. The nonstationary random vibration of an elastic circular cylindrical liquid storage tank in simulated earthquake excitation (straight-forward analysis of tank wall deformation) [J]. JSME International Journal Series III, 1987, 30(261): 467–475.

[100] Kimura K, Utsumi M, Sakata M. Non-stationary responses of nonlinear liquid motion in a circular cylindrical tank to stochastic earthquake excitation with two-direction components [C]. Proc International Conference of Nonlinear Stochastic Dynamics, Hanoi, Vietnam, 1995: 159–168.

[101] Ikeda T, Ibrahimb R A. Nonlinear random responses of a structure parametrically coupled with liquid sloshing in a cylindrical tank [J]. Journal of Sound and Vibration, 2005, 284: 75—102.

[102] Sriram V, Sannasiraj S A, Sundar V. Numerical simulation of 2D sloshing waves due to horizontal and vertical random excitation. Applied Ocean Research, 2006, 28: 19—32.

[103] Wang C Z, Khoo B C. Finite Element analysis of two-dimensional nonlinear sloshing problems in random excitation. Ocean Engineering, 2005: 32: 107—33.

[104] Keolian R, Turkevich L A, Putterman. et al. Subharmonic Sequences in the faraday experiment: departures from period doubling[J]. Physics Reviews Letter, 1981, 47: 1133–1136.

[105] Kuz'ma V M, kholopova V V. Oscillations of the free surface of a liquid in a cylindrical container with longitudinal vibrations [J]. Prikl Mekhanika, 1983, 19(3): 249–253.

[106] Golubitsky M, Stewart I, Schaeffer D G. Singularity and group in bifurcation theory[M]. Volume 2, in Applied Math Science Series (69), New York: Springer-Verlag, 1988.

[107] Crawford J D, Knobloch E. Symmetry and symmetry-breaking in fluid dynamics [J]. Annual Review of Fluid Mechanics, 1991, 23: 341–387.

[108] Kang J Y, Oh H S. Stability of fluid motion in a vehicle subject to harmonic excitation [C]. AIAA/AAS Astrodynamic Specialist Conference and Exhibit, Keystone, CO, 2006.

[109] 菅永军. 刚性充液容器内竖直激励表面波研究进展 [J]. 力学进展, 2004, 34(1): 61–74.

[110] Besson T, Edwards W S, Tuckerman L S. Two-frequency parametric excitation of surface waves [J]. Physics Review E, 1996, 5: 507–513.

[111] Ikeda T. Nonlinear parametric vibrations of an elastic structure with a rectangular liquid tank [J]. Nonlinear Dynamics, 2003, 33 (1): 43—70.

[112] Frandsen J B. Sloshing motions in excited tanks [J]. Journal of Computational Physics, 2004, 196: 53–87.

[113] Salzman J A, Masica W J, Lacovie R E. Low gravity reorientation in a scale-model centaur liquid hydrogen tank [R]. NASA TN-7168, 1973.

[114] Perlin M, Schultz W W. On the boundary conditions at an oscillating contact-line: A physical/numerical experimental program [C]. Proc NASA 3rd Microgravity Fluid Physics Conference, Cleveland, Ohio, 1996: 615–620.

[115] Young G W, Davis S H. A plate oscillating across a liquid interface: effect of contact-angle hysteresis [J]. Journal of Fluid Mechanics, 1987, 174: 327–356.

[116] Jiang L, et al. Moderate and steep faraday waves: instabilities, modulation and temporal asymmetries [J]. Journal of Fluid Mechanics, 1996, 329: 275–307.

[117] Chao L, Kamotani Y, Ostrach S. G-jitter effects on the capillary surface motion in an open container under weightless condition [G]. ASME WAM Symposium Fluid Mechanics Phenomena in Microgravity, 1992, AMD volume 154/FED-volume 142: 133–143.

[118] Dodge F, Green S, Cruse M. Analysis of small amplitude low gravity sloshing in axisymmetric tanks [J]. Microgravity Science and Technology, 1991, 5: 228–234.

[119] Utsumi M. Low-gravity sloshing in an axisymmetrical container excited in the axial direction [J]. Transaction of the ASME, 2000, 67: 344–354.

[120] Utsumi M. Low-gravity propellant slosh analysis using spherical coordinates [J]. Journal of Fluids and Structures, 1998, 12: 57–83.

[121] Miles J W. The pendulum from huygens' Horologium to symmetry braking and chaos [C]. Proceedings of XVII International congress of Theoretical and Applied Mechanics, Grenoble, France, 21–27 August 1988, Germain P, Piau M, and Caillerie D(eds.), Elsevier Science Publication BV (North Holland), 1989: 193–215.

[122] 夏恒新, 宝音贺西, 郑亚. 多腔充液晃动的等效特性 [J]. 动力学与控制学报, 2007, 5(4): 346–349.

[123] Di Sotto E, Peñín L F, Câmara F, et al. Design and performance assessment of guidance algorithms for vision based rendezvous [J]. AIAA Paper, 2006, 2006–6586.

[124] Shageer H, Tao G. Zero Dynamics analysis for spacecraft with fuel slosh [J]. AIAA Paper, 2008, 2008–6455.

[125] Chatman Y, Gangaharan S. Mechanical analog approach to parameter estimation of lateral spacecraft fuel slosh [J]. AIAA Paper. 2007, 2007–2392.

[126] 夏益霖. 液体推进剂储箱的防晃设计 [J]. 导弹与航天运载技术, 1995, 6: 29–37.

[127] Wie B. Space Vehicle Dynamics and Control [M]. Reston, virginia AIAA Education Series, 1998.

[128] Adler J M, Lee M S, Saugen J D. Adaptive control of propellant slosh for launch vehicles [J]. SPIE Sensors and Sensor Integration, 1991, 1480: 11–22.

[129] Feddema J J, Dohrmann C R, Parker G G, et al. Control for slosh-free motion of an open container [J]. IEEE Control Systems Magazine, 1997, 17: 29–36.

[130] Grandhi P S, Joshi K B, Ananthkrishnan N. Design and development of a novel 2DOF actuation slosh rig [J]. Journal of Dynamics, Measurement and Control, 2009, 31: 1–9.

[131] Hung R J, Chi Y M, Long T. Slosh dynamics coupled with spacecraft attitude dynamics Part 1: formulation and theory [J]. Journal of Spacecraft and Rockets, 1996, 33(4): 357–581.

[132] Armenio V. An improved MAC method (SIMAC) for unsteady high-Reynolds free surface flows [J]. International Journal for Numerical Methods in Fluids, 1997, 24(2): 185–214.

[133] Wang S M, Wang Z L. A new numerical method for instantaneous fluid flow with free surface [J]. Advances in Astronautical Sciences, 1996, 91: 299–308.

[134] Liu D M, Lin P Z. A numerical study of three-dimensional liquid sloshing in tanks [J]. Journal of Computational Physics, 2008, 227(8): 3921–3939.

[135] Nomura T. ALE finite element computations of fluid-structure interaction problems [J]. Computer Method in Applied Mechanics and Engineering, 1994, 112(1/4): 291–308.

[136] Wang X. Velocity/pressure mixed finite element and finite volume formulation with ALE descriptions for nonlinear fluid-structure interaction problem [J]. Advances in Engineering Software, 2000, 31: 35–44.

[137] 岳宝增, 刘延柱, 王照林. 三维液体大幅晃动及其抑制的数值模拟 [J]. 上海交通大学学报, 2000, 34(8): 38–41.

[138] 岳宝增. 俯仰激励下三维液体大幅晃动问题研究 [J]. 力学学报, 2005, 37(2): 1–5.

[139] Yue Baozeng. Numerical study of three-dimensional free surface dynamics [J]. Acta Mechanica Sinica, 2006, 22(2): 120–125.

[140] 周宏, 李俊峰, 王天舒. 基于 ALE 有限元方法的充液刚体耦合动力学仿真 [J]. 清华大学学报. 2008, 48(11): 1837–1840.

[141] 章本照, 印建安, 张宏基. 流体力学数值方法 [M]. 北京: 机械工业出版社, 2003.

[142] 王建军, 李其汉, 陆明万. 自由液面流体流动问题的数值分析研究 [J]. 计算力学学报, 2003, 20(1): 101–108.

[143] Soulaimani A, Saad Y. An arbitrary Lagrangian-Eulerian finite element method for solving three-dimensional free surface flow [J]. Computer Methods in Applied Mechanics And Engineering, 1998, 162: 79–106.

[144] Richard A. A finite element method for free surface flows of incompressible fluids in three dimensions [J]. International Journal for Numerical Methods in Fluids, 2000,

33: 375–403.

[145] 岳宝增, 刘延柱. 带自由液面 Navier-Stokes 流动问题的 ALE 分步有限元方法 [J]. 水动力学研究与进展 (A 辑), 2003, 18(4): 463–469.

[146] Okamoto K, Kawahara M. 3–D sloshing analysis by an arbitrary Lagrangian-Eulerian finite element method [J]. Computational Fluid Dynamics, 1997, 8: 129–146.

[147] 郑磊, 李俊峰, 王天舒, 等. 计算液体晃动 ALE 网格速度的高精度方法 [J]. 力学与实践, 2007, 29(1): 14–16.

[148] 岳宝增. 储腔类三维自由液面动力学问题研究 [J]. 计算力学学报, 2006, 23(6): 728–732.

[149] Braess H, Wriggers P. Arbitrary Lagrangian Eulerian finite element analysis of free surface flow [J]. Computer methods in Applied Mechanics and Engineering, 2000, 190: 95–109.

[150] Souli M, Zolesio J P. Arbitrary Lagrangian-Eulerian and free surface methods in fluid mechanics [J]. Computer methods in Applied Mechanics and Engineering, 2001, 191: 451–466.

[151] Yue Baozeng. Large-scale amplitude liquid sloshing in container under pitching excitation [J]. Chinese Science Bulletin, 2008, 23 (54): 3816–3823

[152] 刘志宏, 黄玉盈. 任意的拉–欧边界元法解大晃动问题 [J]. 振动工程学报, 1993,6(1): 11–19.

[153] 岳宝增, 王照林. 非线性晃动问题的 ALE 边界元方法 [J]. 宇航学报, 1998,19(1): 1–7.

[154] Carey G F, Kennon S. Adaptive mesh redistribution for a boundary element (panel) method [J]. International Journal for Numerical Methods in Engineering, 1987, 178: 159–219.

[155] Abe K. R-adaptive boundary element method for unsteady free-surface flow analysis [J]. International Journal for Numerical Methods in Engineering, 1996, 39(16): 2769–2787.

[156] Monaghan J J. Simulating free surface flow with SPH [J]. Journal of Computational Physics, 1994, 110: 399–406

[157] 张健, 陆利蓬, 刘恩洲. SPH 方法在溃坝流动模拟中的应用 [J]. 自然科学进展, 2006, 16(10): 1320–1330.

[158] 杜小, 吴卫. 二维滑坡涌浪的 SPH 方法数值模拟 [J]. 水动力学研究与进展, 2006, 21 (5): 579–586.

[159] 刘富, 童明波, 陈建平. 基于 SPH 方法的三维液体晃动数值模拟 [J]. 南京航空航天大学学报, 2010, 42(1): 122–126.

[160] Armenio V. On the analysis of sloshing of water in rectangular containers: numerical study and experimental validation [J]. Ocean Engineering, 1996, 23(8): 705–737.

[161] Abramson H N, Chu W H, Kana D D. Some studies of nonlinear lateral sloshing in rigid containers [J]. Journal of Applied Mechanics, 1966, 33(4): 777–784.

[162] Korang M T, Bakheja S, Stiharu I. Three-dimensional analysis of transient slosh within a partially-filled tank equipped with baffles [J]. Vehicle System Dynamics, 2007, 45(6): 525–548.

[163] Abramson H N. Dynamics of contained liquids: a personal odyssey [J]. Applied Mechanics Review, 2003, 56(1): 1–7.

[164] Myshkis A D, Babskii G G, Kopachevskii N D, et al. Low-gravity fluid mechanics [M]. New York: Springer-Verlag, 1987.

[165] Hastings L J, Rutherford R. Low gravity liquid-vapor interface shapes in Axisymmetric containers and a computer solution [R]. NASA TM X-53790, 1968.

[166] 程绪铎, 王照林. 微重环境下旋转对称储腔内静液面方程 Runge-Kutta 数值解 [J]. 计算物理, 2000, 17(3): 273–279.

[167] 刘延柱, 金铎. 微重力场中液体在带隔板球腔内的晃动 [J]. 应用力学学报, 1990, 7(3): 17–25.

[168] 库比切克 M, 马雷克著 M. 分岔理论和耗散结构的计算方法 [M]. 刘适达, 刘适式译. 北京: 科学出版社, 1990.

[169] Weatherburn C E. Differential geometry of three dimensions. Cambridge: Cambridge University Press, 1955.

[170] Dodge F F, Carza L R. Experimental and theoretical studies of liquid sloshing at simulated low gravities [J]. Journal of Applied Mechanics, 1967, 34(3): 555–562.

[171] Yue Baozeng, Liu Yanzhu. Simulation of nonlinear liquid sloshing under low-gravity environment [J]. Acta Mechanica, 2001, 148(1/4): 231–237.

[172] Yue B Z. Nonlinear phenomena of three-dimensional liquid sloshing in micro-gravity environment [J]. Chinese Science Bulletin, 2006, 51(20): 2425–2431.

[173] 岳宝增, 刘延柱. 低重力环境下三维液体非线性晃动的数值模拟 [J]. 宇航学报, 2000, 21(4): 25–30.

[174] 岳宝增, 王照林. 带有自由液面液体大副晃动动力学数值研究 [J]. 应用力学学报, 2001, 18(1): 110–116.

[175] Adamson H W. Physical chemistry of surface (4th edition) [M]. New York, Wiley, 1982.

[176] Dussan V E B. On the spreading of liquids on solid surface: static and dynamic contact line [J]. Annual Review of Fluid Mechanics, 1979, 11: 371~400.

[177] Kistler S F. The fluid mechanics of curtain coating and other related viscous free surface flows with contact lines [D]. PhD Thesis, University of Minnesota, 1984.

[178] Christodoulou K N, Scriven L E. The fluid Mechanics of slide coating [J]. Journal of Fluid Mechanics, 1989, 208: 321–354.

[179] Schunk P R, Scriven L E. Surfactant effects in coating processes [G]. *In*: Kistler S F, Schweizer P M. Liquid Film Coating. London: Chapman and Hall, 1997: 495–536.

[180] Lowndes J. The numerical simulation of the steady movement of a fluid meniscus in a capillary tube [J]. Journal of Fluid Mechanics, 1980, 101: 631–646.

[181] Zhou M Y, Sheng P. Dynamics of immiscible-fluid displacement in a capillary tube [J]. Physical Reviews and Letters, 1990, 64: 882–885.

[182] Kistler S F, Zvan G. Hydrodynamic models of forced wetting in coating flows [C]. 44th IS&T Conference, St. Paul, M N, 12–17 May, 1991.

[183] Chritodoulou K N, Scriver L E. The physics of slide coating, dynamic wetting, air entrainment [C]. AICHE Spring National Meeting, Orlando, FL, 18–22 March, 1984.

[184] Nomura T, Hughes T J R. An arbitrary Lagrangian-Euerian finite element method for interaction of fluid and a rigid [J]. Computer Methods in Applied Mechanics and Engineering, 1992, 95: 115–138.

[185] Rumold W. Modeling and simulation of vehicles carrying liquid cargo [J]. Multibody System Dynamics, 2001, 5: 351–374.

[186] Sankar S, Ranganathan R, Rakheja S. Impact of dynamic fluid slosh loads on the directional response of tank vehicles [J]. Vehicle System Dynamics, 1992, 21(1): 385–404.

[187] Witte L, Rauh J. Requirements on simulation software for automotive industry applications [C]. *In*: Papageorgiou M, Pouliezos A. Preprints of the IFAC/IFIP/IFORS Symposium on Transportation Systems, Chania, Greece. Laxenburg, Austria: International Federation of Automatic Control, 1997: 223–228.

[188] Yue B Z. ALE fractional step finite element method for fluid-structure nonlinear interaction problem [J]. Journal of Beijing Institute of Technology, 2006, 25(4): 1–5.

[189] Anzai T, Ikeuchi M, Igarashi K, et al. Active nutation damping system of engineering test satellite-IV [C]. 22Dtl Congress International Astronautic Federation, IAF, 1981, 81–350.

[190] Tamura Y, Kousaka R, Modi VJ. Practical application of nutation damper for suppressing wind induced vibrations of airport towers [J]. Journal of Wind Engineering Induced Aerodynamics, 1992, 41–44: 1919–1930

[191] Matsuura Y, Matsumoto K, Mizuuchi M, et al. On a mean to reduce excited-vibration with the sloshing in a tank [G]. Proceedings of Japan Naval Architecture Society, 1986, 160: 424–432.

[192] 蔡丹绎, 李爱群, 程文襄. 调谐液体阻尼器 (TLE) 的等效力学模型研究 [J]. 地震工程与工程振动, 1998, 18: 80–87.

[193] 刑景棠, 周盛, 崔尔杰. 流固耦合力学概述 [J]. 力学进展, 1997, 27(1): 19–38.

[194] 徐刚, 任文敏, 张维. 储液容器的三维流固耦合动力特性分析 [J]. 力学学报, 2004, 36(3): 328–334.

[195] 胡盈辉, 庄苗, 由小川. 大型储液罐在地震作用下的附加质量法研究 [J]. 压力容器, 2009, 26(8): 1–6.

[196] Ortiz J L, Barhorst A A and Robinett R D, et al. Flexible multi-body systems-fluid interaction [J]. International Journal for Numerical Methods in Engineering, 1998, 41: 409–433.

[197] 岳宝增. 三维液体大幅晃动与液弹耦合动力学研究 [D]. 北京: 清华大学航天航空学院博士学位论文, 1998.

[198] 温德超, 郑兆昌, 孙焕纯. 储液罐抗震研究的发展 [J]. 力学进展, 1995, 25(1): 60–76.

[199] 居荣初, 曾心转. 弹性结构与液体的耦合振动理论 [M]. 北京: 地震出版社, 1983.

[200] Popov G, Sankar S, Sankar T S, et al. Dynamics of liquid sloshing in horizontal cylindrical road containers [J]. Journal of Mechanical Engineering Science, 1993, 207(6): 399–406.

[201] 范喜哲, 郑天心, 何雪, 等. 大型立式储油罐地震反应分析 [J]. 低温建筑技术, 2007, 4: 74–75.

[202] 戴鸿哲, 王伟, 穆海燕, 等. 外浮顶对大型立式储液罐地震反应影响分析 [J]. 哈尔滨工业大学学报, 2009, 41(2): 23–26.

[203] Standberg L. Lateral stability of road tanker [R]. National Road & Traffic Research Instituete Report 138 A, Sweden, 1978.

[204] Kübler R, Schiehlen W. Modular simulation in multibody system dynamics [C]. *In*: Idelsohn S, Onate E, Dvorkin E. Computational Mechanics: New Trends and Applications, CD-ROM Proceedings of Fourth World Congress on Computational Mechanics, Buenos Aires, Argentinia. Barcelona: CIMNE, 1998.

[205] Ye Z, Birk A M. Fluid pressure in partially liquid-filled horizontal cylindrical vessels undergoingimpact acceleration [J]. Journal of Pressure Vessel Technology, 1994, 116: 449–459.

[206] Faltinsen O M, Rognebakke O F, Lukovsky I A, Timokha A N, et al. Multidimensional modal analysis of nonlinear sloshing in a rectangular tank with finite water depth [J]. Journal of Fluid Mechanics, 2000, 407: 201–234.

[207] Yonghwan K. Experimental and numerical analyses of sloshing flows [J]. Journal of Engineering Mathematics, 2007, 58: 191–210.

[208] Disotto E, Caramago A, Mancuso S. Design and performance assessment of guidance algorithms for vision based rendezvous [R]. AIAA Guidance, Navigation and Control Conference and Exhibit, August 2006, Keystone, Colorado: AIAA- 2006–6586.

[209] Banerjee A K. Contribution of multi-body dynamics to space flight: a brief review [J]. Journal of Guidance, Control, and Dynamics, 2003, 26(3): 85–394.

[210] Peterson L D, Crawley E F. Nonlinear fluid coupled to the dynamics of a spacecraft [J]. AIAA Journal, 1989, 27(9): 1230–1240.

[211] Shageer H, Tao G. Modeling and adaptive control of spacecraft with fuel slosh: overview and case studies [R]. AIAA Guidance, Navigation and Control Conference and Exhibit, August 2007, Hilton Head, South Carolina: AIAA- 2007–6434.

[212] Queiroz M S, Kapila V, Yan Q. Adaptive nonlinear control of multiple spacecraft formation flying [J]. Journal of Guidance, and Control and Dynamics, 2000, 23(3): 561–564.

[213] 沈少萍, 吴宏鑫. 一种航天器智能自适应控制方法 [J]. 空间控制技术与应用, 2008, 34(3): 7–11.

[214] 宋斌, 李传江, 马广富. 航天器姿态机动的鲁棒自适应控制器设计 [J]. 宇航学报, 2008, 29(1): 121–125.

[215] 汤亮, 徐世杰. 采用变速控制力矩陀螺的航天器自适应姿态跟踪和稳定控制研究 [J]. 宇航学报, 2006, 27(4): 663–669.

[216] 韩艳铧, 徐波. 航天器姿态控制的一种自适应方法 [J]. 航天工程, 2009, 27(2): 62–71.

[217] Likins P W. Spacecraft attitude dynamics and control-a personal perspective on early developments [J]. Journal of Guidance, Control, and Dynamics, 1986, 9(2): 129–134.

[218] Jan P B Vreeburg. Spacecraft maneuvers and slosh control [J]. IEEE Control Systems Magazine, 2005, (8): 11–16.

[219] Deffenbaugh D M, Dodge F T, Green S T. Final report for the liquid motion in a rotation tank experiment (LME) [R]. NASA/CR-1998-208667, 1998.

[220] Baeten A. Prediction of spacecraft fuel dynamics in microgravity [C]. 47th AIAA Aerospace Science Meeting Including the New Horizon Forum and Aerospace Exposition, January 2009, Orlando, Florida: AIAA-2009-1320.

[221] Muraynama M et al. A robust method for unstructured volume/surface mesh movement [J]. Trans. Japan Soc. Aero. Space Sci., 2003, 46(151): 1–6.

[222] Enright P J, Wong E C. Propellant slosh models for the Cassini spacecraft [J]. 1994, AIAA Paper, AIAA-94-3730-CP.

[223] Nichkawde C, Harish P W, Ananhkrishnan A. Stability analysis of a multi-body system model for coupled slosh-vehicle dynamics [J]. Journal of Sound and Vibration, 2004, 275: 1069–1083.

[224] 屠善澄. 卫星姿态动力学与控制 [M]. 北京: 宇航出版社, 2001.

[225] 吴宏鑫. 基于特征模型的智能自适应控制 [M]. 北京: 中国科学技术出版社, 2009.

[226] Yue B Z. Chaotic attitude and reorientation maneuver for completely liquid-filled spacecraft with flexible appendage [J]. Acta Mechanica Sinica, 2009, 25 (2): 271–277.

[227] Yue B Z. Nonlinear coupled dynamics of liquid-filled spherical container in microgravity [J]. Applied Mathematics and mechanics, 2008, 29(8): 1085–1092.

[228] 岳宝增. 微重力环境下充液球腔非线性耦合动力学研究 [J]. 应用数学与力学, 2008, 29(8): 983–990

[229] 方良玉. 液体晃动试验研究在型号研制中的应用 [J]. 强度与环境, 1988, 5: 48–59.

[230] Cho S, McClamroch N H, Reyhanoglu M. Feedback control of a Space vehicle with unactuated fuel slosh dynamics [R]. AIAA Paper 2000-4046, 2000.

[231] Shageer H, Tao G. Zero Dynamics Analysis for Spacecraft with Fuel Slosh [R]. AIAA Guidance, Navigation and Control Conference and Exhibit, August 2008, Honolulu, Hawaii: AIAA-2008-6455.

[232] 岳宝增, 祝乐梅, 于丹. 储液罐动力学与控制研究进展 [J]. 力学进展, 2011, 41(1): 79–92.

附　　录

附录一　空间微分几何基础理论简介

作为附录, 这里仅对本书正文所涉及的微分几何基础理论做一简要概述, 有关详细内容可参考文献 [169].

一、空间曲线的活动标架

设 $\boldsymbol{r} = \boldsymbol{r}(s)$ 是自然参数表示的 C^2 类正则空间曲线 C, P 是曲线 C 上的任一点, 在 P 点作三个单位向量分别记为

$$\boldsymbol{e}_1 = \dot{\boldsymbol{r}}(s) \quad (\text{切向量})$$

$$\boldsymbol{e}_2 = \frac{\ddot{\boldsymbol{r}}(s)}{|\ddot{\boldsymbol{r}}(s)|} \quad (\text{主法向量})$$

$$\boldsymbol{e}_3 = \boldsymbol{e}_1 \times \boldsymbol{e}_2 \quad (\text{副法向量})$$

可以证明, $\boldsymbol{e}_1$、$\boldsymbol{e}_2$、$\boldsymbol{e}_3$ 是相互正交的单位向量且构成右手系, 于是当点 P 沿曲线运动时, 标架 $\{P; \boldsymbol{e}_1, \boldsymbol{e}_2, \boldsymbol{e}_3\}$ 作为一个刚体也随着运动, 这个标架称为曲线 C 的活动标架或称为 Frenet 标架, 又称基本三棱形 (图 F.1), 从而我们得曲线 C 在任一点 $P(s_0)$ 的切线、主法线、副法线的方程分别为

$$\boldsymbol{\rho} = \boldsymbol{r}(s_0) + \lambda \boldsymbol{e}_1(s_0), \quad \lambda \in \mathbf{R} \tag{F.1}$$

$$\boldsymbol{\rho} = \boldsymbol{r}(s_0) + \lambda \boldsymbol{e}_2(s_0), \quad \lambda \in \mathbf{R} \tag{F.2}$$

$$\boldsymbol{\rho} = \boldsymbol{r}(s_0) + \lambda \boldsymbol{e}_3(s_0), \quad \lambda \in \mathbf{R} \tag{F.3}$$

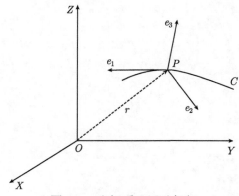

图 F.1　坐标系及活动标架

注: 切向量的方向与曲线的正向 (即曲线弧长增加的方向) 相同, 主法向量的方向指向曲线弯曲的一方.

定义　在曲线 C 上一点 P, 由切线和主法线所确定的平面称为 C 在 P 点的密切面; 由切线和副法线所确定的平面称为 C 在 P 点的从切面; 由主法线和副法线所确定的平面称为 C 在 P 点的法平面 (图 F.1).

于是曲线 C: $\boldsymbol{r} = \boldsymbol{r}(s)$($s$ 为自然参数) 在 $P\,(s_0)$ 的法平面、从切面、密切面的方程分别为

$$e_1(s_0) \cdot (\boldsymbol{\rho} - \boldsymbol{r}(s_0)) = 0 \tag{F.4}$$

$$e_2(s_0) \cdot (\boldsymbol{\rho} - \boldsymbol{r}(s_0)) = 0 \tag{F.5}$$

$$e_3(s_0) \cdot (\boldsymbol{\rho} - \boldsymbol{r}(s_0)) = 0 \tag{F.6}$$

其中, $\boldsymbol{\rho}$ 为平面上的动向径.

对于曲线的一般参数方程 $\boldsymbol{r} = \boldsymbol{r}(t)$, 将参数 t 化为自然参数 $t = t(s)$ 则曲线 C 的方程可表示为 $\boldsymbol{r} = \boldsymbol{r}(t(s))$, 又由弧长公式 $\mathrm{d}s = |\boldsymbol{r}'(t)|\mathrm{d}t$, 于是可得到

(1) 切向量

$$e_1 = \frac{\mathrm{d}\boldsymbol{r}}{\mathrm{d}s} = \frac{\mathrm{d}\boldsymbol{r}}{\mathrm{d}t} \cdot \frac{\mathrm{d}t}{\mathrm{d}s} = \frac{\boldsymbol{r}'(t)}{|\boldsymbol{r}'(t)|} \tag{F.7}$$

(2) 副法向量

由于 $\dfrac{\mathrm{d}\boldsymbol{r}}{\mathrm{d}s} = \dfrac{\mathrm{d}\boldsymbol{r}}{\mathrm{d}t} \cdot \dfrac{\mathrm{d}t}{\mathrm{d}s}$, 所以

$$\ddot{\boldsymbol{r}} = \boldsymbol{r}''(t) \left(\frac{\mathrm{d}t}{\mathrm{d}s}\right) + \boldsymbol{r}''(t) \cdot \frac{\mathrm{d}^2 t}{\mathrm{d}s^2}$$

又

$$\dot{\boldsymbol{r}} \times \ddot{\boldsymbol{r}} = \boldsymbol{r}'\frac{\mathrm{d}t}{\mathrm{d}s} \times \left[\boldsymbol{r}''\left(\frac{\mathrm{d}t}{\mathrm{d}s}\right) + \boldsymbol{r}'\frac{\mathrm{d}^2 t}{\mathrm{d}s^2}\right] = \boldsymbol{r}' \times \boldsymbol{r}'' \left(\frac{\mathrm{d}t}{\mathrm{d}s}\right)^3$$

但 $e_2 = \dfrac{\ddot{\boldsymbol{r}}}{|\ddot{\boldsymbol{r}}|}$, 从而有

$$|\ddot{\boldsymbol{r}}| = |\dot{\boldsymbol{r}} \times \ddot{\boldsymbol{r}}| = |\boldsymbol{r}' \times \boldsymbol{r}''| \left(\frac{\mathrm{d}t}{\mathrm{d}s}\right)^3$$

于是副法向量:

$$e_3 = e_1 \times e_2 = \dot{\boldsymbol{r}} \times \frac{\ddot{\boldsymbol{r}}}{|\ddot{\boldsymbol{r}}|} = \frac{\boldsymbol{r}' \times \boldsymbol{r}''}{|\boldsymbol{r}' \times \boldsymbol{r}''|} \tag{F.8}$$

(3) 主法向量

$$e_2 = e_3 \times e_1 = \frac{\boldsymbol{r}' \times \boldsymbol{r}''}{|\boldsymbol{r}' \times \boldsymbol{r}''|} \times \frac{\boldsymbol{r}'}{|\boldsymbol{r}'|} = \frac{\boldsymbol{r}'^2 \boldsymbol{r}'' - (\boldsymbol{r}' \cdot \boldsymbol{r}'') \cdot \boldsymbol{r}'}{|\boldsymbol{r}'| \cdot |\boldsymbol{r}' \times \boldsymbol{r}''|} \tag{F.9}$$

注：设曲线 C: $\boldsymbol{r} = \boldsymbol{r}(t)$($P \in C$), 如果 $\boldsymbol{r}' \times \boldsymbol{r}'' = 0$, 则称点 P 为曲线上的逗留点, 我们所讨论的曲线一般没有逗留点.

二、空间曲面的基本概念

1. 曲面方程

对于直角坐标系 $Oxyz$, 若 r 为空间一点 P 的矢径, 则曲面方程有以下各种形式:

$$\text{隐函数形式:} \quad F(x,y) = 0 \tag{F.10}$$

$$\text{可解出显式:} \quad z = f(x,y) \tag{F.11}$$

$$\text{参数形式:} \quad \begin{cases} x = x(u,v) \\ y = y(u,v) \\ z = z(u,v) \end{cases} \tag{F.12}$$

$$\text{矢量形式:} \quad \boldsymbol{r} = x(u,v)\boldsymbol{i} + y(u,v)\boldsymbol{j} + z(u,v)\boldsymbol{k}$$

或者写为

$$r = r(u,v), \quad u,v \in D \tag{F.13}$$

其中, D 为 $\mathbf{R}^2$ 平面上的一个区域, 而 (u,v) 是两个独立参数. $\boldsymbol{i},\boldsymbol{j},\boldsymbol{k}$ 分别为 x 轴、y 轴、z 轴的正向单位矢量. 矢函数 $\boldsymbol{r}(u,v)$ 有连续的偏导数 $\boldsymbol{r}_u = \dfrac{\partial \boldsymbol{r}}{\partial u}, \boldsymbol{r}_v = \dfrac{\partial \boldsymbol{r}}{\partial v}$ 或足够光滑. 另外同一个曲面方程可用不同的两个参数来确定, 即曲面的参数方程不唯一且在一定条件下它们之间存在着对应的变换关系.

2. 参数曲线

对于式 (F.13) 如令参数 v 的值固定即 $v = \boldsymbol{v}_0$ 而让 u 变动, 则 $r = r(u,v_0)$ 可代表曲面上以 u 为参数的一条曲线称为 u 线, 它的切线是沿着 r_u 的方向; 当 v_0 的值改变时则有不同的 u 线. 同理, 如令参数 u 的值固定即 $u = u_0$ 而 v 变动, 则 $r = r(u_0 v)$ 可代表曲面上以 v 为参数的一条曲线称为 v 线, 它的切线是沿着 r_v 的方向; 当 u_0 的值改变时, 则有不同的 v 线. 从而经过曲面上一点 $P_0(u_0,v_0)$, 一般地有一条 u 线和一条 v 线. 曲面上的 u 线和 v 线统称为参数曲线, 一切参数曲线构成参数曲线网. 而数对 (u_0,v_0) 称为点 P_0 的曲线坐标 (Gauss 坐标). 对于点 $P_0(u_0,v_0)$, 如果两个切矢量彼此独立, 即 $(\boldsymbol{r}_u \times \boldsymbol{r}_v)_{u_0,v_0} \neq 0$, 则称点 P_0 位曲面 S 上的一个正则点, 否则就是奇点. 由一切正则点组成的曲面称为准则曲面. 今后对于曲面 S 上的一切点 $P(u,v)$ 皆设 $\boldsymbol{r}_u \times \boldsymbol{r}_v \neq 0$.

3. 切面与法线

对于参数 t, 曲面 $S: \boldsymbol{r} = \boldsymbol{r}(u,v)$ 上一条曲线 C 的参数方程可写为: $u = u(t), v = v(t)$ 或

$$\boldsymbol{r} = \boldsymbol{r}(u(t),v(t)), \quad t \in [t_1,t_2] \tag{F.14}$$

过点 $P_0(u_0, v_0)$ 任一条曲线 C_0 的参数方程为: $u_0 = u(t_0), v_0 = v(t_0)$; 而曲线 C_0 在点 P_0 的切线方向可表示为:

$$\left(\frac{\mathrm{d}\boldsymbol{r}}{\mathrm{d}t}\right)_{t_0} = \boldsymbol{r}_u(u_0, v_0)\left(\frac{\mathrm{d}u}{\mathrm{d}t}\right)_{t_0} + \boldsymbol{r}_v(u_0, v_0)\left(\frac{\mathrm{d}v}{\mathrm{d}t}\right)_{t_0} \tag{F.15}$$

在 P_0 点由于 $\boldsymbol{r}_u$ 与 $\boldsymbol{r}_v$ 不平行, 则它们和 P_0 一起确定一个平面 $\varPi$. 式 (F.15) 表明曲线 C_0 的切线位于平面 $\varPi$ 上. 又因 C_0 是曲面 S 上经过 P_0 的任意曲线, 则曲面 S 上经过 P_0 的切线都在同一个平面上. 该平面 $\varPi$ 称为曲面 S 在点 P_0 的切面, 平面 $\varPi$ 在 P_0 的法线也称为曲面 S 在 P_0 的法线. 如果法线矢量沿 $\boldsymbol{r}_u \times \boldsymbol{r}_v$ 的指向, 则称曲面 S 是正向的; 而当取 $-(\boldsymbol{r}_u \times \boldsymbol{r}_v)$ 的指向, 则称 S 是反向的.

三、第一基本二次型

设曲面 S: $\boldsymbol{r} = r(u, v)$ 上一条曲线 C 的参数方程为 C: $\boldsymbol{r} = \boldsymbol{r}(u(t), v(t))$, $t \in [t_1, t_2]$, 从而有

$$\frac{\mathrm{d}\boldsymbol{r}}{\mathrm{d}t} = \boldsymbol{r}_u \frac{\mathrm{d}u}{\mathrm{d}t} + \boldsymbol{r}_v \frac{\mathrm{d}v}{\mathrm{d}t}$$

$$\mathrm{d}\boldsymbol{r} = \boldsymbol{r}_u \mathrm{d}u + \boldsymbol{r}_v \mathrm{d}v$$

如果以 s 表示曲线 C 的弧长, 由于 $\mathrm{d}s^2 = \mathrm{d}r^2$ 则得

$$\mathrm{d}s^2 = \boldsymbol{r}_u^2 \mathrm{d}u^2 + 2\boldsymbol{r}_u \cdot \boldsymbol{r}_v \mathrm{d}u \mathrm{d}v + \boldsymbol{r}_v^2 \mathrm{d}v^2 = E\mathrm{d}u^2 + 2F\mathrm{d}u \cdot \mathrm{d}v + G\mathrm{d}v^2 \tag{F.16}$$

其中

$$E = \boldsymbol{r}_u^2, \quad F = \boldsymbol{r}_u \cdot \boldsymbol{r}_v, \quad G = \boldsymbol{r}_v^2 \tag{F.17}$$

从而曲线 C 的弧长为

$$\int_{t_1}^{t_2} \frac{\mathrm{d}s}{\mathrm{d}t}\mathrm{d}t = \int_{t_1}^{t_2} \sqrt{E\left(\frac{\mathrm{d}u}{\mathrm{d}t}\right)^2 + 2F\frac{\mathrm{d}u}{\mathrm{d}t}\frac{\mathrm{d}v}{\mathrm{d}t} + G\left(\frac{\mathrm{d}v}{\mathrm{d}t}\right)^2}\mathrm{d}t \tag{F.18}$$

由式 (F.16) 可知, 它的右端关于微分 $\mathrm{d}u, \mathrm{d}v$ 的一个二次型可表示为

$$Q_1 = \mathrm{d}s^2 = E\mathrm{d}u^2 + 2F\mathrm{d}u \cdot \mathrm{d}v + G\mathrm{d}v^2 \tag{F.19}$$

称 Q_1 为曲面 S 的第一基本二次型, 它的系数 E, F, G 称为曲面 S 的第一基本量.

由于

$$E = \boldsymbol{r}_u^2 > 0, \quad EG - F^2 = \boldsymbol{r}_u^2\boldsymbol{r}_v^2 - (\boldsymbol{r}_u \cdot \boldsymbol{r}_v)^2 = (\boldsymbol{r}_u \times \boldsymbol{r}_v)^2 > 0$$

则按 Sylvester 定理知 Q_1 是正定二次型.

四、第二基本二次型

1. 法矢

设曲面为 S：$\boldsymbol{r} = \boldsymbol{r}(u,v)$, 并设矢函数 $\boldsymbol{r}(u,v)$ 有连续的二阶 $\boldsymbol{r}_{uu}, \boldsymbol{r}_{uv}, \boldsymbol{r}_{vv}$.

定义一个单位矢量：

$$\boldsymbol{n} = \frac{\boldsymbol{r}_u \times \boldsymbol{r}_v}{|\boldsymbol{r}_u \times \boldsymbol{r}_v|} = \frac{\boldsymbol{r}_u \times \boldsymbol{r}_v}{\sqrt{EG - F^2}} \tag{F.20}$$

它是一个和矢量 $\boldsymbol{r}_u \times \boldsymbol{r}_v$ 有相同正向 (沿曲面的法线方向) 的么矢, 称为曲面上一点的法矢. 因为在任何平面上能够取到正交参数曲线网, 所以三个矢量 $\boldsymbol{r}_u, \boldsymbol{r}_v, \boldsymbol{n}$ 构成右手正交系.

2. 第二基本二次型

这里取弧长 s 作为参数, 如果设曲面 S：$\boldsymbol{r} = \boldsymbol{r}(u,v)$ 上的一条曲线 C：$u = u(s), v = v(s)$; 或 $\boldsymbol{r} = \boldsymbol{r}(u(s), v = v(s))$), 则得

$$\frac{\mathrm{d}\boldsymbol{r}}{\mathrm{d}s} = \boldsymbol{r}_u \frac{\mathrm{d}v}{\mathrm{d}s} + \boldsymbol{r}_v \frac{\mathrm{d}v}{\mathrm{d}s}$$

$$\frac{\mathrm{d}^2\boldsymbol{r}}{\mathrm{d}s^2} = \boldsymbol{r}_{uu}\left(\frac{\mathrm{d}u}{\mathrm{d}s}\right)^2 + 2\boldsymbol{r}_{uv}\frac{\mathrm{d}u}{\mathrm{d}s}\frac{\mathrm{d}v}{\mathrm{d}s} + \boldsymbol{r}_{vv}\left(\frac{\mathrm{d}v}{\mathrm{d}s}\right)^2 + \boldsymbol{r}_u\frac{\mathrm{d}^2u}{\mathrm{d}s^2} + \boldsymbol{r}_v\frac{\mathrm{d}^2v}{\mathrm{d}s^2}$$

又因 $\boldsymbol{n} \cdot \boldsymbol{r}_u = \boldsymbol{n} \cdot \boldsymbol{r}_v = 0$, 则有

$$\begin{aligned}\boldsymbol{n} \cdot \frac{\mathrm{d}^2\boldsymbol{r}}{\mathrm{d}s^2}\mathrm{d}s^2 &= \boldsymbol{n} \cdot \boldsymbol{r}_{uu}\mathrm{d}u^2 + 2\boldsymbol{n} \cdot \boldsymbol{r}_{uv}\mathrm{d}u\mathrm{d}v + \boldsymbol{n} \cdot \boldsymbol{r}_{vv}\mathrm{d}v^2 \\ &= L\mathrm{d}u^2 + 2M\mathrm{d}u\mathrm{d}v + N\mathrm{d}v^2\end{aligned} \tag{F.21}$$

其中

$$L = \boldsymbol{n} \cdot \boldsymbol{r}_{uu}, \quad M = \boldsymbol{n} \cdot \boldsymbol{r}_{uv}, \quad N = \boldsymbol{n} \cdot \boldsymbol{r}_{vv} \tag{F.22}$$

而式 (F.21) 可表示为

$$Q_2 = \boldsymbol{n} \cdot \frac{\mathrm{d}^2\boldsymbol{r}}{\mathrm{d}s^2}\mathrm{d}s^2 = L\mathrm{d}u^2 + 2M\mathrm{d}u\mathrm{d}v + N\mathrm{d}v^2 \tag{F.23}$$

称 Q_2 为曲面 S 的第二基本二次型, 它的系数 L, M, N 称为曲面 S 的第二基本量.

五、第三基本二次型

对于法矢 $\boldsymbol{n} = \boldsymbol{n}(u,v)$, 可得

$$Q_3 = \mathrm{d}\boldsymbol{n}^2 = (\boldsymbol{n}_u\mathrm{d}u + \boldsymbol{n}_v\mathrm{d}v)^2 = e\mathrm{d}u^2 + 2f\mathrm{d}u\mathrm{d}v + g\mathrm{d}v^2 \tag{F.24}$$

其中

$$e = \boldsymbol{n}_u^2, \quad f = \boldsymbol{n}_u \cdot \boldsymbol{n}_v, \quad g = \boldsymbol{n}_v^2 \tag{F.25}$$

称 Q_3 为曲面 S 的第三基本二次型, 其系数 e、f、g 称为曲面 S 的第三基本量.

六、法曲率和主曲率

1. 曲线的曲率与挠率

设 P 为曲面 S 上的固定点, 而 $C: r = r(s)$ 为 S 上经过 P 的一条曲线. 曲线 C 的切矢为 $e = e_1(s)$, 主法矢为 $e_2 = e_2(s)$, 副法矢为 $e_3 = e_3(s)$, 则这三个单位矢量都是弧长 s 的函数, 它们相互垂直, 并构成右手正交系. 如令 $\dot{r} = \dfrac{\mathrm{d}r}{\mathrm{d}s}, \dot{e}_1 \dfrac{\mathrm{d}e_1}{\mathrm{d}s}, \dot{e}_2 = \dfrac{\mathrm{d}e_2}{\mathrm{d}s}, \dot{e}_3 = \dfrac{\mathrm{d}e_3}{\mathrm{d}s}$, 又因曲面上的曲线也是空间曲线, 所以曲线论中的 Frenet 公式仍然成立:

$$\begin{cases} \dot{e}_1 = k e_2 \\ \dot{e}_2 = -k e_1 + \tau e_2 \\ \dot{e}_3 = -\tau e_2 \end{cases} \tag{F.26}$$

其中, $\dot{e}_1 = k e_2$ 称为曲线 C 的曲率矢, $k = |\ddot{r}| = |\dot{e}_1|$ 称为曲线 C 的曲率, 曲线 C 的切矢 $e_1 = \dfrac{\mathrm{d}r}{\mathrm{d}s} = \dot{r}$, 而 $\tau = \dot{e}_2 \cdot e_3 = -e_2 \cdot \dot{e}_3$ 称为曲线 C 的挠率. 式 (F.26) 即可写为矩阵分析的形式:

$$\frac{\mathrm{d}}{\mathrm{d}s} \begin{bmatrix} e_1 \\ e_2 \\ e_3 \end{bmatrix} = \begin{bmatrix} 0 & k & 0 \\ -k & 0 & \tau \\ 0 & -\tau & 0 \end{bmatrix} \begin{bmatrix} e_1 \\ e_2 \\ e_3 \end{bmatrix} = G \begin{bmatrix} e_1 \\ e_2 \\ e_3 \end{bmatrix} \tag{F.27}$$

其中, $G = -G^{\mathrm{T}}$ 为反对称矩阵.

2. 法曲率

对于曲线 $C: r = r(s)$, 由式 (F.26) 可知: $\ddot{r} = \dot{e}_1 = k e_2$ 从而有

$$n \cdot \ddot{r} = \dot{e}_1 \cdot n = k e_2 \cdot n \tag{F.28}$$

又记 $\theta(0 \ll \theta \ll \pi)$ 为 e_2 与 n 之间的夹角, 则由式 (F.19)、式 (F.23) 和式 (F.28) 可得

$$\frac{Q_2}{Q_1} = n \cdot \ddot{r} = k e_2 \cdot n = k \cos\theta \tag{F.29}$$

或者

$$k \cos\theta = \frac{Q_2}{Q_1} = \frac{L \mathrm{d}u^2 + 2M \mathrm{d}u \mathrm{d}v + N \mathrm{d}v^2}{E \mathrm{d}u^2 + 2F \mathrm{d}u \cdot \mathrm{d}v + G \mathrm{d}v^2} \tag{F.30}$$

可见, 只要 $\cos\theta \neq 0$ 总可以由上式求出曲面 S 上曲线 C 在 P 点的曲率 k.

考虑到式 (F.26) 及式 (F.29) 并记

$$k_n = \frac{Q_2}{Q_1} = n \cdot \ddot{r} = \dot{e}_1 \cdot n = k e_2 \cdot n \tag{F.31}$$

则称 k_n 为曲面 S 在 P 点沿着所取方向的法曲率. 又由式 (F.31) 可知: 法曲率 k_n 是曲率矢 $k e_2$ 在法矢 $\boldsymbol{n}$ 上的投影. 还可证明, 如果曲面 S 上的两条曲线 C_1 和 C_2 在某一点相切, 则它们在该点的法曲率也相同.

3. 主曲率和主方向

对于式 (F.30) 和式 (F.31), 如果在曲面上一点出现下列情况:

$$\frac{L}{E} = \frac{M}{F} = \frac{N}{G} \tag{F.32}$$

则称满足条件式 (F.31) 的点位脐点, 这是曲面上的一些特殊的点. 由式 (F.30) 和式 (F.32) 的比例关系可以看出, 这类点的任何方向上的法曲率 k_n 恒为常值.

除了在曲面的脐点之外, 法曲率将随着所起的方向变化. 可以证明: 在曲面上的一个非脐点, 法曲率有两个逗留值 (稳态值), 而且其中有一个最大值和一个最小值. 在曲面上一点, 法曲率的每一个逗留值称为曲面在这一点的主曲率. 对应于一个主曲率的方向, 称为曲面在这一点的一个主方向. 其实, 由式 (F.30) 和式 (F.31) 可得

$$(Ek_n - L)\mathrm{d}u^2 + 2(Fk_n - M)\mathrm{d}u\mathrm{d}v + (Gk_n - N)\mathrm{d}v^2 = 0 \tag{F.33}$$

如令 $\xi = \dfrac{\mathrm{d}u}{\mathrm{d}v}, \eta = \dfrac{\mathrm{d}v}{\mathrm{d}u}$, 则由式 (F.33) 可求出 ξ, η 应满足的方程式:

$$\phi_1 = (Ek_n - L)\xi^2 + 2(Fk_n - M)\xi + (Gk_n - N) = 0$$

$$\phi_2 = (Gk_n - N)\eta^2 + 2(Fk_n - M)\eta + (Ek_n - L) = 0$$

可见在曲面 S 一点上, 法曲率 k_n 是 ξ, η 的函数; 从而可以计算 k_n 的逗留值条件: 由于 $\varphi_1 = \varphi_1(\xi, k_n), \varphi_2 = \varphi_2(\eta, k_n)$, 则有

$$\begin{cases} \dfrac{\mathrm{d}k_n}{\mathrm{d}\xi} = -\dfrac{\partial \varphi_1}{\partial \xi} \Big/ \dfrac{\partial \varphi_1}{\partial k_n} = 0 \\[2mm] \dfrac{\mathrm{d}k_n}{\mathrm{d}\eta} = -\dfrac{\partial \varphi_2}{\partial \eta} \Big/ \dfrac{\partial \varphi_2}{\partial k_n} = 0 \end{cases} \tag{F.34}$$

从而, 由式 (F.34) 可导出主曲率和主方向必须满足的条件:

$$\begin{cases} (Ek_n - L)\mathrm{d}u + (Fk_n - M)\mathrm{d}v = 0 \\ (Fk_n - M) + (Gk_n - N)\mathrm{d}v = 0 \end{cases} \tag{F.35}$$

由式 (F.35) 消去 k_n, 则得确定主方向的方程式:

$$\begin{vmatrix} E\mathrm{d}u + F\mathrm{d}v & F\mathrm{d}u + G\mathrm{d}v \\ L\mathrm{d}u + M\mathrm{d}v & M\mathrm{d}u + N\mathrm{d}v \end{vmatrix} = 0 \tag{F.36}$$

而从式 (F.35) 消去 du、dv, 则得确定主曲率的方程:

$$\begin{vmatrix} Ek_n - L & Fk_n - M \\ Fk_n - M & Gk_n - N \end{vmatrix} = 0$$

或者展开上式可得

$$(EG - F^2)k_n^2 - (EN - 2FM + GL)k_n + (LN - M^2) = 0 \tag{F.37}$$

显然式 (F.37) 的两个根即可确定法曲率 k_n 的两个逗留值, 即两个主曲率: k_1 和 k_2, 从而两个主曲率半径可写为 $R_1 = \dfrac{1}{k_1}$, $R_2 = \dfrac{1}{k_2}$. 式 (F.37) 的判别式为

$$\begin{aligned} D =& (EN - 2FM + GL)^2 - 4(EG - F^2)(LN - M^2) \\ =& \left[(EN - GL) - \frac{2F}{E}(EM - FL) \right]^2 + \frac{4(EG - F^2)(EM - FL)^2}{E^2} \end{aligned}$$

当且仅当

$$EN - GL = EM - FL = 0 \tag{F.38}$$

判别式 $D = 0$; 又由于式 (F.38) 可写为

$$\frac{L}{E} = \frac{M}{F} = \frac{N}{G}$$

所以在一个非脐点: 判别式 $D > 0$, 方程 (F.37) 总有两个不相等的实根即主曲率: $k_1 \neq k_2$.

4. 曲率线

如果曲面 S 上一条曲线 C 在没一点的切线总是沿着在该点的一个主方向, 则称 C 为 S 上的一条曲率线. 可以证明, 在曲面的一个非脐点, 两个主方向彼此垂直; 从而经过一般曲面的非脐点, 有两条相互正交的曲率线; 在不含有脐点的一片曲面上, 曲率线构成一个正交网, 还可证明, 参数曲线成为曲率线的充分必要条件为 $F = M = 0$, 这相当于可归化为 Q_1 和 Q_2 成为标准二次型. 可以看到, 如果将 E, F, G, L, M, N 皆视为 u, v 的函数, 则式 (F.36) 就是曲率线网的微分方程式, 由它可以求出两族曲率线.

5. Rodrigues 方程

如果将主曲率和主方向应满足的条件 (F.35) 改写为

$$\begin{cases} k_n(Edu + Fdv) - (Ldu + Mdv) = 0 \\ k_n(Fdu + Gdv) - (Mdu + Ndv) = 0 \end{cases} \tag{F.39}$$

并代入下列表达式:

$$E = r_u^2, \quad F = r_u \cdot r_v, \quad G = r_v^2$$

$$L = n \cdot r_{uu} = -n_u \cdot r_u$$

$$M = n \cdot r_{uv} = -n_u \cdot r_v = -n_v \cdot r_u$$

$$N = n \cdot r_{vv} = -n_v \cdot r_v$$

则得

$$\begin{cases} r_u \cdot (k_n dr + dn) = 0 \\ r_v \cdot (k_n dr + dn) = 0 \end{cases}$$

又因为

$$n \cdot (k_n dr + dn) = 0$$

所以矢量 $(k_n dr + dn)$ 同时与三个不共面的矢量 r_u、r_v、n 垂直, 这是不可能的即它是零矢:

$$dn = -k_n dr \tag{F.40}$$

式 (F.40) 被称为 Rodrigues 方程, 它表征了主方向的特征之一. 事实上如将式 (F.40) 改写为

$$(n_u du + n_v dv) + k_n (r_u du + r_v dv) = 0$$

再以 r_u 和 r_v 分别点乘上式则可得式 (F.39); 再由此消去 k_n 后仍可得确定主方向的方程式 (F.36); 可见 Rodrigues 方程所表述的矢量 dn 与矢量 dr 互相平行的性质, 揭示了主方向的一个重要特征.

七、中曲率和全曲率

对于在非脐点两个不相等的主曲率, 将分别称其平均值 (中值) $K = \frac{1}{2}(R_1 + R_2)$ 和其面积 $H = k_1 k_2$, 为曲面在这一点的中曲率 (平均曲率) 和全曲率 (总曲率). 由式 (F.37) 可知

$$2K = k_1 + k_2 = \frac{EN - 2FM + GL}{EG - F^2} \tag{F.41}$$

$$H = k_1 \cdot k_2 = \frac{LN - M^2}{EG - F^2} \tag{F.42}$$

对于中曲率 $K = \frac{1}{2}(k_1 + k_2) = \frac{1}{2}\left(\frac{1}{R_1} + \frac{1}{R^2}\right)$, 可以在直角坐标系 $Oxyz$ 和柱坐标系 $Or\theta z$ 中求出其表达式.

1. 直角坐标系

设曲面方程为可解出形式:

$$z = f(x, y)$$

或其向量形式

$$\boldsymbol{r} = x\boldsymbol{i} + y\boldsymbol{j} + f(x,y)\boldsymbol{k} \tag{F.43}$$

从而 $\boldsymbol{r}_x = \boldsymbol{i} + 0\boldsymbol{j} + f_x\boldsymbol{k}, \boldsymbol{r}_y = 0\boldsymbol{i} + \boldsymbol{j} + f_y\boldsymbol{k}$ 而法矢为

$$\boldsymbol{n} = \frac{\boldsymbol{r}_x \times \boldsymbol{r}_y}{|\boldsymbol{r}_x \times \boldsymbol{r}_y|} = \frac{-f_x\boldsymbol{i} - f_y\boldsymbol{j} + \boldsymbol{k}}{\sqrt{1 + f_x^2 + f_y^2}}$$

此外

$$E = r_x^2 = 1 + f_x^2, \quad F = \boldsymbol{r}_x \cdot \boldsymbol{r}_y = f_x f_y, \quad G = r_y^2 = 1 + f_y^2$$

$$L = \boldsymbol{n} \times \boldsymbol{r}_{xx} = \frac{f_{xx}}{\sqrt{1 + f_x^2 + f^2 y}}, \quad M = \boldsymbol{n} \times \boldsymbol{r}_{xy} = \frac{f_{xy}}{\sqrt{1 + f_x^2 + f_y^2}}$$

$$N = \boldsymbol{n} \times \boldsymbol{r}_{yy} = \frac{f_{yy}}{\sqrt{1 + f_x^2 + f_y^2}}$$

将以上诸表达式代入曲率式 (F.41), 可得

$$\begin{aligned} 2K &= \frac{EN - 2FM + GL}{EG - F^2} = \frac{(1 + f_x^2)f_{yy} - 2f_x f_y f_{xy} + (1 + f_y^2)f_{xx}}{(1 + f_x^2 + f_y^2)^{3/2}} \\ &= \frac{\partial}{\partial x}\left[\frac{f_x}{\sqrt{1 + f_x^2 + f_y^2}}\right] + \frac{\partial}{\partial y} = \left[\frac{f_y}{\sqrt{1 + f_x^2 + f_y^2}}\right] \end{aligned} \tag{F.44}$$

2. 柱坐标系

设曲面方程的可解形式为

$$z = f(r, \theta)$$

或其矢量形式

$$\boldsymbol{r} = r\cos\theta\boldsymbol{i} + r\sin\theta\boldsymbol{j} + f(r,\theta)\boldsymbol{k}$$

从而 $\boldsymbol{r}_r = \cos\theta\boldsymbol{i} + \sin\theta\boldsymbol{j} + f_r\boldsymbol{k}, \boldsymbol{r}_\theta = -r\sin\theta\boldsymbol{i} + r\cos\theta\boldsymbol{j} + f_\theta(r,\theta)\boldsymbol{k}$, 又由于柱坐标轴 r, θ, z 的单位矢量 $\boldsymbol{r}^0, \boldsymbol{\theta}^0, \boldsymbol{z}^0$ 与直角坐标轴 x, y, z 的单位矢量 $\boldsymbol{i}, \boldsymbol{j}, \boldsymbol{k}$ 之间有下列变换关系

$$\boldsymbol{r}^0 = \cos\theta\boldsymbol{i} + \sin\theta\boldsymbol{j}$$

$$\boldsymbol{\theta}^0 = -\sin\theta\boldsymbol{i} + \cos\theta\boldsymbol{j}$$

$$\boldsymbol{z}^0 = \boldsymbol{k}$$

所以 $\boldsymbol{r}_r = \boldsymbol{r}^0 + f_r\boldsymbol{k}, \boldsymbol{r}_\theta = r\boldsymbol{\theta}^0 + f_\theta\boldsymbol{k}$, 而法矢为

$$\boldsymbol{n} = \frac{\boldsymbol{r}_r \times \boldsymbol{r}_\theta}{|\boldsymbol{r}_r \times \boldsymbol{r}_\theta|} = \frac{-f_r \boldsymbol{r}_0 - (f_\theta/r)\boldsymbol{\theta}^0 + \boldsymbol{k}}{\sqrt{1 + f_r^2 + (f_\theta/r)^2}}$$

此外,

$$E = \boldsymbol{r}_r^2 = 1 + f_r^2, \quad F = \boldsymbol{r}_r \cdot \boldsymbol{r}_\theta = f_r f_\theta, \quad G = \boldsymbol{r}_\theta^2 = r^2 + f_\theta^2$$

$$L = \boldsymbol{n} \cdot \boldsymbol{r}_{rr} = \frac{f_{rr}}{\sqrt{1 + f_r^2 + (f_\theta/r)^2}}$$

$$M = \boldsymbol{n} \cdot \boldsymbol{r}_{r\theta} = \frac{-(f_\theta/r) + f_{r\theta}}{\sqrt{1 + f_r^2 + (f_\theta/r)^2}}$$

$$N = \boldsymbol{n} \cdot \boldsymbol{r}_{\theta\theta} = \frac{r f_r + f_{\theta\theta}}{\sqrt{1 + f_r^2 + (f_\theta/r)^2}}$$

将以上各系数代入曲率式 (F.41) 则有

$$2K = \frac{EN - 2FM + GL}{EG - F^2}$$
$$= \frac{(1 + f_r^2)(r f_r + f_{\theta\theta}) - 2 f_r f_\theta(-f_\theta/r + f_{r\theta}) + r^2(1 + f_\theta^2/r^2) f_{rr}}{r^2(1 + f_r^2 + f_\theta^2/r^2)^{3/2}}$$

或者写为下列微分的形式:

$$2K = \frac{1}{r}\frac{\partial}{\partial r}\left[\frac{r f_r}{\sqrt{1 + f_r^2 + (f_\theta/r)^2}}\right] + \frac{1}{r^2}\frac{\partial}{\partial \theta}\left[\frac{f_\theta}{\sqrt{1 + f_r^2 + (f_\theta/r)^2}}\right] \tag{F.45}$$

如果所论曲面 S 为相对 z 轴对称的特殊情况, 则可得曲率公式的简化形式

$$2K = \frac{1}{r}\frac{\mathrm{d}}{\mathrm{d}r}\left[\frac{r f_r}{\sqrt{1 + f_r^2}}\right] \tag{F.46}$$

如果以弧长 s 为独立参量, 即 $z = f(r) = f(r(s))$, 则曲率的表达式为

$$2K = \frac{1}{r}\frac{\partial f}{\partial s} + \left(\frac{\partial r}{\partial s}\frac{\partial^2 f}{\partial s^2} - \frac{\partial f}{\partial s}\frac{\partial^2 r}{\partial s^2}\right) \tag{F.47}$$

八、三个基本二次型的线性关系

由式 (F.19)、式 (F.23) 和式 (F.24) 可知

$$\begin{aligned} Q_1 &= E\mathrm{d}u^2 + 2F\mathrm{d}u\mathrm{d}v + G\mathrm{d}v^2 \\ Q_2 &= L\mathrm{d}u^2 + 2M\mathrm{d}u\mathrm{d}v + N\mathrm{d}v^2 \\ Q_3 &= e\mathrm{d}u^2 + 2f\mathrm{d}u\mathrm{d}v + g\mathrm{d}v^2 \end{aligned} \tag{F.48}$$

并考虑到式 (F.16) 以及 Rodrogues 方程 (F.40) 则得

$$\begin{aligned} Q_1 &= \mathrm{d}s^2 = \mathrm{d}\boldsymbol{r}^2 \\ Q_2 &= k_n Q_1 = k_n \mathrm{d}\boldsymbol{r}^2 = -\mathrm{d}\boldsymbol{n} \cdot \mathrm{d}\boldsymbol{r} \\ Q_3 &= \mathrm{d}\boldsymbol{n}^2 \end{aligned} \tag{F.49}$$

另外, 如设 k_1、k_2 为 u 线和 v 线方向的主曲率, 则由式 (F.14) 可得

$$\boldsymbol{n}_u = -k_1 \boldsymbol{r}_u, \quad \boldsymbol{n}_v = -k_2 \boldsymbol{r}_v \tag{F.50}$$

从而有

$$\mathrm{d}\boldsymbol{r} = \boldsymbol{r}_u \mathrm{d}u + \boldsymbol{r}_v \mathrm{d}v \tag{F.51}$$

$$\mathrm{d}\boldsymbol{n} = -k_1 \boldsymbol{r}_u \mathrm{d}u - k_2 \boldsymbol{r}_v \mathrm{d}v \tag{F.52}$$

再以 k_2 乘式 (F.51) 并与式 (F.52) 相加可得

$$(k_2 - k_1)\boldsymbol{r}_u \mathrm{d}u = k_2 \mathrm{d}\boldsymbol{r} + \mathrm{d}\boldsymbol{n}$$

同理可得

$$(k_2 - k_1)\boldsymbol{r}_v \mathrm{d}v = k_1 \mathrm{d}\boldsymbol{r} + \mathrm{d}\boldsymbol{n}$$

不失一般性可在正交曲线网上选取坐标线使得 $\boldsymbol{r}_u$ 与 $\boldsymbol{r}_v$ 正交即 $\boldsymbol{r}_u \cdot \boldsymbol{r}_v = 0$, 从而有

$$(k_2 \mathrm{d}\boldsymbol{r} + \mathrm{d}\boldsymbol{n}) \cdot (k_1 \mathrm{d}\boldsymbol{r} + \mathrm{d}\boldsymbol{n}) = 0$$

展开上式并将式 (F.49) 代入则得

$$\begin{aligned} k_1 k_2 Q_1 - (k_1 + k_2)Q_2 + Q_3 &= 0 \\ H Q_1 - 2K Q_2 + Q_3 &= 0 \end{aligned} \tag{F.53}$$

即式 (F.53) 表征了三个基本二次型之间的线性关系, 所以有

$$\begin{aligned} HE - 2KL + e &= 0 \\ HF - 2KM + f &= 0 \\ HG - 2KN + g &= 0 \end{aligned} \tag{F.54}$$

九、关于中曲率的一阶变分

1. 中曲率一阶变分表达式

设曲面方程 $\boldsymbol{r} = \boldsymbol{r}(u,v)$, 曲面的法矢

$$\boldsymbol{n} = \frac{\boldsymbol{r}_u \times \boldsymbol{r}_v}{|\boldsymbol{r}_u \times \boldsymbol{r}_v|} = \frac{\boldsymbol{r}_u \times \boldsymbol{r}_v}{W}, \quad W^2 = EG - F^2$$

而中曲率为

$$K = \frac{EN - 2FM + GL}{2W^2}$$

其中

$$E = \boldsymbol{r}_u^2, \quad F = \boldsymbol{r}_u \cdot \boldsymbol{r}_v, \quad G = \boldsymbol{r}_v^2$$

$$L = n \cdot \boldsymbol{r}_{uu} = -\boldsymbol{n}_u \cdot \boldsymbol{r}_u = \frac{(\boldsymbol{r}_{uu}, \boldsymbol{r}_u, \boldsymbol{r}_v)}{W}$$

$$(\boldsymbol{r}_{uu}, \boldsymbol{r}_u, \boldsymbol{r}_v) = (\boldsymbol{r}_{uu} \times \boldsymbol{r}u) \cdot \boldsymbol{r}_v$$

$$M = \boldsymbol{n} \cdot \boldsymbol{r}_{uv} = -\boldsymbol{n}_v \cdot \boldsymbol{r}_u = -\boldsymbol{n}_u \cdot \boldsymbol{r}_v = \frac{(\boldsymbol{r}_{uv}, \boldsymbol{r}_u, \boldsymbol{r}_v)}{W}$$

$$N = \boldsymbol{n} \cdot \boldsymbol{r}_{vv} = -\boldsymbol{n}_v \cdot \boldsymbol{r}_v = \frac{(\boldsymbol{r}_{vv}, \boldsymbol{r}_u, \boldsymbol{r}_v)}{W}$$

这里

$$\begin{cases} \boldsymbol{r}_{uu} = A_{11}\boldsymbol{r}_u + A_{12}\boldsymbol{r}_v + L\boldsymbol{n} \\ \boldsymbol{r}_{uv} = A_{21}\boldsymbol{r}_u + A_{22}\boldsymbol{r}_v + M\boldsymbol{n} \\ \boldsymbol{r}_{vv} = A_{31}\boldsymbol{r}_u + A_{32}\boldsymbol{r}_v + N\boldsymbol{n} \end{cases} \tag{F.55}$$

其中

$$A_{11} = \frac{GE_u - 3FF_u + FE_v}{2W^2}, \quad A_{12} = \frac{-FE_u + 2EF_u - EE_v}{2W^2}$$

$$A_{21} = \frac{GE_v - FG_u}{2W^2}, \quad A_{22} = \frac{EG_u - EE_v}{2W^2}$$

$$A_{31} = \frac{-FG_v + 2GF_v - GG_u}{2W^2}, \quad A_{32} = \frac{EG_v - 2FF_v + FG_u}{2W^2}$$

另外由 Weingarten 公式可得

$$\begin{cases} \boldsymbol{n}_u = \dfrac{(FM - GL)\boldsymbol{r}_u + (FL - EM)\boldsymbol{r}_v}{W^2} \\ \boldsymbol{n}_v = \dfrac{(FN - GM)\boldsymbol{r}_u + (FM - EN)\boldsymbol{r}_v}{W^2} \end{cases} \tag{F.56}$$

从而

$$\begin{cases} \boldsymbol{n}_{uu} = a_{11}\boldsymbol{n}_u + a_{12}\boldsymbol{n}_v - e\boldsymbol{n} \\ \boldsymbol{n}_{uv} = a_{12}\boldsymbol{n}_u + a_{22}\boldsymbol{n}_v - f\boldsymbol{n} \\ \boldsymbol{n}_{vv} = a_{31}\boldsymbol{n}_u + a_{32}\boldsymbol{n}_v - g\boldsymbol{n} \end{cases} \tag{F.57}$$

其中

$$\begin{cases} a_{11} = \dfrac{ge_u - 2ff_u + fe_v}{2(eg - f^2)}, \quad a_{12} = \dfrac{-fe_u + 2ef_u - ee_v}{2(eg - f^2)} \\ a_{21} = \dfrac{ge_v - fg_u}{2(eg - f^2)}, \quad a_{22} = \dfrac{eg_u - fe_v}{2(eg - f^2)} \\ a_{31} = \dfrac{-fg_v + 2gf_v - gg_u}{2(eg - f^2)}, \quad a_{32} = \dfrac{eG_v - 2ff_v + fg_u}{2(eg - f^2)} \end{cases} \tag{F.58}$$

设曲面受扰动后的方程

$$\boldsymbol{r}'(u, v) = \boldsymbol{r}(u, v) + \boldsymbol{h}(u, v)\boldsymbol{n}(u, v) \tag{F.59}$$

其中, $\boldsymbol{h}(u,v)$ 为沿曲面法线方向的一阶小量. 从而有

$$\boldsymbol{r}'_u = \boldsymbol{r}_u + h\boldsymbol{n}_u + h_u\boldsymbol{n}$$

$$\boldsymbol{r}'_v = \boldsymbol{r}_v + h\boldsymbol{n}_v + h_v\boldsymbol{n}$$

$$\boldsymbol{r}'_{uu} = \boldsymbol{r}_{uu} + h\boldsymbol{n}_{uu} + 2h_u\boldsymbol{n}_u + h_{uu}\boldsymbol{n}$$

$$\boldsymbol{r}'_{uv} = \boldsymbol{r}_{uv} + h\boldsymbol{n}_{uu} + h_u\boldsymbol{n}_v + h_v\boldsymbol{n}_u + h_{uv}\boldsymbol{n}$$

$$\boldsymbol{r}'_{vv} = \boldsymbol{r}_{vv} + h\boldsymbol{n}_{vv} + 2h_v\boldsymbol{n}_v + h_{vv}\boldsymbol{n}$$

对于受扰曲面, 如果仅写出 h 的一阶小量, 则得

$$\begin{cases} E' = E - 2Lh \\ F' = F - 2Mh \\ G' = G - 2Nh \end{cases} \tag{F.60}$$

$$\begin{cases} L' = L + (HE - 2KL)h + h_{11} \\ M' = M + (HF - 2KM)h + h_{12} \\ N' = N + (HG + 2KN)h + h_{22} \end{cases} \tag{F.61}$$

这里

$$\begin{cases} h_{11} = h_{uu} - A_{11}h_u - A_{12}h_v \\ h_{12} = h_{uv} - A_{21}h_u - A_{22}h_v \\ h_{22} = h_{vv} - A_{31}h_u - A_{32}h_v \end{cases}$$

此时, 受扰曲面的中曲率 K' 可写为

$$K' = \frac{E'N' - 2F'M' + G'L'}{2(E'G' - F'^2)} \tag{F.62}$$

或者

$$\begin{aligned} K' &= \frac{2K - 2(2K^2 + H)h + \Delta h}{2(1 - 4Kh)} + \cdots \\ &= \frac{1}{2}[2K - 2(2K^2 + H)h + \Delta h](1 + 4Kh) + \cdots \\ &= K - (2K^2 + H)h + \frac{1}{2}\Delta h + 4K^2h + \cdots \\ &= K + (2K^2 - H)h + \frac{1}{2}\Delta h + \cdots \end{aligned} \tag{F.63}$$

其中 $\Delta h = \dfrac{Eh_{22} - 2Fh_{12} + Gh_{11}}{EG - F^2}$, 由式 (F.63) 可将中曲率的一阶变分写为

$$\delta K = (2K^2 - H)h + \frac{1}{2}\Delta h \tag{F.64}$$

2. 中曲率一阶变分的特殊形式

如果曲面为相对于 z 轴旋转对称的, 则在柱坐标系中它的方程可写为 $z=f(r)$. 为了求出中曲率的一阶变分, 则设曲面受扰动后方程的矢量方程式为

$$\boldsymbol{r}' = r\boldsymbol{r}^0 + f(r)\boldsymbol{k} + h(r,\theta,t)\boldsymbol{n}^0 \tag{F.65}$$

其中, $h(r,\theta,t)$ 为沿曲面法线方向 $\boldsymbol{n}^0$(单位法矢) 的扰动量. 由 $\boldsymbol{n}' = \dfrac{\boldsymbol{r}'_r \times \boldsymbol{r}'_\theta}{|\boldsymbol{r}'_r \times \boldsymbol{r}'_\theta|}$, 并参照式 (F.43) 和式 (F.63) 推导过程, 经过运算后可得受扰曲面的曲率的公式为

$$\begin{aligned}
2K' &= \frac{f_{rr}}{(1+f_r^2)^{3/2}} + \frac{f_r}{r(1+f_r^2)^{1/2}} + \frac{h_{rr}}{1+f_r^2} + \frac{1}{r^2}h_{\theta\theta} + \frac{h_r}{r(1+f_r^2)} \\
&\quad + \left[\left(\frac{f_{rr}}{(1+f_r^2)^{3/2}}\right)^2 + \left(\frac{f_r}{r(1+f_r^2)^{1/2}}\right)^2\right]h + \cdots \\
&= 2K + 2\delta K + \cdots
\end{aligned} \tag{F.66}$$

其中中曲率的一阶变分为

$$\begin{aligned}
\delta K &= \frac{1}{2}\frac{h_{rr}}{1+f_r^2} + \frac{1}{2r^2}h_{\theta\theta} + \frac{h_r}{2r(1+f_r^2)} \\
&\quad + \frac{1}{2}\left[\frac{f_r^2}{r^2(1+f_r^2)} + \frac{f_{rr}^2}{(1+f_r^2)^3}\right]h
\end{aligned} \tag{F.67}$$

如果再引进弧长 s 为独立参量即 $r = r(s)$, 则中曲率一阶变分的公式可写为

$$\begin{aligned}
\delta K &= \frac{1}{2}\frac{\partial^2 h}{\partial s^2} + \frac{1}{2r}\frac{\partial r}{\partial s}\frac{\partial h}{\partial s} + \frac{1}{2r^2}\frac{\partial^2 h}{\partial \theta^2} \\
&\quad + \frac{1}{2}\left[\left(\frac{1}{r}\frac{\partial f}{\partial s}\right)^2 + \left(\frac{\partial r}{\partial s}\frac{\partial^2 f}{\partial s^2} - \frac{\partial f}{\partial s}\frac{\partial^2 r}{\partial s^2}\right)^2\right]h
\end{aligned} \tag{F.68}$$

以上所介绍的微分几何基础理论在研究微重力环境下储腔类三维液体晃动问题中有着重要的应用, 由于篇幅所限, 这里只对有关内容进行了简要介绍; 相关知识的系统理论可进一步参考微分几何专著.

附录二 二维液体大幅晃动计算机数值仿真程序

```
c        Two dimensional large amplitude sloshing in a quadrangular tank is
c        simulated with quadrangular elements by prime variables formulation,
c        using arbitrary Lagrangian-Eulerian finite element method (ALE fem).
c        nde = number of nodes.
c        mel = number of elements.
c        lbh --- the element number of depth of the buffer position.
c        lbw --- the element number of width of the buffer.
c        ne(mel,4) --- table of node numbers by element.
c        x(nde,2) --- coordinates at n time point.
c        x1(nde,2) --- coordinates at (n+1) time point.
c        velo(nde,2) --- velocity at n time point.
c        velm(nde,2) -- velocity of the iterate (m) at (n+1) time.
c        vel1(nde,2) --- velocity of the iterate (m+1) at (n+1) time point.
c        velt (nde,2) --- intermediate velocity at (n+1) time point.
c        pres(nde) --- pressure at n time point.
c        prs1(nde) --- pressure at (n+1) time point.
c        dprs(nde) --- dynamic pressure at (n+1) time point.
c        vsw(isw,2) --- velocity value of dirichlet boundary condition on sw.
c        psf(isf) --- pressure value of dirichlet boundary condition on sf.
c        rv(nde,2) --- right vector of equation to solve velt or vel1.
c        rp(nde,2) --- right vector of equation to solve prs1.
c        cv(nde,2) --- convective velocity, cv=u-w,w is velocity of mesh.
c        bnd(nde,nde) --- band matrix for using band method to solve equations.
c        sfnn(nx,2) --- the normal vector of the nods on sf.
c        nsf(nx) -- array of the node numbers of the free surface.
c        nwr(ny) -- array of the node number of the right boundary.
c        nwl(ny) -- array of the node number of the left boundary.
c        nwb(nx) -- array of the node number of the bottom boundary.
c        nmy(iwm) -- array of the node number of the middle axis (y-axis).
c        msf(mx) -- array of the element numbers of the free surface.
c        mwr(my) -- array of the element number of the right boundary.
c        mwl(my) -- array of the element number of the left boundary.
c        mwb(mx) -- array of the element number of the bottom boundary.
c        lbnd --- half width of band.
c        ilb --- width of band. ilb=2*lbnd+1
c        nx -- the node number on x axis.
c        ny -- the node number on y axis.
c        nde -- the total node number.
```

```
c          mx -- the element number along x axis direction.
c          my -- the element number along y axis direction.
c          mel -- the total element number.
c          isf -- the node number on the free surface.
c          iwr -- the node number on the right boundary.
c          iwr -- the node number on the left boundary.
c          iwm -- the node number of the middle axis.
c          jsf -- the element numbers of the free surface.
c          jwr -- the element number of the right boundary.
c          jwl -- the element number of the left boundary.
           parameter (nde=289,mel=256,lbnd=18,lbnd1=19,ilb=37,
     1       nx=17,ny=17,mx=16,my=16)
           dimension nsf(nx),nwr(ny),nwl(ny),nwb(nx),msf(mx),
     1       mwr(my),mwl(my),mwb(mx)
           dimension x(nde,2),x1(nde,2),ne(mel,4),velo(nde,2),vel1(nde,2),
     1       velt(nde,2),rv(nde,2),pres(nde),prs1(nde),rp(nde),dprs(nde),
     1       velm(nde,2),vmesh(nde),vmsh0(nde),sfnn(nx,2),sfes(mx),
     2       sfen(mx,2)
           dimension gnm(nde),dn1m1(nde,ilb),dn1m2(nde,ilb),
     1       dn2m1(nde,ilb),dn2m2(nde,ilb),
     1       anm0(nde,ilb),abnd(nde,lbnd1),
     2       anm(nde,ilb),cnm01(nde,ilb),cnm02(nde,ilb),
     2       cnm1(nde,ilb),cnm2(nde,ilb),enk(nde,2),qn(nde),
     3       qn0(nde),fnk(nde,2),f(2),bnm(nde,ilb),cv(nde,2)
    double precision x,x1,velo,vel1,velt,rv,pres,prs1,rp,dprs,
     1       gnm,dn1m1,dn1m2,dn2m1,dn2m2,
     1       anm0,anm,cnm01,cnm02,cnm1,cnm2,
     1       enk,qn,qn0,fnk,f,bnm,cv,sfnn,vmesh,vmsh0,abnd,
     1       ffx,ffy,fmx,eps,vmax,vabs,sfes,sfen,utao
           double precision ampl,freq,dt,xh,yh,grav,vis,rho
    open(11,file='ov.d')
    open(12,file='ox.d')
    open(13,file='ozm.d')
           read(1,*) key,ampl,freq,dt,nt0,nnt,xh,yh,grav,vis,rho
           write(*,1002) ampl,freq,dt,nnt,xh,yh,grav,vis,rho
    close(1)
    pi=3.141592654
    write(11,1001)
    write(12,1001)
    write(13,1001)
    write(19,1001)
1001      format(1h\, 'tank2d.f-quadrangular tank,651n,600e, 98.12.16.'/)
           write(11,1002) ampl,freq,dt,nnt,xh,yh,grav,vis,rho
           write(12,1002) ampl,freq,dt,nnt,xh,yh,grav,vis,rho
           write(13,1002) ampl,freq,dt,nnt,xh,yh,grav,vis,rho
```

```
1002       format(1h\,'    ampl=',f8.4,2x,'freq=',f8.4,2x,'dt=',f10.6,2x,
      1       'nnt=',i5/1h\,'   xh=',f8.4,2x,'yh=',f8.4,
      1       2x,'grav=',f8.2,2x,'vis=',e13.5,2x,'rho=',f8.2/)
           call ne2d(mel,nx,mx,ny,ne)
1010       format(1x,i4,4x,4i6)
     if(key.eq.0) then
           call xy2d(nde,nx,ny,x,xh,yh)
     end if
12         format(1x,i4,2(2x,f10.5))
           nsl=273
           nsr=289
           call nbc(nx,ny,nwl,nwr,nsf,nwb)
c          The element number of neumann boundary conditions on sf+sw.
           call ebc(mx,my,msf,mwb,mwl,mwr)
1030       format(1x,10(2x,i4)/)
     do 50 i=1,nde
           pres(i)=(yh-x(i,2))*grav*rho
           do 50 j=1,2
           velo(i,j)=0.0
50   continue
 c          write the initial values at time=0.
     nt=0
     time=0.0
     write(12,1300) nt,time
     write(12,1321)
           do 60 i=1,nx
           write(12,1320) x(nsf(i),1),x(nsf(i),2)
60   continue
           ycl=(x(nsl,2)-yh)/yh
           ycr=(x(nsr,2)-yh)/yh
           write(20,1330) nt,time,ycl,ycr
           write(13,1331)
           write(13,1330) nt,time,x(nsl,2),x(nsr,2)
     do i=1,nde
           dprs(i)=pres(i)-(yh-x(i,2))*grav*rho
     end do

           call force(nde,mel,x,ne,mx,my,msf,mwl,mwr,mwb,
      1        ffx,ffy,fmx,pres)
           call force(nde,mel,x,ne,mx,my,msf,mwl,mwr,mwb,
      1        ffx,ffy,fmx,dpres)
           write(19,1381)
           write(19,1380) nt,time,ffx,ffy,fmx
     do i=1,nde
        vmsh0(i)=0.0
```

```
         end do
      end if

      if (key.eq.1) then
         open(66,file='midxvp.d')
         read(66,*) nt0
         do i=1,nde
         read(66,*) x(i,1),x(i,2),velo(i,1),velo(i,2),
     1                      pres(i),vmsh0(i)
         end do
         close(66)
      end if
           iter=8
      eps=1.0e-06
c     nt1 is the number of cycles, and one cycle has 20 time steps.
         do 500 nt=nt0+1,nnt
         time=nt*dt
         f(1)=ampl*sin(2.*pi*freq*time)
         f(2)=-grav
c     velo(i,j) -- velocity at (n) time.
c     velm(i,j) -- velocity of the iterate (m) at (n+1) time.
c     vel1(i,j) -- velocity of the iterate (m+1) at (n+1) time.
         m=0
         do i=1,nde
               do j=1,2
               velm(i,j)=velo(i,j)
               x1(i,j)=x(i,j)
            end do
         end do
c     Compute coefficient matrix at n time point.
               call ggdfac(nde,mel,lbnd,ilb,x,ne,gnm,dn1m1,dn1m2,dn2m1,
     1         dn2m2,fnk,f,anm0,cnm01,cnm02)
               call genk(nde,mel,x,ne,mx,my,msf,mwl,mwr,mwb,enk,pres)
               call gqn(nde,mel,x,ne,mx,my,msf,mwl,mwr,mwb,qn0,f)
71             format(1x,7e11.4)
100   continue
c     The normal vector of the nords on sf -- sfnn(isf,3).
c     thc -- contact angle on sf & sw.
               call sfens(nde,mel,x1,ne,msf,mx,sfen,sfes)
               call gsfnn(nx,mx,sfnn,thc,sfen,sfes)
c     call gsfnn(ny,nde,isf,x1,sfnn,nsf,thc,r0)
101   format(1x,i4,3(2x,f10.6))
c Step 1:   Setermining the velocity of mesh and calculate the convective
c          flux term.
c          cv is convective velocity in ALE.
```

```
c          at n time: cv=u-um,   um1=0,
c      um2=un2+un1*n1/n2,un is velo of n time.
c      Here,the velocity of mesh is represented by vmesh(nde,2) at (n+1) time
c      m iterate. change vmesh(i,2) to vmesh(i).
           do i=1,nx
             vmesh(nsf(i))=velm(nsf(i),2)+velm(nsf(i),1)*sfnn(i,1)
     1      /sfnn(i,2)
              do iz=1,ny-1
                k=(iz-1)*nx+i
                afv=1.0*(iz-1)/(ny-1)
            vmesh(k)=afv*vmesh(nsf(i))
           end do
        end do
c          remeshing of ALE method.
c          x1 is at n+1 time poit of ALE method.
c          x1(i,1), are constant as that of Euler method.
c          x1(i,2) is equal to lagrangian coordinates at l(n+1) time point.
      do 200 i=1,nde
        x1(i,1)=x(i,1)
        x1(i,2)=x(i,2)+0.5*dt*(vmsh0(i)+vmesh(i))
200       continue
c   at n time.
      do 120 i=1,nde
      cv(i,1)=velo(i,1)
      cv(i,2)=velo(i,2)-vmsh0(i)
120       continue
      call gbnm(nde,mel,lbnd,ilb,x,ne,bnm,cv)
c step 1:
      do 130 i=1,nde
             do 130 j=1,2
             rv(i,j)=0.0
130    continue
      do 140 i=1,nde
      do 140 j=1,ilb
      if(i.le.lbnd) then
         jj=j
      else
         jj=i-(lbnd+1)+j
      end if
      rv(i,1)=rv(i,1)+vis*(dn1m1(i,j)*velo(jj,1)+dn1m2(i,j)*
     1          velo(jj,2))+bnm(i,j)*velo(jj,1)
     2          +cnm01(i,j)*pres(jj)/rho
      rv(i,2)=rv(i,2)+vis*(dn2m1(i,j)*velo(jj,1)+dn2m2(i,j)*
     1          velo(jj,2))+bnm(i,j)*velo(jj,2)
     2          +cnm02(i,j)*pres(jj)/rho
```

```
140         continue
     do 150  i=1,nde
          do 150 k=1,2
               rv(i,k)=gnm(i)*velo(i,k)-dt*(rv(i,k)-fnk(i,k)-enk(i,k))
150         continue
c Step 3:    Calculation the convective flux.
c  (e1) Calculate the intermediate velocity velt at (n+1) time point.
c          Calculate matrix anm,cnm1,cnm2,cnm3,qn:
          call ggac(nde,mel,lbnd,ilb,x1,ne,gnm,anm,cnm1,cnm2)
          call gqn(nde,mel,x1,ne,mx,my,msf,mwl,mwr,mwb,qn,f)
     do 210 i=1,nde
          do 210 j=1,2
          velt(i,j)=rv(i,j)/gnm(i)
210         continue
c     Introduce Dirichlet boundary conditions.
c     on nwr wall surface, un=0 but ut isn't 0,ut=ux*n2-uy*n1;
c     n1=x/r0, n2=y/r0; then ux'=ut*n2, uy'=-ut*n1.
          do 220 i=1,ny
          k0=nwl(i)
          k1=nwr(i)
            velt(k0,1)=0.0
            velt(k1,1)=0.0
220         continue
c          Velocity in z direction of points on the bottom (nwb) is zero.
          do 240 i=1,nx
          k0=nwb(i)
          velt(k0,2)=0.0
240         continue
c   (e2) Calculate pressure prs1 at (n+1) time point.
     do 250 i=1,nde
          rp(i)=0.0
250         continue
     do 260 i=1,nde
       do 260 j=1,ilb
       if(i.le.lbnd) then
          jj=j
     else
          jj=i-(lbnd+1)+j
     end if
          rp(i)=rp(i)+cnm1(i,j)*velt(jj,1)+cnm2(i,j)*velt(jj,2)
260         continue
     do 270 i=1,nde
     rp(i)=(-rp(i)/dt+qn(i)-qn0(i))*rho
     do 270 j=1,ilb
     if(i.le.lbnd) then
```

```
                jj=j
             else
                jj=i-(lbnd+1)+j
             end if
                rp(i)=rp(i)+anm0(i,j)*pres(jj)
270          continue
c            introduce dirichlet boundary conditions in matrix anm
c            and right vector rp using 'dui jao xian xiang kuo da fa'.
             do 280 i=1,nx
          k=nsf(i)
          if(k.le.lbnd) then
             kb=k
          else
             kb=lbnd+1
          end if
          anm(k,kb)=1.0e20*anm(k,kb)
          rp(k)=0.0
280          continue
      call band2(nde,lbnd1,ilb,anm,abnd,rp,it)
      if(it.lt.0) write(13,*) 'e2: ilb =? 2*lbnd+1'
      if(it.eq.0) write(13,*) 'e2: matrix anm(nde,nde) is singularly'
      if(it.eq.0) goto 600
      do 290 i=1,nde
      prs1(i)=rp(i)
290 continue
c   (e3) calculate velocity vel1 at (n+1) time point.
      do 295 i=1,nde
             do 295 j=1,2
          rv(i,j)=0.0
295          continue
      do 300 i=1,nde
        rv(i,1)=rv(i,1)+gnm(i)*velt(i,1)
        rv(i,2)=rv(i,2)+gnm(i)*velt(i,2)
      do 300 j=1,ilb
        if(i.le.lbnd) then
           jj=j
        else
           jj=i-(lbnd+1)+j
        end if
      rv(i,1)=rv(i,1)-dt/rho*(cnm1(i,j)*prs1(jj)-cnm01(i,j)*pres(jj))
      rv(i,2)=rv(i,2)-dt/rho*(cnm2(i,j)*prs1(jj)-cnm02(i,j)*pres(jj))
300          continue
c      velocity at n+1 time point.
      do 310 i=1,nde
             do 310 j=1,2
```

```
          vel1(i,j)=rv(i,j)/gnm(i)
310       continue
c         Introduce Dirichlet boundary conditions.
c      on nwr wall surface, un=0 but ut isn't 0,ut=ux*n2-uy*n1;???
c      n1=x/r0, n2=y/r0; then ux'=ut*n2, uy'=-ut*n1.????????
          do 320 i=1,ny
          k0=nwl(i)
          k1=nwr(i)
          vel1(k0,1)=0.0
          vel1(k1,1)=0.0
320       continue
c      Velocity in z direction of points on the bottom (nwb) is zero.
          do 330 i=1,nx
          k0=nwb(i)
          vel1(k0,2)=0.0
330      continue
       vmax=0.0
       vabs=0.0
       do i=1,nde
          sv=sqrt(vel1(i,1)**2+vel1(i,2)**2)
        if(sv.gt.vmax) vmax=sv
          sv=sqrt((vel1(i,1)-velm(i,1))**2+(vel1(i,2)-velm(i,2))**2)
        if(sv.gt.vabs) vabs=sv
       end do
       vabs=vabs/(1.0+vmax)
       do i=1,nde
          do j=1,2
          velm(i,j)=vel1(i,j)
          end do
       end do
       m=m+1
          write (*,*) 'iteration m=',m
          if(m.gt.iter) goto 335
          if(vabs.gt.eps) goto 100
335continue
c Step 4:
c          vel1,prs1,x1 are replaced with velo,pres,x repectively,
c              and proceed to the next time cycle.
       do 340 i=1,nde
          pres(i)=prs1(i)
          vmsh0(i)=vmesh(i)
          do 340 j=1,2
          velo(i,j)=vel1(i,j)
          x(i,j)=x1(i,j)
340       continue
```

```
        do i=1,nde
            dprs(i)=pres(i)-(yh-x(i,2))*grav*rho
        end  do
            call  force(nde,mel,x,ne,mx,my,msf,mwl,mwr,mwb,
      1          ffx,ffy,fmx,pres)
            call  force(nde,mel,x,ne,mx,my,msf,mwl,mwr,mwb,
      1          ffx,ffy,fmx,dprs)
            write(19,1380) nt,time,ffx,ffy,fmx
            ycl=(x(nsl,2)-yh)/yh
            ycr=(x(nsr,2)-yh)/yh
           write (13,1330) nt,time,x(nsl,2),x(nsr,2)
          if(nt.ge.48) then
         if(mod(nt,3).eq.0) then
        write(12,1300) nt,time
        write(12,1321)
            do i=1,nx
               write(12,1320) x(nsf(i),1),x(nsf(i),2)
               end do
        end if
        end if
        if(mod(nt,6).eq.0) then
          if(nt.eq.42.or.nt.eq.48) then
            write(11,1300) nt,time
            write(11,1311)
            do i=1,nde
              write(11,1310) x(i,1),x(i,2),velo(i,1),
      1          velo(i,2)
            end do
          end if
        end if
1300        format(1h\,2x,'nt=',i4,4x,'time=',f10.4)
1310        format(4(1x,e12.5))
1311        format(1h\,4x,'x',13x,'y',13x,'vx',12x,
      1               'vy'//6x,'651    4 ')
1320        format(2x,e15.6,1x,e15.6)
1321        format(1h\,7x,'x',15x,'y'//6x,'31    2')
1330        format(1x,i4,1x,f8.5,2(1x,e12.5))
1331        format(1h\,2x,'nt',2x,'time',5x,'ncl',12x,'ncr'//)
1340        format(1x,3(1x,e13.5))
1341        format(1h\,7x,'vx(x,z)'/)
1371        format(1h\,7x,'pressure of five points on bottom'/)
1350        format(1x,4(1x,e13.5))
1351        format(1h\,7x,'vy(x,z)'/)
1380        format(1x,i4,1x,f8.5,3(1x,e12.5))
1381        format(1h\,7x,'force and momentum (ffx,ffy,fmx)'/)
```

```
1360        format(1x,8(1x,e13.5))
1361        format(1h\,7x,'x   y   z   vx   vy   vz   (on sf)'/)
500         continue
510         continue
600         continue
      write(*,*) ' all over'
      close(11)
      close(12)
      close(13)
      close(17)
      stop
      end

      subroutine gbnm(nde,mel,lbnd,ilb,x,ne,bnm,cv)
            dimension bnm(nde,ilb), cv(nde,2),bij(4,4)
            dimension x(nde,2),ne(mel,4)
            double precision bnm,cv,bij,x
c   Clear global matrix.
      do 30 i=1,nde
        do 20 j=1,ilb
        bnm(i,j)=0.0
20      continue
30    continue
c    Compute coefficient matrix for each element.
      do 70 i=1,mel
      call ebij(i,nde,mel,x,ne,bij,cv)
c         Assemble globally.
          do 60 j=1,4
        jj=ne(i,j)
            do 50 k=1,4
          kk=ne(i,k)
          if(jj.le.lbnd) then
        kb=kk
          else
        kb=kk-(jj-(lbnd+1))
          end if
          bnm(jj,kb)=bnm(jj,kb)+bij(j,k)
50            continue
60            continue
70          continue
      return
      end
      subroutine ebij(n,nde,mel,x,ne,bij,cv)
c         xe(i,1) = x coord for local node of a element.
c         xe(i,2) = y coord for local node of a element.
```

```
c          phi(i) = the interpolation (weighting) functions (i=1,4).
c          s(i) = the coordinate of intergral points (i=1,2).
c          w(i) = the weighting coefficience of s(i).
c          aj = jacobian value.
           dimension bij(4,4),cv(nde,2),cvi(4,2)
           dimension x(nde,2),ne(mel,4),xe(4,2),phi(4),s(2),w(2),
     1       phix(4,2),phis(4,2),aj(2,2),vj(2,2)
           double precision bij,cv,cvi,w,s,vdet,fc1,fc2
           double precision x,xe,phi,phix,phis,aj,vj,detj,si,sj,ri,
     1       rj
      data s/-0.5773502691,0.5773502691/
      data w/1.0,1.0/
c     Local node xe and ye coordinates.
           do 10 l=1,4
           do 10 j=1,2
        xe(l,j)=x(ne(n,l),j)
        cvi(l,j)=cv(ne(n,l),j)
10         continue
           do 40 ia=1,4
             do 20 ib=1,4
        bij(ia,ib)=0.0
20           continue
40         continue
c          loop of intergral
c          s(i) is coordinate of the s1 direction.
c          s(j) is coordinate of the s2 direction.
           do 100 i=1,2
           do 90 j=1,2
             si=1.-s(i)
             sj=1.-s(j)
             ri=1.+s(i)
             rj=1.+s(j)
             phi(1)=0.25*si*sj
             phi(2)=0.25*ri*sj
             phi(3)=0.25*ri*rj
             phi(4)=0.25*si*rj
             phis(1,1)=-0.25*sj
             phis(1,2)=-0.25*si
             phis(2,1)=-phis(1,1)
             phis(2,2)=-0.25*ri
             phis(3,1)=0.25*rj
             phis(3,2)=-phis(2,2)
             phis(4,1)=-phis(3,1)
             phis(4,2)=-phis(1,2)
c     jacobi matrix.
```

```
                do 45 ks=1,2
                do 45 kx=1,2
                  aj(ks,kx)=0.0
45              continue
                fc1=0.0
    fc2=0.0
                do 50 ks=1,2
                do 50 kx=1,2
                do 50 ie=1,4
            aj(ks,kx)=aj(ks,kx)+phis(ie,ks)*xe(ie,kx)
            fc1=fc1+phi(ie)*cvi(ie,1)
            fc2=fc2+phi(ie)*cvi(ie,2)
50          continue
c   Det. of jacobi matrix.
      detj=aj(1,1)*aj(2,2)-aj(2,1)*aj(1,2)
      if(detj.lt.0.0.and.n.eq.1) then
      write(12,*) '***ebij detj.lt.0 ***'
      end if
c   Inverse matrix of jacobi matrix.
          vdet=1./detj
                vj(1,1)=vdet*aj(2,2)
                vj(1,2)=-vdet*aj(1,2)
                vj(2,1)=-vdet*aj(2,1)
                vj(2,2)=vdet*aj(1,1)
              do 55 ie=1,4
              phix(ie,1)=vj(1,1)*phis(ie,1)+vj(1,2)*phis(ie,2)
              phix(ie,2)=vj(2,1)*phis(ie,1)+vj(2,2)*phis(ie,2)
55            continue
              do 80 ia=1,4
              do 70 ib=1,4
                bij(ia,ib)=bij(ia,ib)+w(i)*w(j)*phi(ia)
     1          *(fc1*phix(ib,1)+fc2*phix(ib,2))*detj
70            continue
80            continue
90          continue
100         continue
      return
      end



          subroutine ggdfac(nde,mel,lbnd,ilb,x,ne,gnm,dn1m1,dn1m2,
     1        dn2m1,dn2m2,fnk,f,anm,cnm1,cnm2)
      dimension gnm(nde),anm(nde,ilb),cnm1(nde,ilb),cnm2(nde,ilb),
     1        dn1m1(nde,ilb),dn1m2(nde,ilb),
     1        dn2m1(nde,ilb),dn2m2(nde,ilb),
```

```
      1       fnk(nde,2)
              dimension x(nde,2),ne(mel,4),gij(4),aij(4,4),cij1(4,4),
      1         cij2(4,4),di1j1(4,4),di1j2(4,4),
      2         di2j1(4,4),di2j2(4,4),
      3         fik(4,2),f(2)
              double precision gnm,anm,cnm1,cnm2,gij,aij,cij1,cij2,
      1         x,dn1m1,dn1m2,dn2m1,dn2m2,
      1         fnk,di1j1,di1j2,di2j1,di2j2,
      1         fik,f
c             Clear global matrix.
      do 30 i=1,nde
      gnm(i)=0.0
          do 10 k=1,2
      fnk(i,k)=0.0
10            continue
      do 20 j=1,ilb
      dn1m1(i,j)=0.0
      dn1m2(i,j)=0.0
          dn2m1(i,j)=0.0
      dn2m2(i,j)=0.0
          anm(i,j)=0.0
      cnm1(i,j)=0.0
      cnm2(i,j)=0.0
20            continue
30            continue
c             Compute coefficient matrix for each element.
      do 70 i=1,mel
              call egdfac(i,nde,mel,x,ne,gij,di1j1,di1j2,di2j1,
      1         di2j2,fik,f,aij,cij1,cij2)
c             assemble globally.
              do 60 j=1,4
      jj=ne(i,j)
      gnm(jj)=gnm(jj)+gij(j)
          do 40 l=1,2
      fnk(jj,l)=fnk(jj,l)+fik(j,l)
40            continue
              do 50 k=1,4
      kk=ne(i,k)
      if(jj.le.lbnd) then
      kb=kk
      else
      kb=kk-(jj-(lbnd+1))
      end if
      dn1m1(jj,kb)=dn1m1(jj,kb)+di1j1(j,k)
      dn1m2(jj,kb)=dn1m2(jj,kb)+di1j2(j,k)
```

```
                    dn2m1(jj,kb)=dn2m1(jj,kb)+di2j1(j,k)
                 dn2m2(jj,kb)=dn2m2(jj,kb)+di2j2(j,k)
                    anm(jj,kb)=anm(jj,kb)+aij(j,k)
              cnm1(jj,kb)=cnm1(jj,kb)+cij1(j,k)
              cnm2(jj,kb)=cnm2(jj,kb)+cij2(j,k)
50            continue
60            continue
70            continue
        return
        end
        subroutine egdfac(n,nde,mel,x,ne,gij,di1j1,di1j2,di2j1,
     1     di2j2,fik,f,aij,cij1,cij2)
c       xe(i,1) = x coord for local node of a element.
c       xe(i,2) = y coord for local node of a element.
c       phi(i) = the interpolation (weighting) functions (i=1,4).
c       s(i) = the coordinate of intergral points (i=1,2).
c       w(i) = the weighting coefficience of s(i).
c       aj = jacobian value.
        dimension gij(4),aij(4,4),cij1(4,4),cij2(4,4),
     1     di1j1(4,4),di1j2(4,4),di2j1(4,4),di2j2(4,4),
     2     fik(4,2),f(2)
        dimension x(nde,2),ne(mel,4),xe(4,2),phi(4),s(2),w(2),
     1     phix(4,2),phis(4,2),aj(2,2),vj(2,2)
        double precision gij,aij,cij1,cij2,di1j1,di1j2,
     1     di2j1,di2j2,fik,f,w,s
        double precision x,xe,phi,phix,phis,aj,vj,detj,si,sj,ri,
     1     rj,vdet
     data s/-0.5773502691,0.5773502691/
     data w/1.0,1.0/
c       Local node xe and ye coordinates.
        do 10 l=1,4
        do 10 j=1,2
     xe(l,j)=x(ne(n,l),j)
10            continue
        do 40 ia=1,4
     gij(ia)=0.0
            do 20 ib=1,4
     di1j1(ia,ib)=0.0
     di1j2(ia,ib)=0.0
            di2j1(ia,ib)=0.0
     di2j2(ia,ib)=0.0
            aij(ia,ib)=0.0
     cij1(ia,ib)=0.0
     cij2(ia,ib)=0.0
20            continue
```

```
                    do 30 k=1,2
               fik(ia,k)=0.0
30                  continue
40                  continue
c           loop of intergral
c           s(i) is coordinate of the s1 direction.
c           s(j) is coordinate of the s2 direction.
                    do 100 i=1,2
                    do 90 j=1,2
            si=1.-s(i)
            sj=1.-s(j)
            ri=1.+s(i)
            rj=1.+s(j)
                    phi(1)=0.25*si*sj
                    phi(2)=0.25*ri*sj
                    phi(3)=0.25*ri*rj
                    phi(4)=0.25*si*rj
                    phis(1,1)=-0.25*sj
                    phis(1,2)=-0.25*si
                    phis(2,1)=-phis(1,1)
                    phis(2,2)=-0.25*ri
                    phis(3,1)=0.25*rj
                    phis(3,2)=-phis(2,2)
                    phis(4,1)=-phis(3,1)
                    phis(4,2)=-phis(1,2)
c    Jacobi matrix.
                    do 45 ks=1,2
                    do 45 kx=1,2
            aj(ks,kx)=0.0
45                  continue
                    do 50 ks=1,2
                    do 50 kx=1,2
                    do 50 ie=1,4
            aj(ks,kx)=aj(ks,kx)+phis(ie,ks)*xe(ie,kx)
50                  continue
c    Det. of Jacobi matrix.
                    detj=aj(1,1)*aj(2,2)-aj(2,1)*aj(1,2)
c    Inverse matrix of Jacobi matrix.
                vdet=1./detj
                    vj(1,1)=vdet*aj(2,2)
                    vj(1,2)=-vdet*aj(1,2)
                    vj(2,1)=-vdet*aj(2,1)
                    vj(2,2)=vdet*aj(1,1)
                    do 55 ie=1,4
            phix(ie,1)=vj(1,1)*phis(ie,1)+vj(1,2)*phis(ie,2)
```

```
            phix(ie,2)=vj(2,1)*phis(ie,1)+vj(2,2)*phis(ie,2)
55          continue
            do 60 ia=1,4
               gij(ia)=gij(ia)+w(i)*w(j)*phi(ia)*detj
60          continue
            do 80 ia=1,4
               do 70 ib=1,4
               di1j1(ia,ib)=di1j1(ia,ib)+w(i)*w(j)*(2.*phix(ia,1)
     1                *phix(ib,1)+phix(ia,2)*phix(ib,2))*detj
               di1j2(ia,ib)=di1j2(ia,ib)+w(i)*w(j)*phix(ia,2)
     1                *phix(ib,1)*detj
               di2j1(ia,ib)=di2j1(ia,ib)+w(i)*w(j)*phix(ia,1)
     1                *phix(ib,2)*detj
               di2j2(ia,ib)=di2j2(ia,ib)+w(i)*w(j)*(phix(ia,1)
     1                *phix(ib,1)+2.*phix(ia,2)*phix(ib,2))*detj
               aij(ia,ib)=aij(ia,ib)+w(i)*w(j)*(phix(ia,1)
     1                *phix(ib,1)+phix(ia,2)*phix(ib,2))*detj
               cij1(ia,ib)=cij1(ia,ib)+w(i)*w(j)
     1                          *phi(ia)*phix(ib,1)*detj
               cij2(ia,ib)=cij2(ia,ib)+w(i)*w(j)
     1                          *phi(ia)*phix(ib,2)*detj
70          continue
            fik(ia,1)=fik(ia,1)+w(i)*w(j)*f(1)*phi(ia)*detj
            fik(ia,2)=fik(ia,2)+w(i)*w(j)*f(2)*phi(ia)*detj
80          continue
90       continue
      return
      end
         subroutine ggac(nde,mel,lbnd,ilb,x,ne,gnm,anm,cnm1,cnm2)
         dimension gnm(nde),anm(nde,ilb),cnm1(nde,ilb),cnm2(nde,ilb)
         dimension x(nde,2),ne(mel,4),gij(4),aij(4,4),cij1(4,4),
     1      cij2(4,4)
         double precision gnm,anm,cnm1,cnm2,gij,aij,cij1,cij2,
     1      x
c     Clear global matrix.
      do 30 i=1,nde
         gnm(i)=0.0
         do 20 j=1,ilb
           anm(i,j)=0.0
           cnm1(i,j)=0.0
           cnm2(i,j)=0.0
20       continue
30       continue
c        Compute coefficient matrix for each element.
      do 70 i=1,mel
```

```
                 call egac(i,nde,mel,x,ne,gij,aij,cij1,cij2)
c                Assemble globally.
                 do 60 j=1,4
              jj=ne(i,j)
              gnm(jj)=gnm(jj)+gij(j)
                        do 50 k=1,4
              kk=ne(i,k)
              if(jj.le.lbnd) then
           kb=kk
               else
           kb=kk-(jj-(lbnd+1))
                 end if
               anm(jj,kb)=anm(jj,kb)+aij(j,k)
               cnm1(jj,kb)=cnm1(jj,kb)+cij1(j,k)
               cnm2(jj,kb)=cnm2(jj,kb)+cij2(j,k)
50                  continue
60                  continue
70           continue
       return
       end
            subroutine egac(n,nde,mel,x,ne,gij,aij,cij1,cij2)
c           xe(i,j) = coordinates for local node of a element.
c           phi(i) = the interpolation (weighting) functions (i=1,4).
c           s(i) = the coordinate of intergral points (i=1,2).
c           w(i) = the weighting coefficience of s(i).
c           aj = jacobian value.
            dimension gij(4),aij(4,4),cij1(4,4),cij2(4,4)
            dimension x(nde,2),ne(mel,4),xe(4,2),phi(4),s(2),w(2),
       1       phix(4,2),phis(4,2),aj(2,2),vj(2,2)
            double precision gij,aij,cij1,cij2,w,s
            double precision x,xe,phi,phix,phis,aj,vj,detj,si,sj,ri,
       1       rj,vdet
      data s/-0.5773502691,0.5773502691/
      data w/1.0,1.0/
c           Local node xe and ye coordinates.
            do 10 l=1,4
            do 10 j=1,2
         xe(l,j)=x(ne(n,l),j)
10          continue
            do 40 ia=1,4
         gij(ia)=0.0
            do 20 ib=1,4
       aij(ia,ib)=0.0
       cij1(ia,ib)=0.0
       cij2(ia,ib)=0.0
```

```
20          continue
40          continue
c           Loop of intergral
c           s(i) is coordinate of the s1 direction.
c           s(j) is coordinate of the s2 direction.
            do 100 i=1,2
            do 90 j=1,2
       si=1.-s(i)
       sj=1.-s(j)
       ri=1.+s(i)
       rj=1.+s(j)
            phi(1)=0.25*si*sj
            phi(2)=0.25*ri*sj
            phi(3)=0.25*ri*rj
            phi(4)=0.25*si*rj
            phis(1,1)=-0.25*sj
            phis(1,2)=-0.25*si
            phis(2,1)=-phis(1,1)
            phis(2,2)=-0.25*ri
            phis(3,1)=0.25*rj
            phis(3,2)=-phis(2,2)
            phis(4,1)=-phis(3,1)
            phis(4,2)=-phis(1,2)
c   Jacobi matrix.
            do 45 ks=1,2
            do 45 kx=1,2
       aj(ks,kx)=0.0
45          continue
            do 50 ks=1,2
            do 50 kx=1,2
            do 50 ie=1,4
       aj(ks,kx)=aj(ks,kx)+phis(ie,ks)*xe(ie,kx)
50          continue
c   Det. of jacobi matrix.
            detj=aj(1,1)*aj(2,2)-aj(2,1)*aj(1,2)
c   Inverse matrix of jacobi matrix.
        vdet=1./detj
            vj(1,1)=vdet*aj(2,2)
            vj(1,2)=-vdet*aj(1,2)
            vj(2,1)=-vdet*aj(2,1)
            vj(2,2)=vdet*aj(1,1)
        phix(ie,1)=vj(1,1)*phis(ie,1)+vj(1,2)*phis(ie,2)
        phix(ie,2)=vj(2,1)*phis(ie,1)+vj(2,2)*phis(ie,2)
55          continue
            do 60 ia=1,4
```

```
                    gij(ia)=gij(ia)+w(i)*w(j)*phi(ia)*detj
60              continue
                do 80 ia=1,4
                    do 70 ib=1,4
                    aij(ia,ib)=aij(ia,ib)+w(i)*w(j)*(phix(ia,1)
     1                        *phix(ib,1)+phix(ia,2)*phix(ib,2))*detj
                    cij1(ia,ib)=cij1(ia,ib)+w(i)*w(j)
     1                                *phi(ia)*phix(ib,1)*detj
                    cij2(ia,ib)=cij2(ia,ib)+w(i)*w(j)
     1                                *phi(ia)*phix(ib,2)*detj
70              continue
80              continue
90          continue
100         continue
        return
        end


        subroutine genk(nde,mel,x,ne,mx,my,msf,mwl,mwr,mwb,enk,pres)
        dimension x(nde,2),ne(mel,4),enk(nde,2),pres(nde),msf(mx),
     1             mwl(my),mwr(my),mwb(mx), p1(2),p2(2)
        double precision x,enk,pres,d,p1,p2
c           Natural coditions on wall and free surface boundaries.
c           Stress on boundary is about equal to -p*ni --- for glkn.f,
c           Stress on boundary is about equal to zero --- for ALE.f,
c           Stress on free surface is zero.
c           Clear global vector.
      do 10 i=1,nde
        do 10 j=1,2
          enk(i,j)=0.0
10          continue
c Let element points i1,i2 are on the boundary.
c On the free surface boundary ,elements msf(mx)
            do 30 i=1,mx
            i1=ne(msf(i),3)
            i2=ne(msf(i),4)
            call eenk(i1,i2,nde,x,pres,d,p1,p2)
            do 20 j=1,2
                enk(i1,j)=(2.*p1(j)+p2(j))*d/6.
                enk(i2,j)=(p1(j)+2.*p2(j))*d/6.
20              continue
30          continue
c On the left container wall boundary,elements mwl(my)
            do 50 i=1,my
            i1=ne(mwl(i),4)
            i2=ne(mwl(i),1)
```

```
          call eenk(i1,i2,nde,x,pres,d,p1,p2)
          do 40 j=1,2
              enk(i1,j)=(2.*p1(j)+p2(j))*d/6.
              enk(i2,j)=(p1(j)+2.*p2(j))*d/6.
40        continue
50        continue
c On the bottom container wall boundary, elements mwb(mx)
          do 70 i=1,mx
          i1=ne(mwb(i),1)
          i2=ne(mwb(i),2)
          call eenk(i1,i2,nde,x,pres,d,p1,p2)
          do 60 j=1,2
          enk(i1,j)=(2.*p1(j)+p2(j))*d/6.
              enk(i2,j)=(p1(j)+2.*p2(j))*d/6.
60        continue
70      continue
c On the right container wall boundary, elements mwr(my)
          do 90 i=1,my
          i1=ne(mwr(i),2)
          i2=ne(mwr(i),3)
          call eenk(i1,i2,nde,x,pres,d,p1,p2)
          do 80 j=1,2
          enk(i1,j)=(2.*p1(j)+p2(j))*d/6.
          enk(i2,j)=(p1(j)+2.*p2(j))*d/6.
80        continue
90        continue
          return
          end
          subroutine eenk(i1,i2,nde,x,pres,d,p1,p2)
          dimension x(nde,2),pres(nde),p1(2),p2(2)
          double precision x,pres,d,p1,p2,cn1,cn2
        d=sqrt((x(i1,1)-x(i2,1))**2+(x(i1,2)-x(i2,2))**2)
        cn1=(x(i2,2)-x(i1,2))/d
        cn2=(x(i1,1)-x(i2,1))/d
          p1(1)=-pres(i1)*cn1
          p1(2)=-pres(i1)*cn2
          p2(1)=-pres(i2)*cn1
          p2(2)=-pres(i2)*cn2
        return
end
          subroutine genk1(nde,mel,x,ne,nh,nl,ms,ims,enk,pres)
dimension x(nde,2),ne(mel,4),enk(nde,2),pres(nde),
       1           ms(ims),p1(2),p2(2)
          double precision x,enk,pres,p1,p2,d,cn1,cn2
c          Natural coditions on wall and free surface boundaries.
```

```
c          Stress on boundary is about equal to -p*ni --- for glkn.f,
c          Stress on boundary is about equal to zero --- for ALE.f,
c          Stress on free surface is zero.
c          Clear global vector.
      do 10 i=1,nde
        do 10 j=1,2
          enk(i,j)=0.0
10        continue
      n2=nl+nh
      n3=n2+nl
c        ims=n3+nh
c        Let element poits i1,i2 are on the boundary.
      do 50 i=1,ims
c          on sf.
     if(i.le.nl) then
        i1=ne(ms(i),4)
        i2=ne(ms(i),1)
     end if
c          on sw1.
     if(i.gt.nl.and.i.le.n2) then
        i1=ne(ms(i),1)
        i2=ne(ms(i),2)
     end if
c          on sw2.
     if(i.gt.n2.and.i.le.n3) then
        i1=ne(ms(i),2)
        i2=ne(ms(i),3)
     end if
c          on sw3.
     if(i.gt.n3.and.i.le.ims) then
        i1=ne(ms(i),3)
        i2=ne(ms(i),4)
     end if
     d=sqrt((x(i1,1)-x(i2,1))**2+(x(i1,2)-x(i2,2))**2)
     cn1=(x(i2,2)-x(i1,2))/d
     cn2=(x(i1,1)-x(i2,1))/d
     p1(1)=-pres(i1)*cn1
     p1(2)=-pres(i1)*cn2
     p2(1)=-pres(i2)*cn1
     p2(2)=-pres(i2)*cn2
        do 20 j=1,2
          enk(i1,j)=(2.*p1(j)+p2(j))*d/6.
          enk(i2,j)=(p1(j)+2.*p2(j))*d/6.
20        continue
50     continue
```

```
      return
      end
        subroutine gqn(nde,mel,x,ne,mx,my,msf,mwl,mwr,mwb,qn,f)
        dimension qn(nde),qi(2),f(2),x(nde,2),ne(mel,4),msf(mx),
    1 mwl(my),mwr(my),mwb(mx)
      double precision x,qn,f,qi
c         Clear global vector.
      do 10 i=1,nde
          qn(i)=0.0
10        continue
c         Let element poits i1,i2 are on the boundary.
c         On free surface elements, msf(mx).
        do 20 i=1,mx
            i1=ne(msf(i),3)
            i2=ne(msf(i),4)
            call eqi(i1,i2,x,nde,qi,f)
        qn(i1)=qn(i1)+qi(1)
        qn(i2)=qn(i2)+qi(2)
20        continue
c         On the left wall boundary , elements mwl(my).
        do 30 i=1,my
            i1=ne(mwl(i),4)
            i2=ne(mwl(i),1)
            call eqi(i1,i2,x,nde,qi,f)
        qn(i1)=qn(i1)+qi(1)
        qn(i2)=qn(i2)+qi(2)
30        continue
c         On the bottom wall boundary y=0, elements mwb(mx).
        do 40 i=1,mx
            i1=ne(mwb(i),1)
            i2=ne(mwb(i),2)
            call eqi(i1,i2,x,nde,qi,f)
        qn(i1)=qn(i1)+qi(1)
        qn(i2)=qn(i2)+qi(2)
40        continue
c         On the right wall boundary, elements mwr(my).
        do 50 i=1,my
            i1=ne(mwr(i),2)
            i2=ne(mwr(i),3)
            call eqi(i1,i2,x,nde,qi,f)
            qn(i1)=qn(i1)+qi(1)
            qn(i2)=qn(i1)+qi(2)
50        continue
      return
      end
```

```
        subroutine eqi(i1,i2,x,nde,qi,f)
        dimension x(nde,2),qi(2),psi(2),
       1           xe(2,2),s(2),w(2),f(2)
        double precision x,qi,psi,psis,dx,dy,ds,xe,s,w,f,
       1    cn1,cn2,fcn,si,ri
c       xe(i,j) = coordinates for local node of a element.
c       psi(i) = the interpolation (weighting) functions (i=1,4).
c       s(i) = the coordinate of intergral points (i=1,2).
c       w(i) = the weighting coefficience of s(i).
    data w/1.0,1.0/
        do 10 j=1,2
      xe(1,j)=x(i1,j)
      xe(2,j)=x(i2,j)
10        continue
        dx=(xe(2,1)-xe(1,1))/2.
        dy=(xe(2,2)-xe(1,2))/2.
        ds=sqrt(dx**2+dy**2)
        cn1=dy/ds
        cn2=-dx/ds
        do 20 ie=1,2
    qi(ie)=0.0
20        continue
        do 70 i=1,2
          si=1.-s(i)
          ri=1.+s(i)
          psi(1)=0.5*si
          psi(2)=0.5*ri
          fcn=f(1)*cn1+f(2)*cn2
          do 50 ie=1,2
            qi(ie)=qi(ie)+w(i)*psi(ie)*fcn*ds
50        continue
70        continue
    return
    end
        subroutine force(nde,mel,x,ne,mx,my,msf,mwl,mwr,mwb,
       1       ffx,ffy,fmx,dprs)
        dimension dprs(nde),x(nde,2),ne(mel,4),msf(mx),
       1    mwl(my),mwr(my),mwb(mx)
        double precision x,dprs,ffx,ffy,fmx,ffxi,ffyi,fmxi
c       clear global vector.
    ffx=0.0
    ffy=0.0
    fmx=0.0
c         fmy=0.0
c       Let element poits i1,i2 are on the boundary.
```

```
c          On the left wall boundary , elements mwl(my).
           do 10 i=1,my
                i1=ne(mwl(i),4)
                i2=ne(mwl(i),1)
                call eforce(i1,i2,x,nde,ffxi,ffyi,fmxi,dprs)
        ffx=ffx+ffxi
        ffy=ffy+ffyi
        fmx=fmx+fmxi
10         continue
c          On the bottom wall boundary y=0, elements mwb(mx).
           do 20 i=1,mx
                i1=ne(mwb(i),1)
                i2=ne(mwb(i),2)
                call eforce(i1,i2,x,nde,ffxi,ffyi,fmxi,dprs)
          ffx=ffx+ffxi
          ffy=ffy+ffyi
          fmx=fmx+fmxi
c               fmy=fmy+fmyi
20         continue
c          On the right wall boundary, elements mwr(my)
           do 30 i=1,my
                i1=ne(mwr(i),2)
                i2=ne(mwr(i),3)
                call eforce(i1,i2,x,nde,ffxi,ffyi,fmxi,dprs)
                ffx=ffx+ffxi
                ffy=ffy+ffyi
                fmx=fmx+fmxi
30         continue
       return
       end
           subroutine eforce(i1,i2,x,nde,ffxi,ffyi,fmxi,dprs)
           dimension x(nde,2),dprs(nde),psi(2),
      1               xe(2,2),pe(2),s(2),w(2),xxe(2)
           double precision x,dprs,psi,xe,s,w,dx,dy,ds,
      1        cn1,cn2,si,ri,ffxi,ffyi,fmxi,pe,ppe,xxe
c          xe(i,j) = coordinates for local node of a element.
c          psi(i) = the interpolation (weighting) functions (i=1,4).
c          s(i) = the coordinate of intergral points (i=1,2).
c          w(i) = the weighting coefficience of s(i).
      data s/-0.5773502691,0.5773502691/
      data w/1.0,1.0/
           do 10 j=1,2
      xe(1,j)=x(i1,j)
      xe(2,j)=x(i2,j)
10         continue
```

```
                      dx=(xe(2,1)-xe(1,1))/2.
                      dy=(xe(2,2)-xe(1,2))/2.
                      ds=sqrt(dx**2+dy**2)
                      cn1=dy/ds
                      cn2=-dx/ds
              pe(1)=dprs(i1)
              pe(2)=dprs(i2)
                  ffxi=0.0
          ffyi=0.0
          fmxi=0.0
          do 70 i=1,2
                  si=1.-s(i)
                  ri=1.+s(i)
                  psi(1)=0.5*si
                  psi(2)=0.5*ri
                  ppe=psi(1)*pe(1)+psi(2)*pe(2)
                  ffxi=ffxi+w(i)*ppe*cn1*ds
                  ffyi=ffyi+w(i)*ppe*cn2*ds
                  do ix=1,2
              xxe(ix)=0.0
           end do
                  do ix=1,2
                     do ie=1,2
              xxe(ix)=xxe(ix)+xe(ie,ix)*psi(ie)
                  end do
               end do
                       fmxi=fmxi+w(i)*ppe*(xxe(1)*cn2-xxe(2)*cn1)*ds
70                  continue
          return
          end
              subroutine band(b,d,n,l,il,m,it)
          dimension b(n,il),d(n,m)
                  double precision b,d,t
          it=1
          if (il.ne.2*l+1) then
              it=-1
              write(*,21)
              write(13,21)
              return
          end if
21        format(1x,'***fail1*** il.ne.2*l+1 ')
          ls=l+1
          do 100 k=1,n-1
              p=0.0
              do 10 i=k,ls
```

```fortran
        if (abs(b(i,1)).gt.p) then
           p=abs(b(i,1))
           is=i
        end if
10         continue
       if (p+1.0.eq.1.0) then
          it=0
          write(*,22)
          write(13,22)
          return
       end if
22      format(1x,'***fail2*** b(i,1).eq.0 ')
       do 30 j=1,m
          t=d(k,j)
          d(k,j)=d(is,j)
          d(is,j)=t
30         continue
       do 40 j=1,il
          t=b(k,j)
          b(k,j)=b(is,j)
          b(is,j)=t
40         continue
       do 50 j=1,m
50         d(k,j)=d(k,j)/b(k,1)
       do 60 j=2,il
60         b(k,j)=b(k,j)/b(k,1)
       do 90 i=k+1,ls
          t=b(i,1)
          do 70 j=1,m
70             d(i,j)=d(i,j)-t*d(k,j)
          do 80 j=2,il
80                b(i,j-1)=b(i,j)-t*b(k,j)
          b(i,il)=0.0
90         continue
       if (ls.ne.n) ls=ls+1
100        continue
      if (abs(b(n,1))+1.0.eq.1.0) then
         it=0
         write(*,23)
         write(13,23)
         return
      end if
23     format(1x,'***fail3*** b(n,1).eq.0 ')
      do 110 j=1,m
110       d(n,j)=d(n,j)/b(n,1)
```

```
          js=2
          do 150 i=n-1,1,-1
            do 120 k=1,m
            do 120 j=2,js
120       d(i,k)=d(i,k)-b(i,j)*d(i+j-1,k)
            if (js.ne.il) js=js+1
150       continue
          return
          end
              subroutine nbc(nx,ny,nwl,nwr,nsf,nwb)
              dimension nsf(nx),nwl(ny),nwr(ny),nwb(nx)
c             Array of the node number of the boundary
              do i=1,nx
            nwb(i)=i
                nsf(i)=nx*(ny-1)+i
            end do
              do i=1,ny
                nwl(i)=(i-1)*nx+1
                nwr(i)=i*nx
              end do
              return
end
              subroutine ebc(mx,my,msf,mwb,mwl,mwr)
              dimension msf(mx),mwb(mx),mwl(my),mwr(my)
c             Array of the element number of the boundary
              do i=1,mx
            mwb(i)=i
                msf(i)=(my-1)*mx+i
            end do
              do i=1,my
                mwl(i)=(i-1)*mx+1
                mwr(i)=i*mx
              end do
              return
          end
              subroutine ne2d(mel,nx,mx,ny,ne)
c             parameter(mel=600,mx=30,nx=31,ny=21)
c             dimension ne(mel,4),nex(mx,4)
              dimension ne(mel,4),nex(16,4)
              my=ny-1
                do i=1,mx
                        nex(i,1)=i
                        nex(i,2)=i+1
                        nex(i,3)=nex(i,2)+nx
                        nex(i,4)=nex(i,1)+nx
```

```
                end do
                do iz=1,my
                    kk=(iz-1)*nx
                    do i=1,mx
                        ii=(iz-1)*mx+i
                        ne(ii,1)=nex(i,1)+kk
                        ne(ii,2)=nex(i,2)+kk
                        ne(ii,3)=nex(i,3)+kk
                        ne(ii,4)=nex(i,4)+kk
                    end do
                end do
            return
            end
                subroutine xy2d(nde,nx,ny,x,xh,yh)
c                parameter(nx=31,ny=21,nde=651)
c                dimension x(nde,2),xx(isf)
                dimension x(nde,2),xx(17)
                double precision x,xx,xh,yh
                do i=1,nx
                    xx(i)=-xh/2.0+1.0*(i-1)/(nx-1)*xh
                end do
                do iz=1,ny
                    do i=1,nx
                        ii=(iz-1)*nx+i
            x(ii,1)=xx(i)
                        x(ii,2)=1.0*(iz-1)/(ny-1)*yh
                    end do
            end do
            return
            end
            subroutine band2(n,m1,ilb,anm,a,b,isw)
            dimension anm(n,ilb),a(n,m1),b(n)
            double precision anm,a,b,w,s
c            m=lbnd, ilb=2*m+1.
            integer tm
            m=m1-1
c            to transform anm(n,ilb) to a(n,m).
            do i=1,n
                if(i.le.m) then
                    do j=1,m1
                        if(j.le.m1-i) then
            a(i,j)=0.0
                        else
            jj=j-m1+i
            a(i,j)=anm(i,jj)
```

```
                     end if
                   end do
                 else
                   do j=1,m1
                     a(i,j)=anm(i,j)
                   end do
                 end if
               end do
               tm=1
               do 30 i=1,n
                 if(a(i,m1).gt.0) goto 5
                 isw=0
                 return
5                w=0
                 if(i.gt.m1) tm=i-m
                 do 20 j=tm,i
                   s=0.0
                   ij=j-i+m1
                   do 10 k=tm,j-1
                   ik=k-i+m1
                   jk=k-j+m1
10               s=s+a(i,ik)*a(j,jk)/a(k,m1)
                   a(i,ij)=a(i,ij)-s
                   if(j.eq.i) goto 15
                   w=w+a(i,ij)*b(j)/a(j,m1)
                   goto 20
15               b(i)=b(i)-w
20               continue
30             continue
               b(n)=b(n)/a(n,m1)
               do 40 i=n-1,1,-1
                 s=0.0
                 tm=i+m
                 if(i.gt.n-m1) tm=n
                 i1=i+1
                 do 35 j=i1,tm
               ji=i-j+m1
35             s=s+a(j,ji)*b(j)
40             b(i)=(b(i)-s)/a(i,m1)
               isw=1
               return
               end
                   subroutine sfens(nde,mel,x,ne,msf,mx,sfen,sfes)
c                  The normal vector of elements on sf -- sfen(mx,2).
c                  The length of elements on sf -- sfes(mx).
```

```
        dimension x(nde,2),ne(mel,4),msf(mx),sfen(mx,2),sfes(mx),
    1      xe(2,2),nee(2)
        double precision x,xe,sfen,sfes,
    1      dx,dy,ds,cn1,cn2
c       Let element poits nee(2) are on the free surface msf(mx).
        do 100 i=1,mx
          nee(1)=ne(msf(i),3)
          nee(2)=ne(msf(i),4)
          do 10 ie=1,2
          do 10 j=1,2
        xe(ie,j)=x(nee(ie),j)
10      continue
        dx=(xe(2,1)-xe(1,1))/2.
        dy=(xe(2,2)-xe(1,2))/2.
        ds=sqrt(dx**2+dy**2)
        cn1=dy/ds
        cn2=-dx/ds
          sfen(i,1)=cn1
          sfen(i,2)=cn2
          sfes(i)=2.*ds
100     continue
        return
        end

        subroutine gsfnn(nx,mx,sfnn,thc,
    1      sfen,sfes)
c       The normal vector of the nords on sf -- sfnn(nx,2).
c       thc -- contact angle on sf & sw.
        dimension sfnn(nx,2),
    1      sfen(mx,2),sfes(mx)
        double precision sfnn,x,absf,sfen,sfes
        pi=3.1415926
        thc=pi/2.
c       node on the left container wall
        sfnn(1,2)=sin(thc)
        sfnn(1,1)=cos(thc)
c       node on the right container wall
        sfnn(nx,2)=sin(thc)
        sfnn(nx,1)=cos(pi-thc)
c       ja,jb  --   two elements arround node k :
        do 20 k=2,nx-1
            ja=k-1
            jb=k
        call e2sfnn(nx,sfnn,mx,sfen,sfes,k,ja,jb)
20      continue
```

```
          return
          end
          subroutine e2sfnn(nx,sfnn,mx,sfen,sfes,k,ja,jb)
          dimension sfnn(nx,2),sfen(mx,2),sfes(mx)
          double precision sfnn,sfes,sfen,absf
          sfnn(k,1)=sfen(ja,1)/sfes(ja)+sfen(jb,1)/sfes(jb)
          sfnn(k,2)=sfen(ja,2)/sfes(ja)+sfen(jb,2)/sfes(jb)
          absf=sqrt(sfnn(k,1)**2+sfnn(k,2)**2)
          sfnn(k,1)=sfnn(k,1)/absf
          sfnn(k,2)=sfnn(k,2)/absf
          return
          end
```

《非线性动力学丛书》已出版书目

（按出版时间排序）